U0110860

大展好書　好書大展
品嘗好書　冠群可期

大展好書　好書大展
品嚐好書　冠群可期

休閒生活 9

# 盆栽花卉
# 栽培與裝飾

李眞　魏耘　編著

品冠文化出版社

國家圖書館出版品預行編目資料

盆栽花卉栽培與裝飾／李 真　魏 耘 編著
——初版，——臺北市，品冠文化，2015〔民104.01〕
面；21公分 ——（休閒生活；9）
ISBN　978-986-5734-16-9（平裝）
1.花卉　2.栽培　3.盆栽
435.4　　　　　　　　　　　　　　　　103022882

# 盆栽花卉栽培與裝飾

編　著／李　真　魏　耘
責任編輯／劉三珊
發 行 人／蔡孟甫
出 版 者／品冠文化出版社
社　　址／台北市北投區（石牌）致遠一路2段12巷1號
電　　話／（02）28233123・28236031・28236033
傳　　眞／（02）28272069
郵政劃撥／19346241
網　　址／www.dah-jaan.com.tw
E－mail／service@dah-jaan.com.tw
承 印 者／凌祥彩色印刷股份有限公司
裝　　訂／承安裝訂有限公司
排 版 者／弘益電腦排版有限公司
授 權 者／安徽科學技術出版社
初版1刷／2015年（民104年）1月

定 價／450元

# 前　言

　　我們是安徽農業大學園藝系教師，一直從事花卉教學、科研工作。這本書就是根據我們的花卉講稿及養花經驗整理編寫而成的。

　　全書分爲概述、盆花栽培技術和盆花裝飾3個部分，且以後兩部分爲主。另有3個附錄：盆花栽培月曆，二十四節氣，波爾多液、石硫合劑的配製方法。

　　在盆花栽培部分，共編寫138種常見重要花卉（不包括附編種類），其中有名花10種、芳香花卉25種、其他觀花植物42種、觀葉植物34種、觀果植物11種、仙人掌類10種、多肉植物8種。每種花卉編寫的內容，包括中文名（別名）、拉丁學名（英名）、形態特徵、生態習性、繁殖方法、盆栽管理、用途，並各附插圖一幅。

　　盆花裝飾部分則介紹了盆花裝飾的特點、原理、做法、養護管理和盆花在家庭、公共場所裝飾應用的要點等，並附有室內室外盆花裝飾示意圖39幅。

　　關於養花，我們認爲識別是前提，掌握習性是基礎，繁殖、栽培是關鍵，而養花的目的在於應用，提高其觀賞性，爲美化生活、改善環境服務。

盆栽花卉栽培與裝飾

　　基於此，書中對養花和盆花裝飾的技術和學習難點，都做了比較充分詳盡的解說和交代。全書插圖共203幅，主要由安徽農業大學孟慶雷研究員繪製。限於我們的知識和水準，書中難免有錯誤和疏漏之處，請多提寶貴意見，謝謝。

作　者

# 目　錄

# 一、概　述

## （一）花卉的分類

花卉分為草花、多肉植物和木本花三大類。

### 1. 草　花

莖不甚木質化，木質部極不發達。

#### 1) 一、二年生草花

（1）**一年生草花**：春播草花，在當年內即在一個生長季中完成其生活史。如鳳仙花、雞冠花、一串紅（多年生植物栽作一年生草花）。

（2）**二年生草花**：需要兩個生長季完成其生活史。它們大多是生長發育期在12個月以內的秋播越年生草花，如矮雪輪、雛菊（多年生作二年生栽培）。也有生長發育期在12個月以上的，如風鈴草、須苞石竹（多年生栽作二年生）。

（3）**一或二年生草花**：這類草花在同一地區既能春播又能秋播，春播時為一年生，秋播時為二年生。如虞美人、金盞菊、金魚草（多年生栽作，一或二年生）。

#### 2) **球根花卉**　指具有球根的多年生草花。如水仙、百合具有鱗莖；唐菖蒲、小菖蘭具有球莖；花葉芋、仙客來具有塊莖；大麗花、花毛茛具有塊根；美人蕉、荷花具有肥大根莖。鱗莖、球莖、塊莖、塊根、肥大根莖，在園藝上統稱為球根。

盆栽花卉栽培與裝飾

3）**多年生草花** 指除球根花卉以外的其他多年生草花。

（1）宿根草花：植株的地上部為一年生，而地下部為多年生。如菊花、芍藥、玉簪。

（2）常綠草花：植株的地上部亦為多年生。如蘭花、萬年青、腎蕨。

### 2. 多肉植物

這類花卉莖葉肉質，既有草本又有木本，且其栽培管理不同於一般花卉，故單列一類。多肉植物有廣義、狹義之分。園藝上通稱仙人掌科植物為仙人掌類，而將其他科的多肉植物稱為多肉植物（狹義），如蘆薈（百合科）、燕子掌（景天科）、霸王鞭（大戟科）。

### 3. 木本花

莖顯著木質化，木質部極發達。

1）**花灌木** 指觀花觀果的灌木和小喬木。如月季、梅花、火棘。

2）**盆栽觀賞樹木** 指除花灌木和果樹以外的盆栽樹木。任何樹木，一經盆栽，便成盆花。

3）**盆栽果樹** 如盆栽蘋果、盆栽葡萄。

除以上分類外，花卉還可按觀賞部位、園林用途、親緣關係、原產地氣候類型等進行分類。盆栽花卉與地栽花卉，也是一種分類方法。通常利用溫室、陽臺、窗口、室內、庭院等來蒔養盆花。

## （二）養花「十二字法」

涵蓋養花技術的十二個字是：光、溫、風、選、苗、

水、土、肥、器、栽、保、管。

## 1. 光

光對花卉的影響表現在光照強度、光譜成分和日照長短3個方面。各種花卉，按其對光照強度要求的不同，可分為：

**強陰性花卉**：如蘭科、天南星科、蕨類植物，不能適應強烈光照的環境，一般要求蔭蔽度應保持在80％左右。

**陰性花卉**：如各種秋海棠以及文竹、吊蘭，一般要求蔭蔽度應保持在50％左右。

**中性花卉**：如扶桑、夾竹桃、白蘭，一般在光線充足的環境中生長良好。但夏季中午陽光強烈時，最好略加蔭蔽。

**陽性花卉**：如茉莉、月季、菊花、荷花，均喜強光。

就色光來說，紅黃光和藍紫光是生理有效光。陽性花卉宜藍紫光，陰性花卉宜紅黃光。中午到達地面的太陽光中，紅黃光所占的比重一般不足40％；而在早晚到達地面的散射光中，紅黃光所占的比重可超過50％。故陽性花卉要多曬太陽，陰性花卉要多見晨光。

一天中的光暗交替，叫做光週期。植物開花對白天和黑夜的相對長度的反應，叫做光週期現象。

對光照的調節有庇蔭、遮光和加光3種方法。庇蔭常用編織度不同的簾子或遮陽網進行覆蓋，以造成不同蔭蔽度。遮光不同於庇蔭，是一點光也不能透的。通常用黑布、黑色塑料薄膜覆蓋或利用暗房。加光用電燈光。遮光和加光都是用於催延花期。透過遮光進行短日照處理，可使短日性花卉提前開花，使長日性花卉開花延遲。透過加光進行

盆栽花卉栽培與裝飾

長日照處理，則可使長日性花卉提前開花，使短日性花卉開花延遲。例如，一品紅經每天給予9小時光照的遮光處理，40多天就能開花；菊花花期的延遲，便採用加光處理。

> 長日性花卉可每天24小時光照，但每天日照時數有個最低限即臨界日長，只有當日照時數大於其臨界日長時才能開花。
>
> 如木槿 >12小時，金光菊 >10小時，翠菊、矢車菊、金魚草、荷包花、矮牽牛、大岩桐都是 >16小時。這類花卉通常是在一年中日照較長的春、夏季開花。
>
> 短日性花卉的每天日照時數有個最高限，也是其臨界日長，只有當日照時數小於其臨界日長時才能開花。
>
> 如蟹爪蘭<15小時，菊花<11小時，一品紅<12：5小時，猩猩草<12小時，落地生根< 12小時。這類花卉通常是在早春或深秋開花。
>
> 中間性花卉的開花，受日照長短的影響較小，只要其他條件適合，在不同的日照長度下都能開花。
>
> 如四季秋海棠、天竺葵、三色堇。

### 2. 溫

植物的一切生命活動都必須在一定的溫度條件下才能正常進行。低溫或高溫能引起花卉的休眠，這是對不利溫度條件的一種適應。低溫是溫帶植物自發休眠的需要，故落葉花木在冬季應置室外經受低溫，以後才能搬入室內催花。低溫還是花誘導的主要外界條件之一。秋播草花只能秋播而不能春播，即由於春播時經受不到低溫誘導而不能開花。過低或過高的溫度會對花卉造成傷害。

冰點以上、10℃以下的低溫對喜溫植物的傷害，稱為

寒害。溫度下降到冰點以下，植物組織內部發生冰凍而引起的傷害，稱為凍害。霜害實際不是霜本身對植物的傷害，而是伴隨霜而來的低溫凍害。

對溫度的調節，在露地花卉主要是防寒，方法有覆蓋、培土、薰煙、灌水、建立風障、用稻草包紮等；在盆栽花卉為保溫、加溫和降溫。盆花越冬常利用冷室（不加溫、冬季極端最低溫度不低於0℃）、塑料棚、溫室（加溫）等來保護。各種盆花的耐寒力是不同的，可根據其露地栽培分佈作大致判別。長江流域的露地花卉，如桂花、梔子、金橘，在華北地區盆栽，冬季須移入冷室（室內花卉）。廣東、福建地區的露地花卉如白蘭、茉莉、米蘭，在華北地區冬季須移入極端最低溫度不低於5℃的低溫溫室越冬（低溫溫室花卉）。海南島五指山以南地區的露地花卉如魚尾葵、龜背竹、仙人掌類、秋海棠，在華北地區冬季須移入極端最低溫度不低於10℃的中溫溫室越冬（中溫溫室花卉）。靠近赤道原產的熱帶花卉如熱帶蘭、王蓮，冬季要在極端最低溫度不低於18℃的高溫溫室內越冬（高溫溫室花卉）。加溫不僅用於盆花的安全越冬，還可用於促進開花。降溫則主要是對不耐熱花卉，如吊鐘海棠、馬蹄蓮等，在盛夏時進行庇蔭、噴霧、灑水等來防暑降溫，以利安全越夏。

### 3.風

在盆花栽培中，通風是個很重要而又容易被忽視的問題。通風不僅可使枝葉降溫，使根的吸收能力加強，還能帶來含二氧化碳較多的空氣，等於施用碳肥。通風對防治病蟲害也有好處，能減少花卉病蟲害的發生和危害程度。

風的強弱對花卉有著不同的影響。風力不大的風對花卉有利，強風則能造成風害。通風與保濕有矛盾。對陰性濕生花卉，通風不可影響保濕，以較弱的通風為好。

### 4.選

對蒔養盆花的種類、品種和數量要妥加選擇。選擇時可考慮需要、場所、愛好、個人情況等多方面的因素。養花宜少而精，適當多樣化，按花期及觀葉、觀果等選擇搭配。春花類有春蘭、梅花、迎春、海棠、桃花等；夏花類有紫薇、扶桑、梔子花、睡蓮、荷花等；秋花類有桂花、九里香、菊花、一串紅等；冬花類有茶花、蠟梅、一品紅、墨蘭等；多季開花類有四季秋海棠、虎刺梅、小石榴、月季等。搭配得好，可使四季都有花看。

### 5.苗

花苗的培育方法有播種、扦插、壓條、分株、分球、嫁接、組織培養等法。播種法主要用於一、二年生草花，其他草花及木本花偶或採用。組織培養法常用於快速繁殖和培育無病毒苗（通過莖尖培養），一般養花者可向組培單位購買已經移植成活的組培苗。

1）**扦插**　常用枝插，可盆插或箱插。扦插基質（插壤）可用山泥加1/3的礱糠灰，或等量混合的園土與礱糠灰，亦可單用細粒黃沙、礱糠灰、蛭石或煙道灰。有條件者亦可地插。

（1）**硬枝插**：採用完全木質化的一年生枝條作插穗，主要應用於落葉樹的扦插。春採插穗，隨採隨插。秋採插穗，一般都經貯藏而後春插。

插穗留2～4個芽。上切口在芽上1公分左右斜切（生

芽的一方稍高，背芽的一方稍低）。下切口緊靠節下，可斜切（生根較慢的樹種）或平切（生根較快的樹種）。插穗長度一般10公分左右。而如葡萄的插穗則為20公分左右，且因其組織疏鬆，上切口距芽較遠，是在芽上2公分左右剪切（圖1）。扦插時插穗入土深度可為其長度的1/2～3/4。插後澆透水，以塑料薄膜覆蓋或覆土保濕。待發芽時除去塑料薄膜或覆土，幼苗宜逐漸接受日光。

圖1
葡萄插穗的剪取

　　適用硬枝插的花卉有紫薇、茉莉、一品紅、葡萄等。插穗帶葉者（一般僅留上部1～2片葉，針葉樹帶頂梢和針葉），其管理可參照嫩枝插進行。

　　（2）嫩枝插：剪取半木質化的當年生帶葉枝條作插穗，適用於難以生根的樹種，故常綠樹多用之。有些草花如菊花、大麗花、天竺葵、一串紅亦常用嫩枝插。

　　插穗宜帶「踵」（新枝基部帶一點老枝）、去梢（針葉樹和草花例外），具2～4個節間，上下切口均稍斜切，留葉1～2片（針葉樹宜儘量保留針葉），大葉還可剪去一部分葉片，複葉只保留少數小葉（圖2）。扦插時期宜在梅雨季之前半個月。

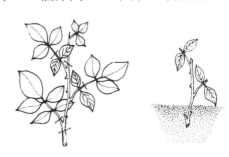

圖2　月季嫩枝插

盆栽花卉栽培與裝飾

扦插入土深度為插穗長度的1/3。插後即澆透水，並進行庇蔭，以便保持較高空氣濕度，但插壤不可過濕。插穗生根後要適時移栽。

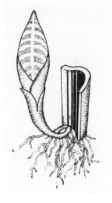 

圖3　虎尾蘭葉插　　圖4　橡皮樹芽葉插

除枝插外，有的花卉可用葉插，如虎尾蘭用葉段扦插繁殖（圖3）。

對葉插不易發生不定芽之種類如橡皮樹、茶花、八仙花、茉莉、菊花，可用芽葉插（圖4），插穗包括1芽附1葉片，芽下部附有盾形莖部1片或長形莖部1段，扦插深度僅露芽尖即可。對根部能形成不定芽的植物如貼梗海棠、紫藤、牡丹、芍藥，可用根插（圖5）。根段埋覆插壤中，斜插者上下端不能顛倒。適於根插的溫度為10～16℃，通常於早春扦插。

插穗開始生根的溫度一般為20℃左右，萌芽溫度一般為15℃左右。為使插穗先生根、後發葉而容易成活，可用植物生長素處理插穗或提高土溫。帶葉插穗需要光照，

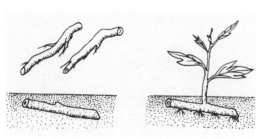

圖5　芍藥根插

但為保濕又需庇蔭。嫩枝插如能利用自動噴霧裝置進行全光育苗，效果最為理想。

　　2）**壓條**　壓條有曲枝壓條、堆土壓條和高壓（高枝壓條）。<u>壓條時宜對枝條入土部分進行刻傷（圖6），以促進其發根。</u>曲枝壓條包括普通壓條、水平壓條和波狀壓條，如圖7、圖8、圖9所示。根部能發生萌蘖的種類，如牡丹、蠟梅、貼梗海棠，可以堆土壓條（圖10）。在冬天進行重剪，使發生多量新枝，而後對

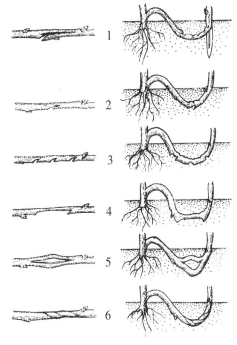

1.縱斷切開　　2、3.切刻　　4.切剝

5.劈開　　6.擰枝

**圖6　壓條刻傷的各種方法**

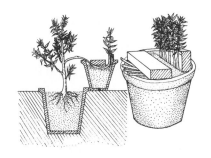

**圖7　普通壓條**

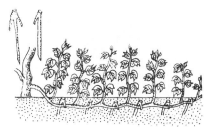

**圖8　水平壓條**

盆栽花卉栽培與裝飾

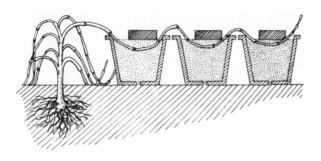

圖9　波狀壓條

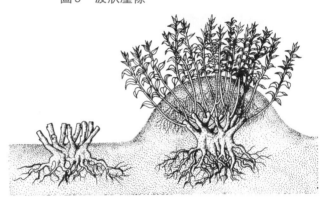

圖10　堆土壓條

圖11　高壓

新枝進行堆土壓條。盆花堆土壓條時，為便於堆土，可接加圍圈。高壓適用於樹身較高、枝條堅硬、不易產生萌蘗的樹種，如白蘭、茶花、杜鵑、米蘭，是在空中壓條，將枝條刻傷後，外面圍以塑料薄膜筒，先在下方捆好，筒內裝入苔蘚和濕潤的腐葉土或山泥（不要填得過緊），再將上口紮緊（圖11）。生根後剪下，連同基質一起栽植。

3）**分株**　分株可分栽蘖芽、匍匐莖、地下莖等。多年生草花及一些灌木，如芍藥、牡丹、茉莉、蘭花、萬年青等常用分株繁殖（圖12）。春花種類在秋季地上部進入休眠、地下部還在活動時期進行分株。秋花種類在春季發芽前分株。溫室花卉在春季出房前分株。

1. 按根的自然間隔分開
2. 切取蘖芽繁殖

圖12　萬年青分株

4）**分球**　用球根作繁殖材料，有秋植球根如鬱金香、百合、水仙；春植球根如唐菖蒲、晚香玉、朱頂紅、大麗花

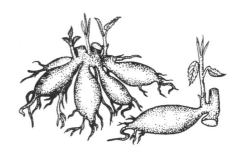

圖13　大麗花分球

（圖13）。塊根分球時，須將塊根和附著的芽一起分切。

5）**嫁接**　嫁接苗由接穗和砧木兩部分組成。砧木應對接穗具有較強的親和力。

嫁接操作的要領是：刀要磨得快，削面要削得平，形成層對準形成層。把接穗和砧木兩側或一側的形成層對準，是嫁接成活的關鍵。

形成層位於枝條的皮與木質部之間，如圖14所示。嫁接方法有枝接、嫩枝接、芽接、靠接、平接和根接。

盆栽花卉栽培與裝飾

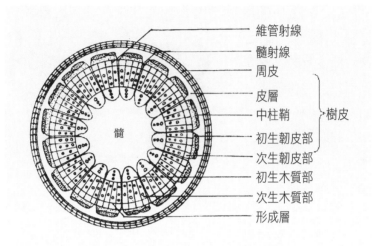

維管射線
髓射線
周皮
皮層
中柱鞘
初生韌皮部
次生韌皮部
初生木質部
次生木質部
形成層

樹皮

髓

圖14　雙子葉植物莖橫切面圖解

（1）**枝接**：以成熟枝條作接穗的嫁接，方法有劈接、切接和腹接。枝接時期以早春樹液開始流動時為好。只要接穗不發芽，一直可接到砧木已展葉為止。這3種枝接方法，削接穗、劈切砧木、插入接穗如圖15所示。<u>插緊的接穗，削面應稍外露（「露白」）。包紮後埋土或套塑料袋保濕</u>。腹接在嫁接當時不剪砧，成活後可分幾次剪去嫁接部位以上的砧木部分。

（2）**嫩枝接**：接穗和砧木都用剛停止延長生長的新梢。常用劈接法。包紮常用木槿等枝條皮套。<u>接後局部庇蔭，套袋保濕（成活後去袋時要先使嫩枝適應環境）</u>。菊花等草花及枝接較困難的樹種如茶花、蠟梅可用嫩枝接（圖16）。

（3）**芽接**：<u>以芽作接穗，接後用塑料薄膜條纏縛，僅使芽和葉柄露在外面</u>。兩週後檢視葉柄，如果一觸即

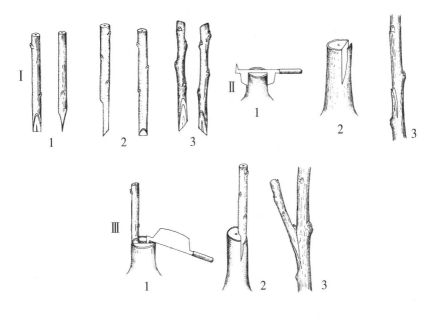

Ⅰ 削接穗　　Ⅱ 劈切砧木　　Ⅲ 插入接穗
1.劈接法　　2.切接法　　3.腹接法
圖15　3種枝接方法的比較

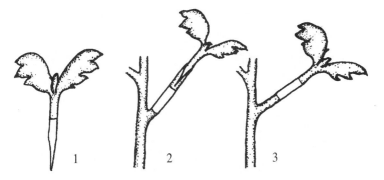

1.取接穗　2.接穗插入砧木　3.皮圈上推接口處
圖16　菊花嫩枝接

落，是接活的象徵；如果葉柄乾僵不落，表明沒有接活。
常用Ｔ字形芽接、方塊芽接和帶木質嵌芽接。前兩種芽

盆栽花卉栽培與裝飾

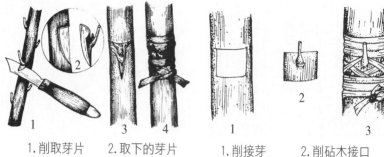

1.削取芽片　2.取下的芽片
3.插入芽片　4.綁縛

**圖17　T字形芽接**

1.削接芽　　2.削砧木接口
3.插入接芽　4.綁縛

**圖18　方塊芽接**

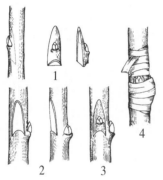

1.切開的砧木皮層　　2.芽片
3.貼接芽片並綁縛

**圖19　帶木質嵌芽接**

**圖20　靠接**

接，芽片不帶木質部。T字形芽接（圖17）在砧木離皮的夏秋季進行，把盾形芽片插入砧木的T字形切口內，上方須對齊。方塊芽接（圖18）的芽片與砧木上的切口同形同大，貼接芽片應使其邊緣密切接合。帶木質嵌芽接（圖19）在砧木不離皮時也可採用，把帶木質的切芽嵌接於同樣切留而略長的砧木切口內，芽片上端必須露出一線砧木皮層以利癒合。

（4）**靠接**：凡扦插困難而用其他嫁接法不易成活的花木如茶花、白蘭、桂花、雞爪槭，常用靠接（圖20），於

生長季節進行。將砧木和接穗兩
植株相鄰的枝條，各削一長寬相
當的長削面，砧木的削面由下往
上削，接穗的削面由上向下削，
將接穗削面的上部與砧木削面的
下部對準形成層後綁緊，成活後
將接穗自接合部以下剪去，將砧
木自接合部以上剪去，即成一嫁
接苗。

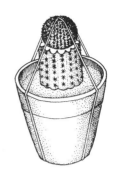

圖21　平接

（5）平接：用於球形仙人掌類的嫁接，如圖21所
示。嫁接時間以5月～6月為好。嫁接時，砧木橫切面邊
緣還須斜削，接穗放在砧木切面上，要使兩者的維管束對
準或部分對準，多數情況下只要把接穗放在砧木切面中心
即可。如穗、砧雙方截面積和髓部的大小懸殊時，稍放偏
一點更好。接後放陰涼處，不可澆水，傷口不能沾水。在
7～10天後拆去綁線，浸盆吸水，置半陰處養護，直到接
穗開始生長。

（6）根接：用根
作砧木，適用於牡丹
（常用芍藥根砧）、月
季（常用野薔薇根砧）
等。多在秋、冬季和早
春嫁接，可劈接或切接
（圖22）。如根細枝粗
時，可反向把根作接
穗、枝作砧木來進行嫁

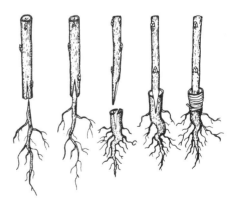

圖22　根接

接。接後以麻纏緊接口並塗上泥漿後栽入土中。

### 6. 水

水分狀況包括土壤水分和空氣濕度。按對水分的要求，可將花卉分為水生花卉（如荷花、睡蓮）、旱生花卉（如仙人掌類、多肉植物）、中生花卉（大多數的露地花卉）和濕生花卉。濕生花卉在潮濕環境中生長，不能忍受較長時間的水分不足。陰性濕生花卉（弱光，大氣潮濕）如秋海棠、龜背竹、蕨類。陽性濕生花卉（強光，土壤潮濕）如華夏慈姑。

乾旱會對花卉造成傷害，有土壤乾旱、大氣乾旱和生理乾旱。生理乾旱是由於根系吸水受阻造成（如由於施肥過濃、土溫過低、澆水過多導致缺氧和爛根），土壤中實際並不缺水，故不能用澆水的辦法來解決，必須對症處理。

盆花澆水的原則是「間乾間濕，不乾不澆，見乾就澆，澆則澆透」。除上盆時澆到上滿下漏外，以澆透不澆漏為好。盆土過乾時，切忌急澆大水，以免「落青葉」。

澆花用水以雨水、河水、自來水為好。水溫要與盆土的溫度和氣溫相接近，上下不宜超過5℃。一般來說，20℃的水溫在一年四季都適用的。常用澆水方法有澆灌法、噴灑法、浸盆吸水法。澆水貴得宜，要看土、看花、看天，靈活掌握。只有盆土缺水，才需要澆水。敲盆聽聲可以幫助辨土乾濕，凡盆聲清脆的，盆土乾；盆聲濁悶的，盆土濕。

澆水失敗的常見原因有盆土不見乾（要警惕生理乾旱，必要時翻盆修根重栽，並對地上部分也作相應修剪）、澆半截水（盆土上濕而下乾）、冷水刺激和盆土乾凍。

夏季不要在中午烈日下澆水，早、晚澆水應以早水為主，對望其速長者，晚上也要供水充足。除澆水可以解決土壤乾旱外，噴霧、灑水可以減輕大氣乾旱。大雨後及梅雨天還應防盆中積水。

### 7. 土

盆栽花卉需用專門配製的培養土。

**常用培養土**　①稻田土2份、礱糠灰1份。稻田土須在冬前挖放室外，經過凍融風化。礱糠灰是燜燒的稻殼炭，呈黑色，不是草木灰，後者是肥料。②腐葉土1份、園土1.5份、礱糠灰0.5份。腐葉土是將樹葉與園土分層堆積經發酵腐爛而成。③腐葉土1份、園土1份、河沙1份。④園土2份、河沙或礱糠灰1份。

**酸性土花木用土**　①黃山泥2份、黑山泥1份。山泥是森林下的天然腐葉土，黑山泥的腐殖質含量多於黃山泥。②黃山泥2份、腐葉土1.5份、廄肥土1.5份。

**陰性濕生花卉用土**　①單用黑山泥或在黑山泥中摻加黃山泥。②黃山泥1份、腐葉土1份。③腐葉土（或泥炭土）3份、珍珠岩（或河沙）1份。泥炭土採自泥炭沼澤地，由分解緩慢的有機殘體組成。

**盆栽果樹用土**　①風化黏土2份、鍋爐煤渣2份、廄肥土0.5份、礱糠灰0.5份。風化黏土是山紅土，以粒狀者為佳。②園土2份、腐葉土2份、河沙1份。

**陸生仙人掌類用土**　①腐葉土、園土、粗砂各等份，加少量石灰質材料（貝殼粉、蛋殼粉或陳牆灰屑）。②粗砂2份、園土1.5份、腐葉土1份、石灰石礫0.5份。

**附生仙人掌類用土**　①腐葉土3份、粗砂1份、礱糠

盆栽花卉栽培與裝飾

灰1份。②腐葉土2份、泥炭土1份、礱糠灰1份。

**葉多肉植物用土** ①園土3份、腐葉土2份、粗砂1份、礱糠灰1份。②腐葉土2份、粗砂1份。

配製的培養土都可以加入適量骨粉（腐熟後呈石灰狀），以提高土壤肥力。配製的培養土，其酸鹼性應適合花木的習性要求。杜鵑、茶花、梔子等喜酸性土，即所謂酸性土花木。南天竹、白皮松等喜鈣質土（石灰性土壤）。培養土在用前宜經消毒。最簡單的消毒方法是日曬，但往往達不到消毒要求。用土壤蒸汽機消毒最理想。通常多用2％的福爾馬林溶液來噴灑消毒。

8. 肥

施肥主要是補充土壤中的氮、磷、鉀。有機肥料需經腐熟後所含養分才能被花卉吸收。盆花常用肥料有豆餅、綠肥浸出汁（用青蠶豆殼等浸水）、動物內臟等加淘米水漚製的液肥、市售肥片、肥粉、肥液及顆粒複合化肥等。豆餅腐熟的乾肥可作基肥，漚製的豆餅水可作追肥。

基肥是在上盆、換盆時施入，或不換盆時在秋季落葉後施入。追肥是在4月～9月生長季節施入。施肥應合理，要求適花、適土、適時、適量。酸性土花木宜施「礬肥水」，其配製方法：豆餅10、黑礬1、水100，在日光下曝曬20天左右，全部腐熟後，取出一部分肥水，加水稀釋後施用。為防肥害，忌施濃肥，並且傍晚施肥後在第2天早上還要澆1次清水（「還水」）。可按花卉喜肥、不喜肥，而採用薄肥勤施或薄肥少施。施追肥有六多、六少、六不，可供參考。

**六多**：黃瘦多施，芽前多施，現蕾多施，花後多施，

大株多施，瘠土多施。

六少：肥壯少施，發芽少施，開花少施，小株少施，肥土少施，雨季少施。

六不：徒長不施，盛暑不施，休眠不施，新栽不施，病株不施，雨時不施。

### 9.器

包括栽花容器和養花工具。栽花容器有花盆和玻璃容器，後者是瓶栽花卉（圖23）的容器。常用瓶栽容器有金魚缸（圖24）、標本瓶、罐頭瓶等。在瓶內順序鋪放碎石層、木炭層和培養土（腐葉土2份、蛭石1份）。各層厚度比例是2：1：3。其總厚度以不超過玻璃容器內植物有效生長空間的1/4為好。栽入細小植物，最宜組合栽培，做成美景。栽後噴霧，澆透培養土，封住瓶口。瓶土乾時可再噴水。不需施肥，但要定期打開瓶蓋換氣。常用養花工具有噴壺、噴霧器、枝剪、手鏟（平頭鏟、三角鏟、尖頭鏟）、篩子、竹刀（鬆土用）等。

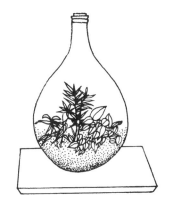

圖23　瓶栽花卉

圖24　金魚缸栽植觀葉植物

盆栽花卉栽培與裝飾

### 10. 栽

第 1 次栽盆叫上盆，重新栽盆叫換盆。所用之盆的大小要適合苗株，新盆應先用水浸透，舊盆（包括換盆仍用原盆）須洗刷乾淨再用。

#### 1）上盆

大多數花木最宜早春上盆，不耐寒的南方花木宜在初夏進行。先用 3 片瓦片錯落疊蓋盆底孔，盆底部鋪加排水層（用泡沫塑料碎塊等及木炭屑），而後放入培養土。栽入花苗要使根系舒展，加土蹾實，上留水口。澆透水後置半陰處養護，生新根後即可正常管理。

#### 2）換盆

換盆可因植株長大了、盆土變瘠薄、已經爛根或盆土中有食根害蟲，是因需要而進行的。

春季萌芽前換盆最為適宜，常綠闊葉樹宜稍遲些。觀花植物換盆常在花後。溫室花卉宜在出房前後換盆。換盆年限一般為 2～3 年。盆栽果樹宜每年換盆。換盆要在盆土稍乾時進行。

以左手分開手指托住土球而將盆倒置，以木器輕扣盆壁，土球即可取出。用竹刀剔除部分舊土，修剪根系和地上部分，重栽及栽後管理同上盆。

### 11. 保

防治花卉病蟲害應以預防為主，綜合防治。化學防治的原則是對症用藥（針對病蟲害的種類和發生的時期來選用農藥）、適時防治（噴藥不能過早或過遲）、用量適當（藥液濃度、劑量必須適當）、輪換用藥（不要長期使用單一品種的農藥）、安全使用（嚴格遵守安全操作規程，

嚴格禁用劇毒和高殘毒的農藥）。要瞭解病蟲，熟悉農藥，切不可盲目亂噴藥。

### 1）病害

寄生性病害有真菌性病害、細菌性病害（如美人蕉芽腐病）、病毒性病害（如牡丹花葉病）和線蟲性病害（如菊花葉枯線蟲病）。在花卉病害中，真菌致病最多。真菌性病害常見的病徵有：白粉（白粉病）、鏽粉（鏽病）、煤污（煤污病）、黴層（霜黴病等），常見的病狀有：斑點（黑斑病、炭疽病等）、猝倒（立枯病，幼苗組織幼嫩時表現為猝倒）、枯萎（枯萎病等）、腐爛（白絹病莖基部腐爛）、畸形（葉腫病葉畸形）。對真菌性病害的化學防治方法：

①早春發芽前噴3～4波美度石硫合劑。

②生長季節噴120～200倍等量式波爾多液或65％代森鋅可濕性粉劑500～600倍液預防。

③發病初期噴50％多菌靈可濕性粉劑500～800倍液，或50％代森銨水溶液800～1000倍液。

④選用對該病害具有特效的農藥，如用粉鏽寧（25％可濕性粉劑3000倍液或15％可濕性粉劑1500倍液）來防治白粉病、鏽病。

生理性病害是由溫度、濕度、土壤、肥料的不適宜或缺乏微量元素等非生物因素所引起。

例如，葉子的黃化病便是1種生理性病害。但這要排除秋色葉樹的黃葉、斑葉品種的黃葉和病蟲害造成的黃葉。生理性黃化病包括多種病因，其防治只能區別對待，按病因糾偏補缺。

盆栽花卉栽培與裝飾

### 2）蟲害

要區分昆蟲（有足3對，屬昆蟲綱）和蟎（有足4對，屬蛛形綱）。紅蜘蛛即是蟎類。對蟎類要用殺蟎劑（如三氯殺蟎醇只殺蟎不殺蟲）或殺蟲、殺蟎劑（如氧化樂果既殺蟲又殺蟎）。按其為害，花卉害蟲有：

（1）食葉害蟲：具有咀嚼式口器的害蟲咬食葉片。天蛾、鳳蝶等幼蟲取食後，葉緣形成缺刻狀。蓑蛾和部分葉蜱幼蟲取食後，葉片出現穿孔。把葉片咬得灰白色透明網狀，多是刺蛾（癢辣子）幼蟲為害。咬食葉片，僅留下粗葉脈，多是葉蜂幼蟲為害。把花、花蕾、葉片咬得殘缺不全，甚至吃光僅留下葉柄，多為金龜子為害。潛葉蛾、潛葉蜱、潛葉蠅為害葉片，可出現潛痕花紋。防治食葉害蟲，可選用胃毒劑和觸殺劑。常用藥劑：晶體敵百蟲1000倍液、80％敵敵畏乳油1000～1500倍液、40％樂果乳油1000～1500倍液。

（2）吸汁害蟲：具有刺吸式口器的害蟲，吸食枝葉的汁液。為害嫩葉、嫩梢，造成葉片捲曲、皺縮，葉、梢上有許多像蜜一樣的很黏稠的油質分泌物，多是蚜蟲、白粉虱為害。葉片被紅蜘蛛為害形成黃褐色點狀斑，被葉蟬為害形成黃白色小方塊狀斑，被介殼蟲為害形成黃色或紅色塊狀斑。防治吸汁害蟲，應選用觸殺劑和內吸劑。常用藥劑：40％氧化樂果乳油1000～1500倍液，20％三氯殺蟎醇乳油800～1000倍液。白粉虱用2：5％溴氰菊酯（敵殺死）防治效果最好，噴灑濃度為（10～20）×10$^{-6}$。對介殼蟲，應重視人工防治，噴藥要在孵化期，亦可噴1000倍的洗衣粉。

（3）蛀幹害蟲：最常見的蛀幹害蟲是天牛。可以捕殺成蟲，敲死蟲卵，用50％殺螟松150～300倍液噴樹幹（幼蟲為害早期），用40％氧化樂果乳油100倍液注射蟲道並用濕泥密封蟲孔（幼蟲深蛀木質層時）。

（4）地下害蟲：園地常見地下害蟲有蠐螬（金龜子的幼蟲）、地老虎等，在盆花栽培中很少見到，發現時可換盆加以清除。

在病蟲害防治中，波爾多液需現用現配，石硫合劑有時有售，亦常需自行配製。其配製方法寫於附錄三中，供養花愛好者及專業戶參考。這兩種都是極好的農藥，新農藥至今不能完全取代它們，很值得配製使用。

由濕度造成的黃化病：

①澇黃——頂部嫩枝葉呈淺黃或萎縮，老葉暗黃脫落。

②旱黃——頂心和新葉葉色正常，而下部老葉逐漸向上乾黃脫落。

③肥害黃——施肥過濃，傷肥症狀與旱黃相似。

由光照及溫度造成的黃化病：

①曬黃——陰性花卉經日曬強光，枝葉變枯黃。喜光怕熱花卉（如牡丹）經日曬高溫，葉片亦可發黃。

②蔭黃——喜光花卉長處弱光下，枝條徒長，葉片嫩黃。

③捂黃——通風不良造成的葉黃。

由營養失調造成的黃化病：

①缺素病——缺氮，即通常所說缺肥，葉薄嫩黃；缺

盆栽花卉栽培與裝飾

鐵，幼葉缺綠，老葉則自邊向內缺綠最後遍及全葉；缺硫，葉脈黃，葉肉綠；缺鎂，葉脈綠，葉肉黃；缺錳與缺鎂相似，只是病狀先從嫩葉開始，尤其是葉子的基部。

②**缺酸黃**——酸性土花木在鹼性土中栽培，葉片發黃（缺鐵、嫌鈣造成）。

**由污染及藥害造成的黃化病：**

①**污染黃**——大氣污染物二氧化硫、氟化氫均能使葉片退綠。

②**藥害黃**——如菊花噴灑 $B_9$、矮壯素時由於濃度過大而使葉片現黃斑。


## 12. 管

### 1）日常管理

水肥管理、土壤管理（鬆土除草）、光溫管理、植保管理、植株管理，都屬於日常管理的工作範圍。光溫管理除對光、溫進行調節外，還要注意轉盆、調盆。轉盆可防止植株趨光偏向生長。調盆是透過調換盆花擺放位置，使溫室不同部位的盆花能生長得均勻一致。植株管理主要是修剪，這一工作也不容忽視。

### 2）越冬管理

為讓盆花安全越冬，管理上要注意保溫防凍，冬前控水控肥進行鍛鍊，入冬控水停肥並多見陽光，適當通風換氣、防煙防塵，適時進房出房。

合肥地區一般在霜降後進房，清明後出房。花初進房，不要立即關閉窗戶，出房前則要開窗降溫。進房出房都要讓花卉有個逐步適應的過程。

### 3）越夏管理

夏季有高溫烈日，對喜光喜熱的花卉，如茉莉、石榴，在其茂盛生長時應保證充足的水、肥供應；喜光怕熱的花卉，如牡丹、桂花則宜避開中午的日曬。陰性花卉應予庇蔭，並常噴水、灑水以增加空氣濕度。夏季休眠球根，如鬱金香、仙客來，應保持陰涼、通風、乾燥的貯藏條件。夏季半休眠花卉，如倒掛金鐘、天竺葵，應移盆於陰涼通風處，控水停肥，使其安全越夏。夏季還常有暴雨大風，要讓盆花避開雨淋、風口，以免造成危害。

休眠期修剪（冬季修剪）：常結合換盆在秋季落葉後至春季發芽前（11月至翌年3月）進行。修剪方法有短截（剪去一年生枝的一部分）、縮剪（從多年生部位剪去一部分）和疏剪（將枝條從基部剪除）。

生長期修剪（夏季修剪）：常用修剪方法有摘心、抹芽、剝蕾、疏花、疏果。

# 二、盆花栽培技術

## （一）十大名花

1986年由《大眾花卉》雜誌主持評選的中國十大名花是：牡丹、月季、梅花、菊花、杜鵑、蘭花、茶花、荷花、桂花、君子蘭。

### 牡丹（木芍藥、富貴花）（圖25）

*Paeonia suffruticosa*（subshrubby peony）

【形態特徵】芍藥科落葉灌木。葉互生，二回三出複葉，表面無光澤，綠色，無毛，背面有白粉，近無毛；頂生小葉三裂，基部不下延，側生小葉二淺裂。花單生於枝頂，大形，徑10～30公分，單瓣至重瓣，有紫、深紅、粉紅、白、黃、豆綠等色；雄蕊多數；心皮5枚。花期在穀雨（4月20日）時節，故牡丹又有「穀雨花」之稱。果為蓇葖果。果熟期8月中旬至9月上旬。

中國栽培牡丹已有1500多年的歷史。現有牡丹品種500多個。對其品種的分類有多種方法，按用途和花型

圖25　牡丹

分類如下：

1）**藥用牡丹** 花單瓣（花瓣1～3輪），多為白色；雌、雄蕊均正常，無瓣化現象。主要供藥用（用其根皮），觀賞價值不高。

2）**觀賞牡丹** 花複瓣（花瓣3輪以上）或重瓣（花瓣多輪），有各種花色，觀賞價值高，根皮藥用效力差。觀賞牡丹中有：

（1）複瓣牡丹：花複瓣，雌蕊正常，雄蕊正常或有部分瓣化，外觀有明顯的花心。

（2）平頭牡丹：花重瓣，無內、外瓣之分；雌蕊正常或略變異；雄蕊大多瓣化，但有些較為雜亂；全花扁平。

（3）樓子牡丹：花重瓣，但有內、外瓣之分；雌蕊正常或略變異；雄蕊大部或全部瓣化，中心的瓣化瓣突出高大，即所謂「起樓」。

（4）台閣牡丹：花重瓣，無或有內、外瓣之分，中部夾有一輪「台閣瓣」（由重台花變化而成的花瓣）或雌蕊痕跡。

【生態習性】為栽培種，原種牡丹產於中國西北、秦嶺一帶。性喜冬季寒冷（適於休眠）、夏季溫和（有利於花芽分化）的氣候條件，較耐寒（能耐-20℃低溫）而不耐熱（極端最高溫度超過32℃便有不利影響）。喜光，但不喜歡西曬太陽。其根肉質，喜燥惡濕怕水澇。宜肥沃疏鬆、排水良好的沙壤土，土壤pH以中性或帶酸性為適；在鹼性鈣質土（pH為8）中也可正常生長，但忌鹽鹼土。植株生長緩慢，每年新梢枯萎，出現「退枝」現象，故有

「牡丹長一尺，退八寸」之說。實生苗一般5～6年開花。

【繁殖方法】觀賞牡丹主要採用分株繁殖，對一些發枝力弱的名貴品種亦常採用嫁接法。藥用牡丹則採用播種繁殖。

牡丹分株的關鍵是掌握適宜的分株季節。一般都在9月下旬至10月上旬分株。俗稱中秋節是牡丹生日，故中秋後最宜牡丹的分株、移栽。分栽早了，因外界氣溫尚高，容易引起冬芽萌動而抽發新枝，即「秋發」，不但消耗了養分，而且降低了抗寒和抗旱能力，對次春生長和開花都很不利。分栽遲了，根部傷口未能充分癒合，新根形成很少，需要2～3年甚至更長的恢復時間才能開出花姿豐滿的花朵。分株時，往往在挖起後先令其陰乾1～2天，待根稍變軟時（不可陰乾過甚），在容易分離處劈開，新分之株其下部應有較好的根系，每株應有3～5個蘖芽。分株後盆栽，經5～6年又可再行分株。

牡丹的嫁接，通常多用牡丹根或芍藥根進行根接。用牡丹根作砧，以其較細較硬而嫁接不便，繁殖之植株初期生長較慢，但接穗基部較易發根，萌蘖較多，有利於以後之分株，且壽命較長。用芍藥根作砧，以其木質化較弱，操作方便，成活率較高，初期生長較快，一般多用之，但接穗基部發根較少，萌蘖不多，壽命也較短。嫁接時，根砧選粗約2公分、長15～20公分且帶有鬚根的肉質根為好。接穗宜選根頸部萌發的當年生枝條，每一接穗要有1～2個芽。嫁接時期在9月下旬至10月上旬。劈接或切接後用麻綁縛而不可用塑料薄膜條，塗上泥漿，栽入深廣瓦盆，盆土宜潮潤，栽後一般不澆水，覆土保濕。

　　播種繁殖除藥用牡丹使用外，觀賞牡丹在培育新品種時亦使用之。牡丹果熟後自然開裂而散出黑色種子，故須在蓇葖果即將開裂前（8月）採果，置篩中晾曬，至9月收取種子後即播。宜地播。因其上胚軸有休眠特性，需要在5℃左右的低溫下才能解除上胚軸休眠，故在播種當年只長根不長苗。注意保持播壤潮潤。種子在土中經過冬季低溫刺激，第2年春天上胚軸伸長，幼苗出土。故如播種過晚，第2年就不能出苗。

　　【盆栽管理】牡丹盆栽宜選用大口徑的深盆或木桶。盆土用園土加礱糠灰或粗砂配製，並施入基肥。上盆時間是9月下旬至10月上旬。盆栽最好選用芍藥根接的牡丹。盆底部多放些碎瓦片以利排水。栽前應先將根部晾曬，以免過脆上盆時斷根。栽時要使根系舒展，壓實土壤使之與根系密接。栽後只要土壤潮潤一般不用立即澆透水，更不宜澆大水。牡丹喜肥，一年中施肥可分成3次。第1次肥在開花前的15～20天施用，一般可在3月底進行，此次肥為營養肥。第2次肥在花後15天內施用，此次肥為補充肥。第3次肥在10月下旬施用，施肥量可適當加大，此次肥為越冬肥。施肥宜用乾肥穴施。生長期間施肥亦可施用液肥，參照上述要求進行。盆栽澆水切忌過多。盆土宜間乾間濕，寧乾勿濕。新上盆的植株在頭一年可任其生長，在第2年則留5～6枝即「定股」。以後每年在3～4月當新芽萌發生長至4～5公分時，將株基的蘖芽及幹基部發出的不定芽完全去除即「拿芽」。4月上旬當牡丹花蕾已肥大時，摘其側蕾、弱蕾、病蕾、小蕾，每股（枝條）只保留頂端1個壯蕾。開花期宜適度庇蔭，可以延長花期。花後

一定要剪去殘花，不讓其結籽。牡丹花枝上部並不木質化，也無繼續生長之腋芽，故落葉後即行乾枯，應於冬春剪除之。冬季將盆栽牡丹放在冷室內或其他可避風雨處，溫度在-5℃以上即可。春季發芽前一定要澆足水，並加施些速效肥料。此後即可如常管理。

牡丹蟲害不多。病害主要有黑斑病、紫紋羽病等。對黑斑病，可在花後及夏天噴等量式波爾多液預防，或當少量病葉出現時立即人工摘除，予以燒毀。紫紋羽病是危害牡丹根部的真菌性病害，發現病株應立即拔除燒毀，原土用20％石灰水澆灌消毒。或對早期發病的植株用20％石灰水或1％硫酸銅溶液浸泡根部，然後用清水洗淨，換新土重栽。「牡丹得新土則根舒」的說法，不僅因為新土比較肥沃，也因為用新土有利於防治根腐性病害。

【用途】牡丹為中國名花之最，姿、色、香俱超群不凡，遠在唐代就已贏得國色天香的讚譽。古稱牡丹為花王，芍藥為花相，成為「花中兩絕」。牡丹栽培經久不衰，現以山東菏澤（古稱曹州）、河南洛陽栽培最盛。在園林中，牡丹常植作專類花園，又常植於花台（以磚、石砌成）之上，謂之「牡丹台」。牡丹盆栽進而提高了觀賞價值和擺放範圍。牡丹切花觀賞亦佳。

春節前，北方南運地栽的或盆栽催花的牡丹花蕾已膨大含苞欲放，可連枝剪下（不要剪得太早，否則花不易開放）泡於水盆中，然後在枝條的基部用燒紅的鐵筷子將皮部灼燙一圈，以免養分下泄，隨即插於（常5枝）濕潤的盆土中，即可當成盆花觀賞。經過這樣處理的牡丹花枝，可經1個月不落花，比有根植株的花期長好幾倍。

　　牡丹根皮即著名中藥材「丹皮」，中醫用為清熱涼血藥，有清血熱、散瘀血之效。安徽銅陵鳳凰山所產丹皮最有名，稱鳳丹皮。藥用牡丹栽培時於每年花期摘去花蕾，在定植後的3足年（「三春」）的10月份收穫。挖取根部，洗淨，用刀縱剖，抽去木心後曬乾，稱為原丹皮，刮去外面栓皮的稱為刮丹皮。

## 月季（中國月季）（圖26）

*Rosa chinensis*（China rose）

　　【形態特徵】薔薇科半常綠灌木，枝有皮刺。羽狀複葉互生，小葉3～5，表背無毛，托葉附生在葉柄上。花常數朵聚生，稀單生，紅色、粉色或近白色；花梗有散生短腺毛。花期5月至深秋，為四季開花性。薔薇果球形，紅褐色。果熟期9～10月。

　　同屬常見花卉有玫瑰*R. rugosa*、多花薔薇*R. multiflora*、木香*R. banksiae*。

　　現在栽培的月季大多為雜種月季，即所謂現代月季，國外稱之為玫瑰 rose（與國產玫瑰不是一回事）。月季栽培品種現已達1萬多個，可按品種來源和性狀分為以下8個系統：

　　1）中國月季系 *China Rose*(C系)　是自中國月季中選育而成，為四季開花

圖26　月季

性。如「月月紅」、「綠繡球」。

2）雜種長春月季系 *Hybrid Perpetual Rose*（HP系）　是以中國月季為主、經過反覆雜交育成的雜種，每年一季花或二季花。如「德國白」、「賈克將軍」。

3）雜種茶香月季系 *Hybrid Tea Rose*（HT系）　是現代月季中最重要的種類，由茶香月季 R. odorata（Tea Rose）與雜種長春月季雜交育成，大花單花型，四季開花性。如「和平」、「墨紅」。

4）小姊妹月季系 *Polyantha Rose*（Pol系）　是由中國月季和多花薔薇雜交育成，小花多花型，四季開花性。如「小古銅」、「火煉金丹」。

5）多花月季系 *Floribunda Rose*（Fl系）　是由小姊妹月季和雜種茶香月季雜交育成，中花多花型，四季開花性。如「馬戲團」、「獨立」。

6）大型多花月季系 *Grandiflora Rose*（Gr系）　是由多花月季和雜種茶香月季雜交育成，大花多花型，四季開花性。如「伊麗莎白女王」、「金巨人」。

7）微型月季系 *Miniature Rose*（Min系）　是由中國小月季 R. chinensis　var. minima 和多花月季及小姊妹月季雜交育成，植株極矮，高25公分左右，小花多花型，四季開花性。如「小金星」、「小假面舞會」。

8）蔓性月季系 *Climbing Rose*（Cl系）　枝條蔓性，花單生或簇生。如「藤和平」、「藤伊麗莎白女王」。

月季品種還可按花色分為：①白色類，②粉色類，③黃色類，④橙色類，⑤紅色類，⑥紫色類，⑦複色類（一花中有兩種或兩種以上的色彩過渡變化），⑧雙色類（花

瓣的表背各為一種顏色），⑨綠色類，⑩變色類（花由初開至盛開至花謝期間有明顯的色彩變化）。

【生態習性】原產中國。月季喜光耐寒，生長適溫為18～20℃，高溫乾燥和5℃以下低溫下即會休眠，−10℃以上不需防寒。怕乾旱和積水。喜肥沃濕潤的土壤，宜土質疏鬆、富含腐殖質、排水通氣性能好、保水保肥能力強的沙壤土，pH為6.8～7.2。

【繁殖方法】主要用扦插和嫁接繁殖，亦可壓條和分株。

**1）扦插**　用盆插、箱插，有條件者亦可地插。扦插基質可用新鮮流沙土（沖積土）加1/3的礱糠灰，亦可用純礱糠灰或細黃沙。生長期扦插，插穗應選擇當年生半木質化、無黑斑病感染的健壯枝條，以無花蕾的所謂「雄枝」及短開花枝為好。其枝條雖細，但組織充實，扦插成活率高。粗壯的長開花枝及徒長枝，枝條雖粗，但組織疏鬆，扦插成活率低，不宜採用。採取插穗宜在早晨帶露水時，可用手瓣下或用利刀削下，使之帶踵。用剪刀剪不好，容易軋碎組織，感染細菌，造成插穗腐爛。插穗上的嫩梢、花蕾、殘花及基部葉子都剪掉，上部留兩葉，每葉留一對小葉，剪去上部小葉。插穗長10～15公分，隨剪隨插，深度3公分左右，過淺容易倒伏，過深容易腐爛。插後將土撳實，噴水，庇蔭。扦插後的管理可分3個階段：

（1）陰濕階段（扦插後10天內）──要避免陽光直射，葉片乾燥時用小型噴霧器進行噴霧，防止葉片枯乾脫落。

（2）癒合階段（扦插後10～20天）──要防止水分

盆栽花卉栽培與裝飾

過多而引起愈傷組織黴爛，故插壤不能過濕，要漸漸使土壤乾燥起來。早晚可增加弱陽光的照射時間，使之受鍛鍊並促進癒合和發根。

（3）發根階段（扦插後20～30天）——逐步接受全日光照，土壤乾燥時適量澆水。

月季的生長規律是新根新枝輪替生長。如果插穗老葉不脫落，新芽已長出，說明根已發得很旺盛了。長出的花蕾應及時摘除，以免消耗養分。等新芽的葉子長大轉青、根部發第2次根時，可及時分栽。如果用純黃沙或礱糠灰扦插，因缺少養分，成活後應及早分栽。

亦可休眠期扦插。從落葉休眠開始一直到立春發芽前，都可進行扦插。剪取插穗的方法同上面一樣，只是插穗已是充分木質化的硬枝且不帶葉子。以地插為便，插後要澆透水，再覆蓋一層拱形塑料薄膜，以保溫保濕。開春後插穗發芽時，除去塑料薄膜，等葉子長大轉青發二重根時，可以分栽。盆插時可參照地插進行管理。

2）嫁接　月季嫁接苗一般比扦插苗生長快3倍，當年就能長成粗壯的大株，開出標準的花朵。

（1）月季切接繁殖：11月至翌年1月均可進行切接，而以12月切接的成活率最高。選擇當年生、充分木質化、腋芽飽滿、健壯的枝條的中段作接穗，用多花薔薇作砧木（播種繁殖）。嫁接時，砧木可留土中。亦可掘接，接後重栽。盆缽宜用深的泥盆，在切接前2～3天先將土澆濕，翻鬆備用，濕度以不黏手為宜。過濕則刀口進水容易黴爛，過乾會造成接穗枯乾。對嫁接苗要注意保濕。最初10天不要澆水，以後待土壤已經乾燥，方可用噴壺噴水。嫁

接2~3週後，接穗和砧木已癒合，砧木開始發根，接穗發芽長葉，但須注意除掉砧芽。除砧芽要特別小心，切勿將接穗碰落。接穗上長出花蕾時，應予剪除，以便使養分集中於枝條的生長。此後即可進行正常的管理。

（2）月季芽接繁殖：T字形芽接在5~10月進行。對砧木要勤施薄肥，使其粗壯，當它有鉛筆杆粗時即可芽接。為便於操作，除留最粗壯的1根枝條外，其餘全部剪去。芽接前1週施一次肥，接前半天澆足水。選取接芽應選芽飽滿的枝條，剪去頂梢和基部，還要剪掉葉子和刺，利用它的中段，保留葉柄。將枝條浸入水中或用濕毛巾包裹，防止乾癟。在砧木基部光滑面切T字形切口，削取盾形芽片插入切口中，綁縛後予以庇蔭，避免強光直射，3天內不能淋雨。1週後如果成活，嫁接苗可曬太陽。長出的砧芽要不斷剪除，但砧木上的老葉要保留，可為接芽提供營養。當新芽長到15~20公分長時，要立支柱以防止幼苗被風吹斷。這時可適當剪短砧木。等新枝全部木質化、第2次發新芽時，則可將砧木全部剪掉並解綁。

帶木質嵌芽接是在月季休眠期及皮層難以剝離的情況下採用。砧木的準備、接芽的選擇及嫁接苗的養護管理等與T字形芽接相同。操作方法如養花十二字法「苗」字中所介紹，比T字形芽接容易做，且成活率更高。

在砧木數量不足時可採用插接法，即在砧木母株的長條上每隔1~2節接一芽，接活後，將長條分節剪下扞插，即可成為獨立的月季芽接苗。

3）壓條　壓條時期最宜在梅雨季節。凡矮生品種其枝條軟而可以彎到地面的，均可行普通壓條；凡直立性或

盆栽花卉栽培與裝飾

擴張性品種其枝條短硬而不易彎曲的，可用高壓法。高枝壓條要選無病害並已發育成熟的枝條，因病葉會很快脫落，推遲生根時間，而嫩枝刻傷後很易折斷，操作困難。一般在高壓枝條旁要架設扶木，特別是採用舊法用竹筒裝土高壓時，要把扶木和竹筒繫牢以防風害。

4）分株　叢生的月季植株可用分株繁殖。當根頸處生出的土芽長成新枝其內部已呈木質化、葉片泛綠時，將周圍土壤掘開，察看植株基部根系的分佈，發現新枝基部已著生有較多的根鬚，可將新枝與母株切離，單獨分植。倘若發現擬分植株的新枝基部尚無根鬚或根鬚很少，可從母株和新枝之間的間隙切開1/3～1/2，稍稍扳開，塞入一點泥土，並在新枝基部切傷數處以促其多發根鬚，然後仍把掘開土壤壅好，等它生根後再分。此外，結合換盆進行分株也是常用的做法。

【盆栽管理】盆栽月季宜用泥盆。盆土可用園土加礱糠灰（2：1或3：1）配製。每年早春在新根萌動之前換盆。換用之盆宜較原盆為大，但不可過大，以能容納根系而在四週有1.5公分的餘量為宜。墊蓋盆底孔後鋪1.5公分厚的碎瓦片作排水層，其上鋪土1公分厚，再施放1公分厚的底肥（以1：1的泥土拌和），上面再蓋土，使中央略高呈一小丘，即可栽植。將盆栽月季脫盆剔土，對根系和枝條進行修剪。保留長5～10公分的壯根3～5條，並帶些支根；留健壯枝條3～4枝，每枝長20公分左右。保留的枝條要向各方面均勻伸展，使中心空暢呈杯狀。將修整好的苗木根放盆中土丘上，理齊根系，壅土埋根，邊壅邊震動，並輕提苗木，使土粒與根系接觸良好，土面離盆口約

2公分，栽後即澆透水。新苗上盆略如上法，只是用盆小而且泥土不加基肥。花後如嫌盆小，亦可換盆。換盆時特別要注意不可使土球鬆散，如新換花盆深度不能滿足要求，可不鋪加碎瓦片層。

月季栽培管理中最主要的環節是施肥、修剪及病蟲害防治。基肥是在每年換盆時施入。在清明節前追施1～2次極淡的氮肥。新葉長成，開花前施1～2次液肥。5月盛花後及時追肥，可促夏花和秋花旺盛。夏季高溫期及新芽萌發時停止施肥。秋末控肥，防止秋梢過旺受到霜凍。施肥以薄肥為好，在新根生長期間更不能施用濃肥，以免新根受損，影響生長。月季的修剪最易被忽視，實則極為重要。冬季修剪常結合換盆進行，除高稈月季適當輕剪外都行重剪，正如俗話所說：「冬剪要狠，開花才穩。」生長期間要及時剪除病蟲枯枝以及見不到陽光的枝條。花後及時剪去花梗，在第2枚五小葉複葉之上剪去。

嫁接苗的砧木萌蘖也應隨時剪去。月季的病蟲害較多，所謂月季大敵「黑、白、紅」，即指黑斑病、白粉病、紅蜘蛛3者而言。在其危害季節，應注意噴藥防治。對白粉病還可在病葉上於早晨露水未乾時撒布代森鋅粉劑或硫黃粉，每週1次，撒2～3次即能控制。

此外，在寒冬臘月切忌將盆栽月季移入室內。如寒潮侵襲，當氣溫下降到-5℃以下時，可暫時移入室內，寒潮過後，即應移出室外。務必防止在室內放置過久，導致發芽。

【用途】月季的觀賞價值很高，開花期長，花色豔麗，花形優美，有「花中皇后」稱譽。在園林綠化中，月季是重要觀賞花木，亦適宜盆栽觀賞。月季還是世界五大

盆栽花卉栽培與裝飾

切花之一。有的品種，如「墨紅」月季可提取香精。中國月季的花、葉及根均可供藥用，有活血祛淤、拔毒消腫之效。

## 梅花（梅）（圖27）

*Prunus mume*（meiplant）

【形態特徵】薔薇科落葉小喬木。小枝無頂芽，綠色或綠為底色，枝內新木質部綠白色，稀為淡暗紫色。單葉互生，卵形，先端長漸尖。花1～2朵，在早春先葉開放，有芳香；花萼絳紫色或綠色；花冠有粉紅、淡粉、紅、肉紅、深紅、白、乳黃、淡黃及複色，單瓣（一層）、複瓣（二層）或重瓣（三層以上）。核果近球形，具黏核。

梅分花梅和果梅。花梅即梅花，在中國栽培已有2000年以上的歷史。果梅在中國栽培歷史更久，在2500年以上。梅花品種繁多，現可分為梅*P. mume*和櫻李梅*P. ×blireiana*兩個品種系統。櫻李梅花、葉同放，花梗長，不同於梅，為一被作為種而給予拉丁學名的雜交種。梅花品種除極個別外都屬梅系統。梅系統包括普通梅*P. mume var. typica*（枝直上或斜出）、垂枝梅（*P. mume var. pendula*）（枝自然下垂或斜垂）、曲枝梅*tortuous meiplant*（枝自然扭曲，原稱龍游梅）和

圖27 梅

杏梅 *P. mume var. bungo*（枝、葉似杏）4個品種群。

普通梅最為常見，有江梅（花單瓣，呈紅、白、粉色）、宮粉梅（花粉紅色，複瓣至重瓣）、玉蝶梅（花白色，複瓣至重瓣）、綠萼梅（萼綠色，與萼呈絳紅色的其他梅均不相同，花白色，單瓣至重瓣）、灑金梅（花複色，單瓣或複瓣）、朱砂梅（枝內新木質部淡暗紫色，亦稱骨紅梅；花紫紅色，單瓣至重瓣）等。垂枝梅、曲枝梅也有垂枝江梅、垂枝玉蝶梅、垂枝綠萼梅、垂枝朱砂梅、曲枝玉蝶梅等。

【生態習性】原產中國。為長壽樹種，喜光，耐寒，喜肥，喜燥，忌濕。對溫度敏感，其自然花期各地差異甚大。葉芽萌發力強，耐修剪。

【繁殖方法】以嫁接繁殖為主。砧木以實生梅為最好，亦可用杏、桃、李，但均不如梅。嫁接時期因嫁接方法而異。切接多在春季發芽前進行，芽接在7～8月，靠接在2～4月或6～8月均可。播種以秋播較好，除用於砧木的繁殖外，部分江梅的繁殖也可採用。壓條繁殖多在早春進行。扦插繁殖一般成活率不高，宮粉梅較易成活，綠萼梅次之，朱砂梅最難。常用硬枝插，夏季可用嫩枝插，經生長素處理能提高成活率。

【盆栽管理】盆土可用腐葉土加園土配製。上盆時施盆底基肥。幼苗一般在2月份上盆。地栽梅花臨時挖起上盆供室內觀賞時，宜在年前上盆，花後最好仍將盆梅放回露地培養。盆梅通常每年春季在花後發芽前換盆。對缸栽的大株常不換盆，而於秋後添換部分新土，同時施入基肥。換盆時宜曬土球，可以防治根腐病。即將脫出花盆的

盆栽花卉栽培與裝飾

土球曬於陽光下，晴天曬1天左右，陰天曬2～3天，將土球曬到8～9成乾為好。剔除舊土1/3左右，修剪根系和地上部分，然後換盆栽植。

盆梅澆水宜間乾間濕，盆土乾時即要澆水，但要防止盆土過濕。5月間當新梢長到理想的長度時即應控水，直到新葉萎蔫下垂時再澆，以控制新梢生長，促進花芽分化。下雨天要避免盆中積水。秋旱時增加澆水，越冬期間保持盆土稍乾。

盆梅在一年中有4次定期施肥。基肥秋施或換盆時施用。1月初梅花含苞待放時追施保花肥；花後追施養樹肥（當芽長到5公分上下時，切忌追肥以防徒長）；新梢停止生長10天後（約在6月下旬至7月初）追施以磷鉀肥為主的花芽分化肥（不可過早施用，以免新梢繼續生長反而對花芽形成不利）。此外，可視植株生長情況，根據需要施用追肥。

盆梅留乾不可太高，以30～40公分為宜，將來培養3～4個主枝。開花植株在花後將長、中花枝留2～3個芽短截，並進行必要的疏剪。生長季節抹除不必要的萌芽和新枝；對長枝進行摘心，使多生花芽或促生二次枝。入秋後將長的葉枝留5～6芽短截。

梅花的病蟲害有根腐病、蚜蟲、介殼蟲、蓑蛾等，要及時防治。使用農藥，忌用樂果，以免引起早期落葉。

【用途】梅花開花特早，「萬花敢向雪中出，一樹獨先天下春」，故深受中國人民喜愛，以「松、竹、梅」為歲寒三友，稱「梅、蘭、竹、菊」為花中四君子。地栽梅花成林，常成為極佳的賞梅景點。盆栽亦較普遍，更常製

為樹椿盆景。徽州盆景即以游龍式梅椿（不可叫龍游梅）著稱；蘇州則常製作劈乾式梅椿。新鮮梅花可提香精。乾燥花蕾入藥名梅花，中醫用為理氣藥，功能平胃散鬱。乾燥未成熟果實即中藥烏梅，為驅蛔蟲藥，並能治久咳、久瀉。果梅為重要果樹，開花亦美，梅果可生食，並可加工梅乾、青梅、話梅等。梅木特硬，可供製作名貴工藝品。

## 菊花（圖28）

*Dendranthema xgrandiflorum*（florists chrysanthemum）

【形態特徵】菊科宿根草本植物，莖基部木質化。單葉互生，葉緣有缺刻和鋸齒。花序頭狀，即俗所稱之花；周邊是舌狀花，又稱邊花，俗稱花瓣；中央為筒狀花，又稱盤花，俗稱花心。花色除藍色及真正的黑色外，各色具備；有單色、複色、雙色，還有所謂喬色（同一花序上具有兩種不同顏色的花瓣）。花期在秋菊是10月～11月，夏菊是5月下旬至7月，寒菊是12月至翌年1月。果為瘦果。自花不育，通常不容易結實。

菊花品種有3000種之多。通常按花徑（花序直徑）分為大菊和小菊兩個品種群，而後再按花型作進一步的劃分。所謂花型，是指由花瓣的不同變化和不同組合而形成的綜合特徵。形成菊花花型的主要因素是花瓣

圖28　菊花

類型、花瓣數目（1～3輪為單瓣，3～6輪為複瓣，6至多輪為重瓣）、花瓣長度、外層和內層花瓣的比較長度、花抱（指菊花花瓣相圍合的變化狀態）以及花瓣彎曲變化形態。菊花花瓣有平瓣（花瓣全部平展，僅基部稍聯合）、匙瓣（花瓣下部為管，上部具匙片）、管瓣（整個花瓣呈管狀，管端閉合或開放而無匙片）、畸形瓣（包括龍爪瓣、剪絨瓣和毛刺瓣）。此外，花心筒狀花（心瓣）端部不規則開裂呈星芒狀的稱為托桂瓣。識別花型首先要識別瓣型。現分大菊花型為25類，小菊花型為7類。

1）**大菊**　花徑在6公分以上。大菊的花徑仍有大小之分，一般以花徑在6～9公分者為小徑大菊（小大菊），花徑在9～18公分者為中徑大菊（中菊），花徑在18公分以上者為大徑大菊（大菊）。小大菊是大菊而不是小菊。

（1）平單瓣型Single broad-petalled type：單瓣，花瓣為大型內曲平瓣（花瓣先端內曲），瓣寬常在18毫米以上。

（2）匙單瓣型Single spatulate-petalled type：單瓣，花瓣為匙瓣而較粗。

（3）單管型Single quilled-petalled type：單瓣，花瓣為粗管瓣（管徑在2.5毫米以上）。

（4）複管型Semidouble quilled-petalled type：複瓣，花瓣為中、細管瓣（管徑在1.7～2.5毫米者為中管，管徑在1.7毫米以下者為細管）。

（5）荷花型Lotus type：複瓣，花瓣為內曲平瓣。

（6）圓盤型Pan type：複瓣，也有重瓣的，花瓣為普通平瓣（花瓣平展）或平匙瓣（匙片平展），斜伸，外

瓣長，內漸短，初開時內層花瓣抱心，全花呈盤狀。

　　（7）芍藥型 Peony type：極重瓣，花瓣為普通平瓣，稀為平匙瓣，外、內層花瓣近等長，全花近球形。

　　（8）蓮座型 Incurved type：重瓣，花瓣為內曲平瓣或內曲匙瓣（匙片先端內曲），外瓣較長於內瓣，幾都向內拱曲，全花呈扁球形。

　　（9）半球形 Semiglobular type：重瓣，花瓣為內曲平瓣或內曲匙瓣，外、內層花瓣近等長，斜伸，盛開時全花呈半球形。

　　（10）球型 Globular type：極重瓣，花瓣為內曲平瓣或內曲匙瓣，外、內層花瓣近等長，圓抱（花瓣向花心抱合，包藏花心），全花呈球形。

　　（11）捲散型 Darting-flowered type：重瓣，花瓣多為匙瓣，常彎曲，外瓣長而馳射，整個花型表現為內捲外散。

　　（12）翻捲型 Reflexed type：重瓣，花瓣為普通平瓣或平匙瓣，反抱（花瓣向外翻轉、下垂），整個花型表現為外翻內捲。

　　（13）旋轉型 Chasing type：重瓣，花瓣向同一方向偏斜旋轉成追抱。

　　（14）管盤型 Quilled-pan type：重瓣，花瓣為中、粗管瓣或管匙瓣（管與匙片的比較長度大於9：1，可作管瓣對待），直管或彎管，斜伸，外瓣長，內漸短，全花呈盤形。

　　（15）輻射型 Radiate type：重瓣，花瓣為中、細管瓣或管匙瓣，直管，外、內層花瓣近等長，全花呈放射球

盆栽花卉栽培與裝飾

狀。

（16）管球型 Quilled-globular type：極重瓣，花瓣為中、粗彎管瓣，外、內層花瓣近等長，全花呈球形。

（17）亂舞型 Irregular quilled-petalled type：重瓣，花瓣為中、粗彎管瓣，不等長，亂抱或呈飛舞之狀。

（18）鉤環型 Open-beaded type：重瓣，花瓣為中、粗鉤管瓣（為管匙瓣變形，端部捲曲呈鉤環狀，鉤基常具喙），瓣端具開環。

（19）貫珠型 Genuine-beaded type：重瓣，花瓣為中、細鉤管瓣，外瓣長，內漸短，瓣端捲曲成有孔小珠。

（20）絲髮型 Long-hair type：重瓣，花瓣為長管瓣（瓣長與瓣徑之比大於60：1），直管或彎管，細長直垂或捻彎扭曲。

（21）瓔珞型 Fringes type：重瓣，花瓣為中、細管瓣或管匙瓣，直伸四出或下垂，較整齊，瓣端或具彎鉤，但不捲曲。

（22）假託桂型 Pseudanemone type：重瓣，花瓣區分為外、內兩層，外瓣長，內瓣小，花心顯著，外瓣承托內瓣和花心，有似托桂。

（23）托桂型 Anemone type：心瓣發達，為托桂瓣。花瓣承托花心，為單瓣或複瓣。

（24）裂瓣型 Fissured-petalled type：重瓣，花瓣為龍爪瓣或剪絨瓣，其花冠末端歧裂。龍爪瓣花冠末端擴大呈不整齊的漏斗狀，瓣端開裂呈不等長的爪形突起。剪絨瓣花冠末端微碎如剪，分裂比較規則。

（25）毛刺型 Hairy type：重瓣，花瓣先端背部具有

毛刺狀附屬物。

2）小菊　花徑在6公分以下。小菊與大菊的區別並不僅表現在花徑大小上，它們在花的繁密度、花形、花期、葉的厚薄、葉緣的缺刻和鋸齒以及分枝習性上也有很大差異。

（1）平瓣小菊Flat-petalled type：花瓣為平瓣，單瓣或重瓣。

（2）匙瓣小菊Spatulate-petalled type：花瓣為匙瓣（貝殼匙瓣除外），單瓣或重瓣。

（3）管瓣小菊Quilled-petalled type：花瓣為管瓣，單瓣或重瓣。

（4）薊瓣小菊Thistle type：重瓣，花瓣為窄平瓣，全裂如短針（2～5枚）。

（5）蜂窩小菊Pompon type：重瓣，花瓣邊緣捲折，斷面呈三角形。

（6）貝殼蜂窩小菊Shell-pompon type：重瓣，花瓣為貝殼匙瓣，其長度不超過其寬度的2倍，形似貝殼。

（7）托桂小菊Small Anemone type：中央密集托桂瓣，外圍托以其他單、複花瓣。

【生態習性】為一高度雜交種，原種產於中國。耐寒，其宿根能耐-30～-20℃低溫，但地上部分在-1℃就會凍死，生長最適宜溫度為20～25℃。喜光。為短日性植物。喜肥，怕積水，最宜疏鬆肥沃的中性土壤。萌芽力強，耐修剪。小菊枝條柔軟，便於造型。

【繁殖方法】主要用扦插。插穗用腳芽和嫩枝梢（宿株腳芽長成的嫩枝梢和扦插腳芽長成的嫩枝梢）。腳芽是

盆栽花卉栽培與裝飾

指自土中長出的芽，採腳芽最好採花盆邊緣的腳芽（係由主根上的不定芽萌發滋生）。採嫩枝梢是當嫩枝高20公分時切取頂端6～10公分為插穗。插壤可用園土與礱糠灰按1：1比例配製。菊花扦插最適生根溫度為15～20℃，溫度在28℃以上難以生根。

亦可用嫁接繁殖，主要用來培養大立菊和塔菊。砧木常用黃蒿 *Artemisia annua*、白蒿 *A. sieversiana*、青蒿 *A. apiacea*，可於秋季播種或挖移野生小苗來培養。用嫩枝接，帶頂接穗長約5公分，砧木粗度與接穗相近，並為實心、綠白色、肉質。如砧木空心、白色、絮狀，則已過老，不宜選用。砧木劈深2公分左右，略長於接穗削面。綁紮物除可用木槿等枝條皮套外，亦可用細軟棉紗。用前者可以免除解綁的麻煩，更為簡便。

菊花雖也可用分株繁殖，但因為分株苗生長不好，故一般不用。

【盆栽管理】

**1）多頭菊培養法** 多頭菊每盆常3～5本，生長期要6～7個月，通常在4～6月扦插，生根後及時分栽並在同時進行第1次摘心，每盆1株栽於直徑13～17公分的瓦盆中，盆土可用2份園土加1份礱糠灰。立秋前後換盆定植於直徑23～27公分的瓦盆。生長中當側枝長出3～4片大葉時，留基部兩葉進行第2次摘心。最後一次摘心稱為定頭，是在立秋以後1週內進行。定頭後長出的側枝長15公分時，每盆選留3～5枝生長勢相當、高矮一致的枝條，並隨時剔除以後再長出的側芽。9月現蕾後，當側蕾可見時應分2～3次剝去。定蕾所選留的頂蕾外形大小要基本一

致，這樣才能開花均勻。多頭菊要求長勢矯健，姿態平衡，高矮適中，花姿優美，色澤鮮豔，雖盛開而花心不露，並以葉鮮綠而有光澤、腳葉（近植株基部的葉）完好者為上品。故除注意修剪整枝外，必須注意水、肥管理。立秋前只宜輕施薄肥，立秋後逐漸增加施肥量，可施重肥，只在9月上、中旬花芽分化時停施肥料1週。在立秋前，對澆水也要控制，盆土不乾不澆，早澆晚不澆。花蕾出現後加大水、肥，且應以磷肥為主，到花蕾露色時停施追肥。一般說，生長期宜瘦，梅雨期宜乾，含苞待放時宜肥，開花時宜濕。但綠菊等有的品種不喜重肥，宜適當「素養」。綠菊及白菊品種在花朵顯色後還宜移置於庇蔭處，否則花色不正。越冬可剪去盆菊地上部分，將花盆放在不受霜凍之處（盆土不可過分乾燥），亦可埋盆於或脫盆地栽於排水良好地方，留作繁殖母株。

2）獨本菊培養法　獨本菊每盆1本，著花1朵，除須達到多頭菊的標準外，還須花大瓣重，才可稱為單株獨秀。培養獨本菊有好幾種方法，北京現多用腳芽扦插苗來培育。腳芽扦插時期是11月下旬至12月上旬。用小刀深入盆土3公分左右將腳芽和主根切斷，同時摘掉已經展開的下部葉片，只留生長點周圍抱合的幼葉，插於花盆內，放在陽光充足的冷室內讓其慢慢生根，溫度保持在2～8℃，儘量不使在冬季生長，來年清明後分苗上盆，移到室外養護。上盆時不施底肥，5月底進行摘心，留莖約7公分，當莖上側芽長出後，由上而下順次剝去，選留最下面的1個側芽。入秋，待該芽長到3～4公分時，從該芽以上2公分處，將原有莖葉全部剪除，從而完成菊花植株的

盆栽花卉栽培與裝飾

更新工作。以後加強養護，依植株大小換入口徑相適的花盆內，並加施底肥以促進根系和植株生長。現蕾後，保留兩個頂蕾待選，而將側蕾及早剝除，等頂蕾長到1公分時，在兩個花蕾中選留1個，剝除另1個。

按傳統方法培養獨本菊，難度較大。要求株高33公分，在花朵大小、花型姿態和色澤上都能充分體現品種特徵。以扦插法繁殖，但不摘心，不生側枝。於7月上旬扦插，20天左右便可分盆，一次定植，不再換盆。分盆定植後正遇夏季高溫，生長異常緩慢。進入秋季生長盛期要扣水扣肥，不要讓它長高而要促進發根，盆土經常帶乾，乾到嫩梢倒萎再澆水。陽光要曬足，空氣要流通。這樣獨本菊苗就常處在一種缺水少肥的條件下，植株不會長得過高。為保證葉色鮮綠而有光澤，每週向葉面噴1次極稀的尿素（0.2%）。9月中旬花芽形成後，植株不再向高生長，立即開始施重肥，澆足水，使花蕾迅速發育。日常管理中如發現腋芽萌發，要及時剝除，留蕾、剝蕾亦如前法。對獨本菊，可在植株背面中央插立支柱，待花蕾充實將支柱多餘部分剪掉。

3）**大立菊培養法** 大立菊又稱千頭菊，基部主幹為獨本，每盆開花百朵以上乃至2000～3000朵。花枝經綁紮後，花朵整齊排列成平面或球面，一般是中心1朵，第一圈6朵或8朵，第二圈12朵或16朵，以後每圈依6或8的倍數遞增。培養大立菊可直接用腳芽繁殖，亦可用嫁接。通常都用嫁接，單頭嫁接或多頭嫁接均可。單頭嫁接是接於砧木苗莖上，多頭嫁接是接於砧木分枝上。多頭嫁接的接穗必須是同一品種，嫁接時對砧木進行摘心，接的順序

自上而下。培養大立菊一定要經過地栽。清明過後，已無霜凍，可將大立菊脫盆栽於露地，多施基肥，靠莖部立竹竿作為支柱。大立菊的摘心很重要，培養一棵千頭立菊，要摘心7～8次。接穗長到20公分左右，開始第1次摘心，留5～7片葉，養成3個側枝。每次摘心都有側枝長出，在新生側枝長出5～6片葉時進行另一次摘心，每側枝各留3片葉，養成3個側枝。摘心應掌握植株外部的枝條比內部的要少摘1～2次，以保證外部枝條有足夠的長度向四周拉開。最後1次摘心的時間是在立秋前1週左右。

　　大立菊在春季及初夏氣溫不高時生長較快，要及時追肥。雖為地栽，施肥的第2天清晨也要還水。盛夏高溫，宜搭蔭棚降溫以利生長，庇蔭時間僅限於中午前後。每天還要噴水兩次，一次在上午10點左右，一次在下午2點左右。秋涼後，菊花進入生長旺季，必須大量追肥，見土乾就澆肥，同時在葉面上適當噴尿素水溶液。注意對大立菊的澆水。幼苗時不使盆土過乾即可，地栽時要根據土壤及天氣情況適當澆水，做到及時足量。連續陰雨天氣，為使土壤達到一定程度的乾燥以便於施肥，要設塑料棚遮雨。炎夏天旱，每天都要澆透水1次。澆水時間應在傍晚，以促生長，這是與需要控制高生長的多頭菊等不同的。

　　大立菊約在9月間從地栽移植於缸或木箱中，這時植株已經定型，花蕾已經生成。用竹片紮成同心圓形支架，將花朵逐朵紮縛。要使大立菊花朵同時開放且大小相等，必須注意選蕾。花蕾發生後，根據頂蕾大小分為四等：頂蕾最大的共留4蕾，次大的共留3蕾，再次的共留2蕾，頂蕾最小的除去所有側蕾。待最小的頂蕾較快長大，追上留

2蕾的頂蕾，除去2蕾中的1個側蕾。如此依次除去側蕾，最後各枝所留頂蕾，基本上同樣大小。大立菊以花多取勝，花朵直徑要大於6公分才可計數。

4）**懸崖菊培養法**　懸崖菊是選用小菊培養，幹長，枝多，懸垂而下，狀若懸崖，故名懸崖菊。培養懸崖菊需時亦長，其生長期與大立菊一樣同為1年。11月間掘取腳芽扦插於直徑13～17公分的瓦盆中，每盆1株，放在溫室陽光充足處培養。翌年2月，翻入直徑20～23公分的盆中。春暖後，脫盆栽植於露地，水、肥管理與栽培大立菊相同。10月上旬花蕾形成，移植於直徑46公分或53公分的缸中。也可不經地栽而逐步翻入更大的盆中，立秋後用直徑46公分的缸定植。但盆栽長勢遠不如地栽。

懸崖菊主枝不摘心，用細竹竿將主幹做水平誘引，彎向地面，彎曲方向取南向，成型觀賞時拔去竹竿，主幹成自然下垂之姿。側枝依其著生部位進行不同長度的摘心。基部的側枝長留，上部的側枝短留，越向上留得越短。側枝摘心是培養懸崖菊的重要管理工作。基部側枝有9～10片葉時留5～6片葉摘心，中部側枝留3～4片葉摘心，頂部側枝留2～3片葉摘心。以後側枝又生側枝，均在生出4～5片葉後留2～3片葉摘心。反覆進行摘心以促進多分枝。摘心不必用手，可用大剪剪平。最後1次摘心時間在9月上、中旬。小菊有頂花先開習性，上、下部位花蕾開花期相差10天。欲使花期一致，下部要先摘心10天，次及中、上部。懸崖菊要求首尾勻稱，植株豐滿，在此基礎上，以長取勝。

5）**塔菊培養法**　塔菊的植株呈塔形，常用小菊培養，

繁殖和栽培方法與懸崖菊基本相同。兩者的不同處在於：塔菊的主幹是用竹竿扶直，使它儘量向高生長，成型後要求主幹挺立，植株豐滿，以高取勝；裝盆觀賞時，將支撐竹竿一起移入盆中，隱蔽於花枝中，不使顯露。塔菊的側枝整枝方法也與懸崖菊相同，下部長留，上部短留，多次進行摘心。也可用嫁接法來培養塔菊，採用多頭嫁接將多種花色的中菊品種嫁接於蒿子上（與大立菊只能嫁接同一品種菊花不同）。對砧木不摘心，任其向上生長，養成多數側枝，自下而上成批嫁接。每鄰近3根側枝組成一平面，用小竹圈套好，紮成一層，層層上升，愈高的層次花數愈少，直至枝頂開一朵花，全株形同寶塔。

此外，案頭菊是用激素培植的菊花，株高不超過20公分，花徑在15公分以上，花盆直徑不超過15公分；小菊盆景是用小菊為材料製作成的植物盆景，常製作成椿景或配石做藝術盆栽。

菊花的病蟲害有蚜蟲、紅蜘蛛、尺蠖、黑斑病、白粉病、鏽病等。蚜蟲的發生比較普遍，既危害葉、莖、嫩頭，影響菊花的正常生長，又危害花梗、花蕾，使開花不正常。當春、秋季發現有蚜蟲為害時，及時用樂果、氧化樂果等噴殺。盆栽菊花也可用8％氧化樂果微粒劑施於盆面，再覆以薄土，澆水後即能內吸殺蟲。

【菊花花期的控制】菊花是短日性植物，可以透過控制日照長短來提前或延後花期。

1）**提前花期**　在生長期間每天搬入遮光暗室，次晨搬出。遮光暗室要求無光線透入，但要通風。使菊花每天接受8～10小時日照，每天遮光時間應該逐漸增加。經過

短日照處理，70～75天可以開花。如擬讓菊花在國慶節盛開，則短日照處理應從7月下旬開始，並應選用早花品種和生長健壯、枝葉茂盛、高度在30公分左右的植株。

2）延後花期　從9月初開始，每夜給予3小時電燈照明（以午夜前後效果最好），每一個100瓦燈泡可照明1.2平方公尺的範圍。在停止光照後即起蕾開花。起到間斷黑夜、延長日照的作用。

【用途】菊花以色彩、姿態、風韻、香味多方面的特點，為人們增添無窮的藝術情趣，給人以美的享受。菊花之風韻美，表現在菊花之德。菊花一直被作為高尚品德的象徵為人們所稱頌。菊花切花水養時，花色鮮豔而持久，是世界五大切花之一。有專門的切花菊品種，其瓣質硬厚、花大豐滿、色澤鮮豔、開花期長、幹長、頸短、葉片肉厚、葉色濃綠、節間均勻。藥用菊花有安徽產的貢菊、滁菊、亳菊和浙江產的杭菊，以花入藥，中醫用為解表藥，能清熱散風，平肝明目。杭白菊、貢菊、滁菊可供茶用。菊花還有供食用的品種。

## 杜鵑（映山紅）（圖29）

*Rhododendron simsii*（Sims azalea）

【形態特徵】映山紅為杜鵑花科落葉灌木，單葉互生，花2～6朵聚生於枝頂，花冠漏斗形，深紅至玫瑰紅色。花期5月。蒴果卵圓形。栽培的杜鵑為常綠性，按其花期和來源可分為小葉春鵑、大葉春鵑、西鵑、夏鵑和春夏鵑5類。

1）小葉春鵑（東鵑）　早年引自日本，故習稱為東

鵑。其原始種為石岩杜鵑
*R. obtusum*。 東鵑的特徵
是：①葉小而圓，葉面較平
滑，毛少。②花小，直徑
1.5～4公分；4月上旬開
花，2～3朵集生枝頂；花冠
喉部有深色斑點或暈斑，單
瓣或由花萼瓣化而成套筒
瓣，少有重瓣，顏色有白、
粉、紅、紫、淡黃、綠白或

圖29　小葉春鵑

複色。③植株矮小，高1公尺，春生葉在花後生於葉腋新
枝上，老葉7～8月脫落。總之，東鵑以葉小、花小、矮小
為主要特色，開花時，繁花滿樹，不露枝葉。品種如「舞
姬」、「日之出」。

　　2）**大葉春鵑（毛鵑）**　源自錦繡杜鵑*R. pulchrum*、毛
白杜鵑*R. mucronatum*和琉球杜鵑*R. scabrum*。毛鵑的特徵
是：①葉大，長橢圓形至披針形，葉面多毛，較粗糙。②
花大，直徑可達8公分，單瓣；4月中旬開花，常3朵集生
枝頂；花色有純白、粉色和各種紅色。③植株高大，長勢
旺盛，新葉在花後抽生。由上可見，「葉大、花大、高
大」是毛鵑的主要特色，花開滿枝頭，十分絢麗。品種如
「玉蝴蝶」、「萬里紅」。

　　3）**西鵑**　西鵑是由皋月杜鵑*R. indica*、映山紅及毛白
杜鵑等育成的雜交品種；最早在西歐育成，故稱西鵑，在
國外又稱比利時杜鵑。植株較矮，葉片集生枝頂，葉的大
小介於毛鵑與東鵑之間，葉面毛少。春夏之交花葉同發；

盆栽花卉栽培與裝飾

花大,直徑6～8公分,最大可達10公分;花瓣多重瓣,少有單瓣,有皺邊、捲邊、波浪等形,花色十分豐富。這是花色和花型最多、最美麗的一類杜鵑。品種如「皇冠」、「錦袍」。

4)夏鵑　這是開花最晚的一類杜鵑,先發枝葉,後開花,花期在5月下旬。夏鵑的主要親本是日本的皐月杜鵑。中國江南的夏鵑,形態特徵與皐月杜鵑(常綠灌木,葉形狹尖,葉面多毛,花單生或成對生於枝頂)基本相近,但花色已增多,有紅、紫、粉、白,鑲邊等,更有重瓣、皺瓣和波狀邊緣等。品種如「五寶綠珠」、「秋月」。

5)春夏鵑　為春鵑與夏鵑雜交品種,性狀介於兩者之間。花期最長,自春至夏開花不絕。品種如「端陽」、「仙女舞」。

【生態習性】栽培杜鵑來源不一,映山紅原產中國。性喜溫和涼爽的氣候,既怕酷熱又怕嚴寒。生長適溫為12～25℃,30℃以上生長不良,或呈半休眠狀態,甚至可能萎敗。抗寒力因品種而異。西鵑抗寒力最弱,不能忍耐0℃以下的低溫。兩類春鵑及夏鵑抗寒力較西鵑為強。溫室越冬的適宜溫度:西鵑8～15℃,夏鵑10℃左右,春鵑不低於5℃即可。家庭盆栽杜鵑,西鵑宜置於溫度較高的室內越冬,春鵑和夏鵑只要置於向陽的室內即可。杜鵑性喜較弱光,在30000勒克斯以上的中強光照下生長不良,而在20000勒克斯的中弱光照下茁壯成長、花開繁密,在7000～8000勒克斯的偏弱光照下,生長減弱、花蕾稀少,在2000～3000勒克斯的弱光照下生長滯緩、極難開花。故

怕烈日暴曬，夏季需置於通風良好的蔭棚下蒔養。喜空氣濕潤，忌土壤排水不良。土壤必須通透性好、富含腐殖質且呈酸性（pH為4.5～5.5），忌鹼性土和黏質土。杜鵑為淺根性，怕乾旱，怕水澇，怕濃肥。

【繁殖方法】常用扦插、壓條、嫁接等方法。

扦插是在梅雨季節進行嫩枝插。剪取當年生健壯的半成熟枝作插穗，長7公分左右，除去下部葉片，留頂葉3～4片，葉片過大的還要剪去1/3，扦插於黑山泥或砂土等適宜介質中，可盆插或箱插。插穗入土深度為全長的1/2。插後用浸盆法澆透水，置於蔭棚下。插後管理工作主要是庇蔭、保濕，每天噴水1～3次，保持插壤及環境經常潮潤，約兩個月可以生根。當年秋天或第2年春天分盆。

壓條繁殖常用高壓法，於4～5月進行，生根後可在當年秋天或者到次年的2～3月斷離移植。

嫁接用於繁殖扦插不易成活的品種，西鵑最多用之。砧木常用毛鵑，其繁殖容易，扦插極易成活。嫁接方法用嫩芽接，時間以春、秋兩季為好。春季在5月中旬到6月中旬。秋季要在秋涼之時，約在8月底到9月中旬為好。嫁接時，先將砧木頂端的芽頭截去，在正中劈切口，深度為3～4毫米，接穗是剪取長約1公分的芽頭，兩面同樣削成楔形，插入砧木，對準形成層，用線綁紮，套袋保濕，置放陰涼處，防止日曬。20天之後，接穗如仍碧綠，說明已經成活。1個月後逐步除去塑料袋。除嫩芽接外，杜鵑的嫁接亦可用靠接、腹接。

【盆栽管理】杜鵑盆栽，首要重視用土。盆土最好用黑山泥或松針腐葉土。上盆時切忌小苗栽大盆。以後可隨

盆栽花卉栽培與裝飾

著苗木的長大，逐步翻入較大的盆。小苗每年翻盆1次，大株杜鵑2～3年翻盆1次。翻盆時，除去盆表宿土，並用快剪修去老根，但幼苗翻盆不應修根。澆水在上盆、翻盆時要澆到盆底有水滲出才合標準；日常澆水只宜澆透不澆漏。冬季盆土應稍乾；在0～5℃的冷室中，只要保持盆土微潮，使盆花不乾枯即可。春季澆水逐步增多，花蕾顯色時，消耗水分更多；為使花瓣不致萎蔫，見盆土微乾即澆。夏季要經常澆水，並應防雨季盆口積水。每日除進行正常澆水外，見盆土乾應予補水，中午前後及傍晚要對葉面噴水以降溫除塵。入秋也要經常澆水使盆土保持濕潤狀態，噴水也不可中止。花芽分化時，要適當控制水量以促進花芽形成。10月以後，澆水逐步減少，使植株組織發育充實，可以增加越冬抗寒能力。杜鵑施肥，要寧淡勿濃，寧少勿多；少施無妨，多施有害。宜施用淡的礬肥水，做到薄肥勤施。施肥主要在春天花後及秋涼後。梅雨季，陰雨連綿，盆土不乾，不能施液肥，可改施乾肥。炎炎夏日，以少施肥料為妥。冬季應停施追肥，但宜施基肥，可用餅肥、骨粉。現蕾期亦可施1次骨粉，開花時不必施肥。盆栽杜鵑自初夏至仲秋宜置於蔭棚下蒔養，到冬天需移入室內越冬。杜鵑的修剪，除炎夏外整個生長期都可進行。對幼苗應多行摘心。開花植株應及時剪去殘花。較粗的枝條，在春天花後結合翻盆進行修剪最適宜。杜鵑常見蟲害有紅蜘蛛和軍配蟲（梨花網蝽）。對紅蜘蛛要早加防治。軍配蟲防治較易，常用農藥均有防治效果。杜鵑常見病害有褐黴病，常在梅雨季發生，可用波爾多液或多菌靈每半月噴灑1次預防。

【用途】杜鵑姿態優美，花色豔麗，花瓣富於變化，開花整齊而且花期較長，是世界著名觀賞植物，常被用來佈置園林、製作盆景、舉辦以杜鵑為主體的春花展覽。盆栽杜鵑更是廳堂陳列及家庭擺設的佳品。

## 蘭花（中國蘭花）（圖30）

*Cymbidium*（cymbidium）

【形態特徵】中國蘭花指的是蘭科蘭屬植物，為地生蘭，常綠草本。鬚根肉質，有菌根。根狀莖節部膨大成假鱗莖。葉帶形，簇生假鱗莖上。花為總狀花序或單生，包括花萼、花瓣和蕊柱。萼片3枚，俗稱花瓣即外3瓣。花瓣3枚，為內3瓣，上側兩枚常相捧合，俗稱捧心，下側1枚為唇瓣，俗稱舌。舌上有紅斑點，稱為彩心；亦有全花一色者，稱為素心。蕊柱是雄蕊的花絲和雌蕊的花柱合生而成，俗稱鼻頭。果為蒴果，含有極多細小種子。但種子生活期短，發芽率不高。

常見栽培的蘭花有：

**春蘭 *C. goeringii***——花單生，帶黃綠色，花期早春；葉緣具細鋸齒。

**蕙蘭 *C. faberi***——花6～13朵，淺黃綠色，花期晚春至夏初；葉質堅硬，葉緣有較粗鋸齒。

**建蘭 *C. ensifolium***——花8～9朵或較多、較少，

圖30　蘭花

盆栽花卉栽培與裝飾

黃綠色有暗紫色條紋，花葶較葉短，花期夏、秋；葉緣光滑。

**墨蘭** *C. sinense* ——葉劍形，寬在 1.5 公分以上；花5～15 朵，花瓣具紫褐色條紋，花期冬末至早春。

**寒蘭** *C. kanran* ——葉似建蘭而較窄；花葶與葉等高或高出葉面，有花 5～10 朵，花色豐富，有黃綠、粉紅、紫紅等色，花期秋、冬。

【生態習性】原產中國南方地區。喜晨光和散射光，怕陽光直曬。多不耐寒，耐寒能力為蕙蘭＞春蘭＞建蘭＞寒蘭。忌不通風。喜空氣濕潤，根部怕水濕。喜富含腐殖質的微酸性土壤。

【繁殖方法】主要用分株繁殖。盆栽蘭花約可 3 年分株一次，春花種類宜在秋末生長停止後進行，秋花種類宜在春季新芽未抽出前進行。分株前使盆土稍乾燥，然後將蘭株脫盆去掉泥土，修去敗根殘葉，將根浸入清水中，用毛筆輕輕刷洗後置通風處陰乾，待根部發白變軟並見細小皺紋時進行分株。從自然可分處用利刀切開，每株保持 3 個以上假鱗莖，切口塗木炭粉後另行栽植。

【盆栽管理】盆蘭用土宜用黑山泥或高質量的腐葉土。栽蘭時先在盆底孔上鋪棕皮或小塊窗紗，其上鋪約占盆高 1/4 的「碎瓦片層上加小塊木炭層」，接著鋪厚 1.5～2 公分的黑山泥碎粒，碎粒山泥上加一層細山泥。將蘭花老草靠邊，新草放在中央，使根舒展順適，加入細山泥，使土壤與根密接。培養土宜蓋住一半假鱗莖，留沿口 1.5～2 公分，盆土表面做成饅頭形狀。栽好後噴澆透水，置陰處，10 天以後才可見光。新購裸根蘭花，宜先放潮濕的泥土地

上，沾濕根部，用洗臉盆蓋上，讓它復甦1～2天，再按上法栽培。蘭花是「三分栽，七分養」。盆蘭在冬季須進室內越冬，平時可置於陽臺半陰處，切不可讓烈日直曬到蘭花。澆水要適時適量，盆土不可過濕。注意不能將水澆到葉芽、花芽中，以免爛芽。天乾時要經常向盆周地面灑水以增加空氣濕度。施肥宜在花後生長階段，薄肥少施。春、秋可各施1～2次。肥料宜用綠肥浸出汁及豆餅漚製的肥水。養蘭特別要注意清潔衛生。置蘭地點要清潔，澆花用水要潔淨，施肥忌用人糞尿。蘭花的常見病蟲害有炭疽病、白絹病、介殼蟲等，要注意及時防治。

中國藝蘭有豐富的經驗。明代《蘭易十二翼》曾概括蘭花的習性：一喜日而畏暑，二喜風而畏寒，三喜雨而畏潦，四喜潤而畏濕，五喜乾而畏燥，六喜土而畏厚，七喜肥而畏濁，八喜樹陰而畏塵，九喜暖氣而畏煙，十喜人而畏蟲，十一喜聚簇而畏離母，十二喜培植而畏驕縱。這對我們搞好蘭花的日常養護管理有一定的參考價值。

前人還總結有養蘭口訣：「春不出（因寒霜、冷風、乾燥），夏不日（忌烈日炎蒸），秋不乾（宜適當多澆水施肥），冬不濕（宜藏室內，忌多澆水）」；「愛朝日，避西陽，喜南暖，畏北涼」。這些經驗表明，蘭花在不同季節應有不同的養護措施。

【用途】蘭花一向深受人們喜愛，把它與松、竹、梅相比，認為「竹有節而嗇花，梅有花而嗇葉，松有葉而嗇香，惟蘭獨並有之」。無花時，蘭葉常綠，葉態飄逸，「看葉勝看花」。開花時，花姿秀美，香味醇正，被贊為「香祖」。歷史記有孔子尊蘭為「王者香草」。不過，據吳應祥

盆栽花卉栽培與裝飾

先生考證，宋代以前所稱的蘭、蕙，都不是蘭科蘭屬的蘭和蕙，蘭實為今日的菊科植物澤蘭 *Eupatorium japonicum*，蕙為現在的唇形科植物。

## 茶花（圖31）

*Camellia japonica*（Japanese camellia）

【形態特徵】山茶科常綠灌木或小喬木。單葉互生，倒卵形或橢圓形，緣有細齒，表面有明顯光澤。花無梗，單生或成對生於葉腋或枝頂；冬、春開花，有紅、白、粉、紫等色，單瓣或重瓣。蒴果近球形，秋季成熟。

茶花品種繁多，品種分類有不同方法。現按照雌雄蕊、萼片瓣化的不同演變過程並結合傳統習慣，將茶花品種分為單瓣、托桂、武瓣、半文瓣和全文瓣5個品種群。

1）**單瓣品種群** 花單瓣，花瓣5～13枚，無皺褶，覆瓦狀排列整齊，雌雄蕊完全發達，雄蕊70～100多枚。品種如早「花金心」、「紫花金心」。

圖31 茶花

2）**托桂品種群** 花瓣1～2輪，花中心部分瓣化成小花瓣和未瓣化的雄蕊混生成球形。品種如「金盤荔枝」、「何郎粉」。

3）**武瓣品種群** 花重瓣，花瓣不規則曲折起伏（曲瓣），排列不整齊，雄蕊混生捲曲花瓣之間，花型大小不一。品種如「白芙

蓉」、「四面景」。

4）**半文瓣品種群** 花瓣排列整齊，大瓣2～5輪，中心有許多細瓣捲曲或平伸，間有雄蕊，或多或少不等。品種如「綠珠球」、「粉荷花」。

5）**全文瓣品種群** 雌雄蕊全部瓣化，花朵全由平瓣組成，有花瓣80～90餘枚，外圍的花瓣較闊大，愈至內輪愈漸短狹，中心花瓣或合抱成珠狀，或半直立，或攤平。品種如「雪塔」、「六角白」。

同屬其他觀賞種有雲南茶花（南山茶）*C. reticulata*、茶梅 *C. sasanqua*、金花茶 *C. chrysantha*。油茶 *C. oleifera* 為木本油料樹種，可用為嫁接茶花之砧木。以上幾種山茶屬植物之區別如下：

金花茶花冠金黃色，其他種花冠不為金黃色。嫩枝無毛者中，葉表面有光澤，網脈不顯著的為茶花；葉表面無光澤，網脈顯著的為雲南茶花。嫩枝有毛者中：嫩枝有粗毛，冬芽芽鱗表面有倒生柔毛的為茶梅，嫩枝略有毛，冬芽芽鱗表面有粗長毛的為油茶。

【生態習性】原產中國南部、西南部及日本。茶花喜溫暖、濕潤、半陰環境和疏鬆、排水良好的酸性土壤。乾燥、高溫或嚴寒氣候均不適宜。

【繁殖方法】多用扦插及嫁接法繁殖。扦插以在梅雨季進行為最好，插壤常用黃山泥或摻砂的黃心土。黃心土雜菌少，不易感病，摻砂的比例一般是25～50%。插穗宜剪取粗壯的半成熟枝，穗長以5～8公分為宜，剪枝時要帶踵，上部留2～3葉。最好隨剪隨插。有條件的用（100～500）×$10^{-6}$的萘乙酸快速浸枝基部，可以明顯促進生

根。盆插或箱插，密度以葉片互不遮掩為宜。插後壓實泥土澆透水，套塑料袋保濕，置放陰涼處，經1～2個月發根後去袋，逐步接受陽光。如果扦插苗上出現花蕾，要及時除掉。第2年春季即可移植。

扦插生根困難的品種可用嫁接繁殖。嫁接在5～6月進行為好，可用枝接、芽接和靠接。芽苗接就是一種常用的枝接方法，適用於小苗快速繁殖。培育油茶芽苗作砧木。選粒大飽滿的油茶種子，先按常規進行濕砂分層貯藏，然後根據嫁接時間再用濕砂催芽，一般是提前1個半月左右催芽，待芽長3～5公分，葉片初放前嫁接。選取符合標準的芽苗（要保護好種子），洗淨後保濕待用。接穗以一葉一芽為標準，從枝條基部開始逐個向上剪取，每個接穗從葉柄下部兩側向下各斜削一刀，削面長0.5～0.7公分，呈楔形，上端沿芽頂處切斷，削好的接穗可隨削隨接，也可暫浸在清水裏待用。將芽苗在芽長1公分左右處切斷（用具以單面刀片為宜），再沿切口正中縱切一刀，深度儘量與接穗削面的長度相吻合，然後將接穗以一邊對齊插入苗砧（儘量選用與苗砧粗度相近似的接穗）。捆紮可選用長2公分、寬0.7公分左右的牙膏殼捲緊即可，亦可用黃泥圍裹封。將接好的植株盆栽後澆透水，並注意庇陰保濕。茶花也可用壓條繁殖，是採用高壓法。

【盆栽管理】盆栽茶花的盆子要適中，一般苗高40～50公分、冠幅20～25公分，用盆之口徑以20公分左右為適當。盆土最好採用松針腐葉土，配製培養土可用砂質黃壤土4份、腐葉土3份、堆肥土3份混合製成。上盆、換盆時間宜在葉芽即將萌動的2月下旬至3月上、中旬和在植

株即將進入半休眠期的10月至11月上旬，亦可在梅雨季進行。小苗的上盆、換盆時間，春季可稍遲（3月底至4月初），秋季宜略早（9月至10月上旬）。大、中株兩三年換盆1次，小株一兩年換盆1次。上盆、換盆後澆1次透水。早春、深秋移植的植株要置於室內，春、秋和梅雨期移植的植株要移置簾棚下一段時間。注意經常葉面噴水；盆土乾了，再行澆水。待其完全恢復後，才能轉入正常水肥管理。夏季葉莖生長期和冬季花期可多澆水，入秋後澆水減少。忌盆土過乾過濕，宜常保持濕潤。

施肥最好以磷肥為主，氮肥為輔。除上盆、換盆時施基肥外，追肥宜在4月間花後、6月間及10月間施用。只能施用薄肥，並宜製成礬肥水。過冷過熱對茶花的生長發育不利。冬季在室內越冬溫度以保持3～4℃為宜，夏、秋季高溫季節要及時進行庇蔭降溫，春天及梅雨期則要給予充足的陽光。茶花為多花樹種，不宜任其大量開花，宜及時摘蕾。細弱枝條最好不留蕾，生長較為粗壯的枝條可每枝或8～10枚完整正常葉片留1個花蕾。春季花後，要及時摘去近凋萎的花朵並剪去過長或病弱枝條。但盆栽茶花生長勢不很旺盛，切忌重剪。茶花易被紅蜘蛛和介殼蟲危害，可加強通風並噴藥防治。茶花還常發生褐斑病，此病往往因多濕及施用氮肥過多而引起，可在春季茶芽萌發前噴灑波爾多液，以後每半個月繼續噴灑預防，注意排水和合理施肥，除去被害葉並燒毀。

【用途】茶花樹形、枝、葉、花朵均美，花期長，尤其在冬、春開花，更引人注目。其木材細緻，可供細工和雕刻。種子能榨油，可供食用或防銹。葉可作飲料。花可

入藥，能涼血止血。

## 荷花（蓮）（圖32）

*Nelumbo nucifera*（Hindu lotus）

【形態特徵】睡蓮科冬季休眠球根植物。根狀莖（藕）長而肥厚，節上生鱗葉和不定根，葉、花、分枝亦自節上抽生。葉片盾狀圓形，被有蠟質。花單生，大而色豔，有紅、粉、白等色，花、葉均有清香。花後結實稱為蓮蓬（為花托與果實合稱），內有由離生心皮雌蕊發育之堅果，稱為蓮子。花期7～8月。果熟期8月～9月。

根狀莖初時細瘦，稱為藕鞭，以後先端數節膨大結藕。藕蓮即以收穫肥大的藕為目的，抽花或不抽花，不結子或結子甚少。子蓮以收穫蓮子為目的，其藕較小，品質較硬，而結實多，蓮子大。藕蓮與子蓮為食用蓮，花亦可供觀賞，但花蓮藕細質劣，甚少結實，而花朵美大，是專門的觀賞蓮。荷花主要指花蓮。

圖32　荷花

荷花的品種很多，可分為普通花蓮和碗蓮兩個品種群。碗蓮是一類小型荷花品種，其立葉（挺立水面上的葉子）高在33公分以下，立葉長直徑在24公分以下，花徑在12公分以下，能在小型容器中栽培。普通花蓮花型多樣，常見花型有：

①單瓣型——花大，花瓣16～20枚。

②複瓣型——部分雄蕊瓣化，花瓣較多。

③千層型——雄蕊全部瓣化，花瓣增多，但較短而圓，花徑略小，一般不結實。

④佛座型——花瓣增加極多，不結實。

⑤重台型——心皮瓣化瓣凸出花上，成「花上有花」的重台狀。

⑥多花型——花內包含兩個以上花心，似多花，不結實，通常稱為並蒂蓮（具2個花心）、品字蓮（具3個花心）、田字蓮（具4個花心）。

【生態習性】原產中國南方。為水生植物，喜光，怕乾，宜淺水而怕水淹沒荷葉。喜肥土，尤喜磷、鉀肥多，適生於富含腐殖質的微酸性壤土和黏壤土。喜溫，亦耐寒。對溫度要求甚嚴，當氣溫達15℃左右、地溫在8℃以上時，栽種的種藕開始萌芽生長。種藕上生的葉片很小，不能頂出水面，稱為錢葉。頂芽抽生藕鞭後發生的第1～2片葉亦不能直立而浮於水面，稱為浮葉。當氣溫達18～21℃時，植株抽生立葉。7月份時，氣溫達25～30℃，為莖、葉生長最旺盛時期，並開始現蕾開花。立秋前後達盛花期。盛花以後氣溫下降，轉入長藕階段。冬季經霜後，地上部分枯萎，地下藕鞭也逐漸枯死，以藕身作為下一年的種藕留存土中越冬。

【繁殖方法】用種藕分栽，宜隨挖、隨選、隨栽，在清明前後進行。種藕必須頂芽完整並宜帶有兩節以上充實而又充分成熟的藕身，在第2節後1.5公分處切斷（忌用手掰斷）。亦可用種子繁殖。蓮子壽命特長，遼寧普蘭店泥

盆栽花卉栽培與裝飾

炭層中挖出的古蓮子（經 C$^{14}$ 同位素測定種子壽命長達950±80年），仍能發芽並開花結實。實生苗一般要經過3年精心養護，才能移栽和開花。

【盆栽管理】荷花可以盆栽並且由來已久，東晉王羲之即已植得千葉蓮數盆。栽荷用盆宜用荷花缸。缸的規格不宜過大，口徑通常為65公分，深度35公分。碗蓮宜用小水盆或大瓷碗栽植。栽培土用塘泥。如塘泥呈黑色而肥沃，一般可不施基肥。需要施基肥時，可用頭髮、豬毛、馬蹄片等放於缸底，或用適量骨粉、餅肥混入塘泥。栽藕時，缸內放入塘泥厚達20～25公分（超過缸深的1/2），加適量水，拌勻成稀糊狀，將種藕沿缸邊斜插入泥，頂芽對著缸的中央。藕不必栽得太深，壓入土中即可。栽後放日光充足處，暫不澆水，待表面泥層現出龜裂再澆少量水。水深控制在2～3公分，而不可讓缸內水過多，以利提高土溫，早發芽。浮葉出現後逐步增加少量的水，待到立葉增多時再保持滿缸水。炎夏每天需要澆水1～2次，不可使缺水，發現缺水應及時補充。栽後滿1個月可施肥1次，立葉抽出後再追肥1～2次。施肥可用肥料摻泥做成的泥丸肥，將其施入水中。亦可用紙包肥少許（用肥切不可多）在缸中心垂直放入泥中，但碗蓮忌用此法追肥。

在生長期間還應處理過多浮葉，可將部分老浮葉連柄塞入泥中。待小立葉長出時，僅留數枚浮葉即可。當大立葉伸出後，小浮葉及小立葉都應塞入泥中。一般大立葉均有花枝伴生，除過密疏理外，要少去動它。荷花在冬季休眠期間，只要保持盆土不乾即可。

【用途】荷花是名花、名菜、名藥。荷花出污泥而不

染，香遠益清，自古以來深受人們喜愛。藕和蓮子是人們喜愛的食品。荷花全身各部分都可供藥用，為重要藥用植物。蓮子（種子）能補脾養心，止瀉固精。蓮子心（種子的胚）能清心安神。石蓮子（堅果）能健脾止瀉。蓮花（花蕾）能去濕，止血。蓮房（花托）能收斂止血。蓮鬚（雄蕊）能固腎澀精。荷葉能升清降濁，清暑解熱，炒炭止血。荷梗（葉柄）能清暑，寬中理氣。藕能涼血散瘀，止渴除煩。藕節（藕的節部）能收斂止血。此外，荷葉還是良好的包裝材料。

## 桂花（銀桂、木樨）（圖33）

*Osmanthus fragrans*（sweet osmanthus）

【形態特徵】木樨科常綠灌木或小喬木。單葉對生，橢圓形至橢圓狀披針形，幼樹或萌芽枝之葉疏生鋸齒，大樹之葉全緣。花序聚傘狀簇生葉腋；花小，黃白色，濃香。花期9～10月。核果橢圓形，翌年成熟，熟時紫黑色。

桂花的品種主要有：

1）金桂 *O. fragrans* cv. *Thunbergii* 花金黃色，香味濃，易脫落。

2）丹桂 *O. fragrans* cv. *Aurantiacus* 花橙紅色，香味淡，不易脫落，花謝後大多殘留在枝上。

3）四季桂 *O.fragrans* cv. *Semperflorens* 花黃白

圖33 桂花

色，香味淡，易脫落。一年內除嚴寒酷暑時無花外，其他季節均能陸續不斷開少量花朵，但以秋季著花最多。樹形矮小，呈叢生狀態。

【生態習性】原產中國西南部及中部。喜光，亦稍耐陰。喜溫暖，亦較耐寒，一般冬季氣溫短時間在-10℃左右，也不致受凍害。喜潮潤，忌過濕，尤忌積水。宜富含腐殖質、肥沃而排水良好的微酸性沙壤土。

【繁殖方法】一般採用扦插、高壓和嫁接。實生苗始花年齡較長，一般不採用播種繁殖。

1）**扦插**　採用嫩枝插。插穗選樹齡20年以下健壯母樹上當年生粗壯的半熟枝。扦插用的盆土以沙質壤土為宜。扦插時期最適在6月中旬，因此時桂花枝條生長停止，剛呈半老熟狀態，氣溫又在25℃左右。剪取插穗要帶踵，可在半熟枝與老枝間的交界處節下0.1公分處剪下，如有2～3條枝並生，則剪下後用手撕開。插穗一般留2～3個節，長7～10公分，上端保留兩片正常完整的葉子。要隨剪隨插，嚴格保持葉的完整與濕潤，如果折破葉片或水分蒸發太大，就很難成活。插穗露出土面1.5公分，不可留得過長，否則容易乾癟。插後撳實，澆透水，以後常噴葉水，保持盆土潮潤而不可水分過多。插後1個月內要嚴密庇蔭，切忌陽光透射。兩個月後，早晚可略受陽光。10月份以後可逐步增加光照時間。11月份要進行防寒。冬季乾旱時，澆水應在中午12時左右進行，以防結冰。翌年4月上旬可以撤除防寒。

2）**高壓**　宜在清明前後進行。3～4個月後可發根，到10月間可剪離母樹成為獨立新株。

3）**嫁接**　砧木可用小葉女貞 *Ligustrum quihoui*、小蠟 *L. sinense*、水蠟 *L. obtusifolium*、女貞 *L. lucidum*、流蘇樹 *Chionanthus retusus*。常用腹接，在3～4月進行。先將砧木離土面7公分以上的枝幹全部剪去，在靠根頸附近斜切。接穗利用1～2年生枝條（不帶葉），留2～3節，長7～10公分。將削好的接穗插入砧木切口，紮縛後壅土到接穗頂部或套以塑料袋保濕。亦可靠接，先將砧木在盆中養活，梅雨期選與砧木粗細相近的兩年生桂花枝連盆靠接，成活後於白露前剪下即成一新株，且當年能開花。

嫁接成活後，當接穗新梢長達10～15公分時，將殘留的砧木枝蘖全部剪去，並隨時剝除砧木上萌發的不定芽。盆栽幼苗待新梢長達15公分左右時，進行摘心，促發側枝，使之長成灌木狀。

【盆栽管理】桂花盆栽用土不太嚴格，但不宜過於黏重或過於疏鬆。可春植或秋植，春植在3～4月，秋植在11月前後。一般小苗以春植為宜，可避免冰凍之害；溫暖地區秋植比春植好，秋植小苗經過一個冬天，根部傷口癒合良好，春季發芽後便能旺盛生長。無論上盆或換盆，宜施基肥。一般2～3年換盆1次，不換盆時也宜在11～12月施基肥。春季發芽前施追肥1次，5～7月每月各施追肥1次。對小苗以薄肥勤施為好。8月後停止施肥，防止秋梢萌發。盆栽桂花在夏季可放到陽臺上或院子裏陽光充足處，高溫乾燥天氣要多澆水，下雨要及時倒除盆內積水，開花季節不要澆水太，多以免造成落花。在冬季寒冷地區，只要將盆桂放到陽光充足不結冰的房間裏就可安全越冬。越冬期間注意三點：澆水不要太多；不可過度蔭蔽；

室溫不能太高。盆栽桂花還要注意修剪，可在冬春發芽前進行。對枝條過密的植株進行疏剪；對「頭重腳輕」的植株可剪去上部過強枝條以均衡樹勢；對需要重剪整形的植株，可在主幹2/3～3/4處將整個頂部的枝條都剪去，以刺激下部樹幹另發新枝。桂花的病蟲害有介殼蟲、尺蠖、蓑蛾、炭疽病等，都要及早防治，注意通風透光，加強養護管理，促進植株生長。

【用途】桂花是綠化、美化、香化兼備的園林樹木，盆栽觀賞亦佳，又是一種良好的切花。特別是桂花飄香時正值中秋佳節和國慶節前後，賞桂聞香，更增節日樂趣。桂花還具有較高的經濟價值。花可薰製花茶，製桂花酒，製取芳香油或浸膏。花經蜜餞後可做糕點和各種甜食。花還可供藥用，能潤發、辟臭、化痰。桂花木材紋理美麗如樨，故有木樨之稱，為雕刻良材。

## 君子蘭（大花君子蘭）（圖34）

*Clivia miniata*（scarlet kafirlily）

圖34　君子蘭

【形態特徵】石蒜科常綠草本。根肉質。莖短縮。葉革質，寬帶形，排成二列，基部成假鱗莖。花葶粗壯，呈半圓或扁圓形，自葉腋抽出；花序傘形，有花數朵至數十朵；花漏斗形，花被片6枚，外面橘紅色，內面黃色，基部合生成短筒。

花期3～4月。漿果經9個半月到10個月成熟，成熟後為紅褐色。

君子蘭是20世紀才傳入中國的花卉，東北地區已培育出許多優良品種。鑒別君子蘭品種的優劣，一看葉，二看花，共看十個方面，俗稱十看。

1）**看寬**　葉寬10公分以上的為名品，8～9公分的為上品，6～7公分的為中品，5公分以下為次品。

2）**看長**　葉片長寬比在4：1左右的為名品，（5～6）：1的為上品，7：1左右的為中品，8：1以上的為次品。

3）**看臉**　葉面縱脈突出，橫脈極明顯，並且間隔很寬，左右基本能對齊組成「田」字格的為名品；橫脈明顯，間距較寬，但左右交錯不齊的為上品；橫脈明顯，但間距窄的為中品；看不到橫脈的為次品。

4）**看面**　葉面油亮發光，橫脈間的葉肉呈翠綠色的為上品；葉面發亮呈蠟質狀，橫脈間的葉肉呈草綠色的為中品；葉面無光呈深綠色的為次品。

5）**看頭**　葉端鈍圓，微有突尖，尖端內曲的為上品；葉端突尖，尖端外曲的為中品；葉片自中部向上漸窄，先端漸尖而下垂的為次品。

6）**看姿**　葉片挺拔，向斜上方直伸，伸展角度不超過45°，左右排成一條直線，上下葉片長短基本一致的為名品；葉片挺拔，斜生角度在50°左右，上下葉片長短相差不多的為上品；葉片兩側向下捲邊，1/3以上部位開始下垂，葉片一長一短，左右斜生的為中品；葉片呈自然拱形下垂，伸出方向和長短毫無規律的為次品。

7）**看板**　葉肉堅韌肥厚，呈皮革狀的為上品；葉肉

盆栽花卉栽培與裝飾

質鬆而薄，呈厚紙狀的為次品。

8）**看花葶**　花葶粗壯肥胖呈柱狀的為上品；扁窄呈劍狀的為次品。

9）**看花形**　花朵大，呈闊漏斗形，花瓣先端外翻的為上品；花朵瘦小，呈小筒形，花瓣先端直立的為次品。

10）**看花色**　花色呈肉紅、杏紅或橘紅色的為上品；呈杏黃、橘黃色的為次品。

同屬植物垂笑君子蘭 C. nobilis 亦習見栽培，其葉片較窄而長，葉緣粗糙，花呈狹漏斗形，開放時下垂，垂笑之名即由此而來。

【生態習性】原產非洲南部。喜半陰，忌烈日曝曬。對溫度的適應範圍較窄，耐寒性差，耐熱性不強，生長適溫為20～25℃，夏季高溫時停止生長，冬季宜使其處於半休眠狀態，越冬室溫以保持8～10℃為好，而不宜低於5℃和高於14℃。稍能耐旱而不耐積水。喜富含腐殖質的疏鬆肥沃土壤。

【繁殖方法】播種或分栽腳芽。為促進君子蘭結實，應行人工輔助授粉。果實成熟的標誌，一是果皮變成紅褐色，二是種皮已經變硬，種子在果實內能夠活動（可用手按摩果實感知）。採果後剝出種子，稍晾即可盆播。播種土可用山泥3份加沙1份。播後保持盆土濕潤，室溫20～25℃，土溫不低於15℃。40天後陸續出苗。60天後不再出苗的種子，表明已經失去發芽力。小苗長出兩片真葉時即可上盆。要等長到約20枚的葉子才開花，時間約需4年。四年生以上的君子蘭開始萌發腳芽，於腳芽長出6～7枚葉時在春季結合換盆進行分栽。分栽時，對腳芽和母株的傷

口應塗抹木炭粉以防腐爛。清理掉母株的爛根、斷根，用原盆或大一號的盆重栽母株。

【盆栽管理】君子蘭盆栽宜用深盆，在盆的下部填加排水層。盆土可用山泥5份、沙2份、礱糠灰1份配製。在水肥管理方面，春、秋兩季盆土宜略濕一些（不可過濕），可每20天追施1次液肥；冬、夏兩季盆土宜略偏乾；在越冬度夏期間暫停施肥。開花前最好加施1次骨粉或過磷酸鈣以利開花。盆栽君子蘭在夏季宜放在陽臺半陰處或室外蔭棚下蒔養，要防烈日直曬，防多淋雨造成爛心；在冬季可放在室內向陽處，如室溫較低，可再套加塑料袋保暖。君子蘭一般2～3年換盆1次。換盆時間宜在春季花後或秋季9～10月。蒔養君子蘭常能遇到所謂「夾箭」問題，即有了花蕾而開不出花，這主要是由於肥料不足或土溫不高所引起。對於肥料不足，應注意花前施肥。對於土溫不高，可透過加溫，如澆25℃熱水、盆底墊上燒熱的磚頭或鐵片，以促使它開花。還有的君子蘭進入開花期而不開花，其原因主要有：

①夏季溫度過高、光照過強，妨礙了君子蘭正常生長。

②冬季室溫過低、光照時間過長（君子蘭為短日性植物，而夜晚開電燈即是延長光照），影響花芽分化。

③水分過大爛根。

④氮肥過多不利孕蕾。

為使君子蘭開花更好，還須注意在澆水時不使水進入花蕾以防爛蕾，並及時防治病蟲害。常見蟲害主要是介殼蟲，可用肥皂水擦洗，在若蟲爬出母殼時，可用氧化樂果

等農藥噴殺。病害有根腐病（根頸處腐爛）、褐斑病（葉背生黃斑）等，是由於通風不良和肥水過大引起。應改善栽培管理，並可用托布津等噴治。

【用途】君子蘭花、葉、果兼美，可周年觀賞。由於其觀賞價值高，深受人們喜愛，是佈置會場、點綴賓館、美化家庭環境的名貴盆花。

## （二）芳香花卉

### 水仙（中國水仙、凌波仙子）（圖35）

*Narcissus tazetta var. chinensis*（Chinese narcissus）

【形態特徵】石蒜科夏季休眠球根植物。鱗莖卵圓形。葉直立而扁平，頂端鈍，稍粉綠。花葶約與葉等長，視培養而異，培養得法則葉短花長，否則葉長花短；總苞片佛焰苞狀，膜質；傘形花序有花4～9朵，花梗長於總苞片；花被高腳碟形，白色；副花冠淺杯形，金黃色。花期冬季。不結實（3倍體）。

圖35　水仙

常見栽培品種有單瓣和重瓣之分。單瓣品種稱金盞銀台，重瓣品種稱玉玲瓏。水仙以單瓣品種為佳。水仙又有漳州水仙和崇明水仙之分，兩者實為同一個種。由於產地栽培不同，兩者的鱗莖及開花也有不同。漳州水仙鱗莖肥大，易出腳芽且腳

芽均勻對稱；花葶多，每球抽1～10支，花香濃。崇明水仙鱗莖較小而緊實，不易出腳芽或出腳芽而不太勻稱；花葶較少，一般僅1～2支，花香較淡。

中國還引種栽培有其他水仙屬植物：紅口水仙 *N. poeticus*、明星水仙 *N. incomparabilis*、喇叭水仙 *N. pseudo-narcissus*。它們的區別如下：

傘形花序有花4～9朵，稀更多，副冠小，不皺縮的為水仙；花1～2朵，副冠小，邊緣波皺，帶紅色的為紅口水仙；花單生、副冠長達花被片之半的為明星水仙；花單生，副冠與花被片同長或更長的為喇叭水仙。

【生態習性】原產地中海地區，唐初傳入中國。浙、閩沿海自然生長的水仙，為歸化的逸生植物。水仙秋季種植，秋冬生長，早春開花，夏季休眠。喜溫，耐寒，喜水，耐肥，喜陽光充足，略耐半陰。

【繁殖方法】從市場上購買能開花的水仙球。這種商品球是在漳州產地用小鱗莖加以培養的。種球分1年、2年、3年齡，並在栽培第3年對鱗莖行閹割手術，經3年栽培始成開花大球（商品球）。商品球按球圍徑大小分級。花農以大小一致的竹簍裝水仙球。1簍裝滿20個稱20樁，為一級品，質量好，花芽（箭）多。依次是30樁、40樁等，一般最小是50樁，再小的為等外品，每球花芽稀少。凡圍徑小於12公分的水仙球都無花，不作商品球，用作種球。主球圍徑周長現用分級標準如下頁表：

怎樣選購優質水仙球？主要看主球。一看大小，大比小好。二看形狀，以扁圓為好，扁則花芽多。三看皮色，明亮呈棕褐色的好。四看質地，球體堅重者好。五看根

盆栽花卉栽培與裝飾

| 主球圍徑（公分） | 級　　別 | 備　　註 |
|---|---|---|
| ＞25 | 特大椿（10椿） | 主球如有芽體突起，應扣除1公分計數。 |
| 24～25 | 20椿 | |
| 23～24 | 30椿 | |
| 21～22 | 40椿 | |
| 19～20 | 50椿 | |

盤，凡根盤寬闊肥厚，稍凹入，內有根點密聚者好。還可用手摸來估計花芽數目，花芽多者好。水仙花芽並列生長，每1花箭都有5個葉片緊包成柱形，故可用拇指和食指捏住水仙球前後，如果壓到花芽，輪廓就呈柱形，並且堅實有彈力；如果壓到葉芽，則較扁而軟，無彈性。水仙球只要主球較大，側球就無所謂。但側球在雕刻造型時很有作用，現在出口的20椿水仙球，外貿要求在其左右必須各附有1對（共4個）腳芽，缺少1個腳芽要下降1個等級。

【水養管理】水仙商品球可做盆栽，但若陳設觀賞，盆栽不如水養。盆栽時，盆土要用肥沃而排水良好的黏壤土，埋土宜將葉芽露出土面，見花葶後可追施磷、鉀肥。花後地栽，將來有可能繼續開花。這裏主要介紹水養管理方法。水養時，先將水仙球黑褐色的外皮全部剝除，並將球頂部環剝，使芽頂部露出，再將球的背腹面各豎切1刀，使鱗片鬆弛，然後放清水中浸泡。對已進行雕刻的水仙球，浸泡時須將其切口向下。在清水中浸泡兩天，然後將切口流出的黏液洗淨，再用清水浸泡兩天，使吸足水分以促進根點萌動。為了保護根迅速生長和不因日曬而變黃，須用脫脂棉或紗布蒙蓋住切口及根盤部位，並使棉花或紗布垂入水中，以吸水供剛萌發的根吸收、生長。水仙

球經如上處理後即可上盆水養。選用的水仙盆要與水仙球搭配得當，盆中宜放一些淺色的小鵝卵石以幫助固定。倒進清水，水量以淹沒鱗莖底盤為適度，不要淹到切口。用水必須清潔。剛上盆的水仙球，應避免失水，需要保濕。可先放在陰涼處養3～5天，還要經常噴灑清水，待切口癒合，新根長出，及時移至向陽避風處照光，夜晚收進室內以防凍害，並把水倒盡。這樣白天曬太陽夜晚不給水，可防止葉片徒長。水養期間不必施肥，以免污染根系。

水仙生長最適溫度為10～18℃，臨界溫度約為25℃。在適宜的溫度範圍內約需50天便能開花。如是經過雕刻的水仙球，開花可快些。一般如希望春節時開花，在常溫下不經雕刻，應提前50天水養。水仙孕花抽葶適宜的溫濕條件是氣溫16℃左右，相對濕度90％左右。如果長期在室內水養，陽光不足，植株徒長，室溫又穩定在18℃以上，相對濕度低，花葶極易乾萎，花苞空癟，造成啞花。催花室溫以5～15℃為宜，最低不宜低於0℃。增溫催花所用溫度不宜超過23℃。若花難如期開放而欲使開花提早時，可以採用換溫水、多曬太陽、用電燈照射等方法來促進早開花。提前挑開包著花序的薄膜，也可促成提早開花。相反的，欲使開花推遲時，則可用降溫、避光、控水等辦法來達到目的。在催延花期升溫或降溫時，不可變化突然，應讓溫度徐徐上升或下降。花期時仍應每天移出室外在陽光下曬一定時間；花初綻前，每次換水可加入1％的食鹽水。這樣，水仙就不易徒長，而且花期也較長。

水仙球可進行人工雕刻，形成各種造型。雕刻水仙要經過割鱗片、刻葉苞片、削葉緣、雕花葶4道工序。

盆栽花卉栽培與裝飾

【用途】水仙是中國十大傳統名花之一，受到人們普遍的喜愛。重經評選的十大傳統名花與十大名花的前九種相同，唯無君子蘭而有水仙。蓋因君子蘭在中國栽培歷史短，雖是名花，但非傳統名花。

水仙葉似翠帶，花如素裳，水養後陳設觀賞，非常典雅美觀。露地栽種多用崇明水仙，其抗寒性較強於漳州水仙，亦較耐粗放管理。

## 晚香玉（夜來香）（圖36）

*Polianthes tuberosa*（tuberose）

【形態特徵】石蒜科冬季休眠球根植物，在原產地為常綠性。球根鱗塊莖狀（上半部呈鱗莖狀，下半部呈塊莖狀）。基生葉條形，莖生葉短小。穗狀花序頂生；花成對著生，白色，漏斗形，花被筒細長，具濃香（重瓣品種香味較淡），夜晚香味更濃。花期7～10月。蒴果卵形，頂冠以宿存花被。一般栽培下不結實。

【生態習性】原產墨西哥及南美洲。喜光，喜溫，喜肥，喜濕，但忌澇。對土質適應性廣，但以肥沃黏壤土或壤土為宜。較耐鹽鹼。自花授粉而雄蕊先熟，故自然結實率很低。

【繁殖方法】分球繁殖，春季栽植。栽植時大

圖36　晚香玉

低於5℃。花後不留種的，應及時剪除花梗以減少養分消耗而有利鱗莖發育。

【用途】文殊蘭葉叢青翠，花朵潔白，芳香而美觀，為陳設觀賞盆栽佳品。

## 百合（白花百合）（圖38）

*Lilium brownii* var. *viridulum*（greenish lily）

【形態特徵】百合科冬季休眠球根植物。無皮鱗莖球形，白色。莖綠色有紫色條紋。葉散生，倒披針形，有3～5條脈。花頂生1～4朵，喇叭形，平展，乳白色而外面略被紫褐暈，無斑點，有香味。花期6月。果為蒴果。

常見栽培的其他百合有天香百合 *L. auratum*、條葉百合 *L. callosum*、山丹 *L. concolor*、川百合 *L. davidii*、麝香百合 *L. longiflorum*、細葉百合 *L . tenuifolium*、捲丹 *L. tigrinum*。以上幾種百合的區別如下：

葉腋內常有珠芽，花下垂，花被片反捲，橘紅色，裏面有紫黑色斑點的為捲丹。其他種葉腋內無珠芽。花平展或近平展，花形長大者中，花無斑點，乳白色而花被筒外面帶綠色，葉披針形的為麝香百合；花無斑點，乳白色而花被筒外面帶紫色，葉倒披針形的為百合；花白色有紅褐色大斑點，在花被片中央有一條黃色縱條

圖38　百合

盆栽花卉栽培與裝飾

紋的為天香百合。花形較小而直立，花形較小而下垂，花被片反捲者中，葉密集，僅有一條脈，而花為磚紅色至橘紅色，有暗紫色斑點的為川百合；而花為橘紅色，幾無斑點的為細葉百合；葉稀疏，有3～5條脈，而花為花紅色或黃紅色，基部有不明顯的斑點，頂端有加厚的微凸頭的為條葉百合。

【生態習性】原產中國東南、西南等地。喜溫暖氣候而鱗莖耐寒性強。吸收能力弱，需要較高的土壤濕度，但土壤要排水良好，忌積水，宜富含腐殖質的肥沃沙壤土。

【繁殖方法】百合類的繁殖以營養繁殖為主，可利用珠芽、子球（小鱗莖）、鱗片和鱗瓣（1個腋芽周圍又被鱗片層層抱合而成鱗瓣）。但本種百合無珠芽和子球，或偶有子球，故此採用鱗片繁殖和鱗瓣繁殖（每個鱗莖含2～4個鱗瓣）。鱗瓣是常用種植材料。

鱗片繁殖則是用鱗片扦插繁殖小鱗莖。選用秋季成熟的健壯鱗莖，從基部剝離，每個鱗片基部最好能帶上一部分盤基組織，靠近中心的瘦小鱗片不用。將剝取下的鱗片用水沖洗乾淨後斜插於輕鬆盆土中，覆土保護，以後可在鱗片基部長出一至數個小鱗莖。這種小鱗莖經3～4年培養（能地栽培養最好）可成開花種球。

【盆栽管理】百合無論地栽盆栽，栽植均宜較深，盆栽可覆土2～3公分。栽植時應施入基肥。雖秋栽，必待翌春出苗。在春季新芽出土後及開花初期酌施追肥。施肥切忌肥料直接接觸鱗莖。澆水以保持盆土濕潤為好，不可使盆土過濕，更不要盆內雨後積水。開花後剪去花朵，剪取切花時應留下莖的2/3，不令結實可使鱗莖生長充實。每

年地上部枯萎後最好換盆重栽，將鱗瓣分離栽培。亦可兩年或更長時間換盆1次。盆栽鱗莖越冬宜將盆埋於土中，在北方寒冷地區則宜移置室內。

【用途】百合花朵美大，芳香宜人，不僅觀賞價值高，其鱗莖且為美食補品，堪稱為一種多用途觀賞植物。

## 鬱金香（洋荷花）（圖39）

*Tulipa gesneriana*（common tulip）

【形態特徵】百合科夏季休眠球根植物。鱗莖扁圓錐形。葉粉綠色，基生2～3枚，莖生葉1～2枚。花葶頂生一朵大花；花被片6枚，紅色或雜有白色和黃色，有時為白色或黃色。有重瓣品種。花期春季。蒴果圓柱形，有三棱。

栽培的鬱金香品種極為繁多，係由鬱金香及其他原種鬱金香經雜交培育而成，也有些是透過芽變選育成的。鬱金香品種分類比較雜亂。這裏介紹主要的幾類品種以供引種栽培中參考。

1）**早花種鬱金香** *early tulip* 莖葉矮生；花小，色彩豐富，單瓣或重瓣。花期3～4月。多用於盆栽，又常作速成栽培材料。

2）**達爾文鬱金香** *Darwin tulip* 晚花種，花期在4月下旬至5月上旬。特有強健花梗，硬而長，可達60公分左右；花輪巨大，

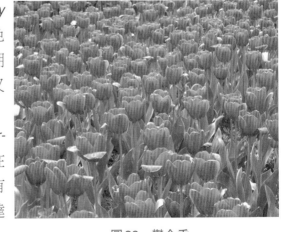

圖39　鬱金香

花色豐富，花瓣為廣闊的橢圓形，頂部近圓形。這是現代鬱金香中最受歡迎的一類品種，最適陸地栽培做切花用。

3）奇色鬱金香 *breeder tulip*　很像達爾文鬱金香，唯花形較小，花色多為黃銅色、褐色、茶色、紅褐色。5月開花。

4）百合型鬱金香 *lily-flowered tulip*　晚花種，花期遲。花瓣先端尖形，略反捲。

5）鸚鵡鬱金香 *parrot tulip*　為畸瓣晚花種，花被片先端裂開變為畸形。

6）芍藥型鬱金香 *peony-flowered tulip*　為重瓣晚花種，植株高，花梗長，開花期與達爾文鬱金香相同。

【生態習性】原產土耳其或小亞細亞，荷蘭栽培最盛。為秋植球根。秋末開始萌發，根系首先伸長，生長適溫9～13℃，5℃以下生長幾乎停止。早春發葉後抽葶開花，開花前3週為莖葉生長旺盛時期，最適溫度15～18℃，至開花期莖葉停止生長。初夏開始進入休眠，於休眠期進行花芽分化，分化適溫以20～23℃為宜。球根每年更新，母球開花後即乾枯，而於其旁生出一個新球和數個子球。新球和子球的膨大，常在開花後1個月的時間內完成。鬱金香耐寒不耐熱，性喜溫涼和光照充足的氣候環境，對氣候條件要求比較嚴格。冬季宜有一段相對長時間的低溫；春季冷涼時期長，空氣濕度較高；夏季來臨遲，且無酷暑，同時相對濕度較低。

中國很多地區氣候條件較不適合培養鬱金香球根。引種栽培時以引種早花種鬱金香較易栽培成功。栽培土壤宜疏鬆肥沃、排水良好，pH為6.5～7。

【繁殖方法】通常分球繁殖。栽植時間以冬季（按以溫度為劃分四季的標準，每候5天平均溫度在10°C以下者為冬季）來臨前約半個月栽植為好。例如合肥是在11月21日進入冬季，即宜在11月上旬栽植。晚栽影響生根，過早栽則可致發芽而於冬季受凍死亡。

【盆栽管理】鬱金香盆栽要利用充實肥大的球根。培養土宜為沙壤性，富含腐殖質，並最好在栽時施入基肥。大、小球應分開栽植。栽植深度可球頂與土面平齊。不可栽得太深，否則根部無法伸展。栽後應立即把盆埋入土中，使其容易生根且管理簡便，到春天從土中掘出，澆水促長。若要使其早開花，可在1月份掘出，置溫室內促成開花。在整個春天的生長季節中注意澆水施肥，防盆土過乾或過濕。開花時最好切花，使長球根。

切花時不得損傷葉片。莖葉枯萎時採收種球，晾乾後用紗布袋掛藏於陰涼、通風、乾燥處，待秋天再行栽植。大球翌年能夠開花。一般盆栽的鱗莖尤以促成栽培時生長不充實，花後常棄去。貯藏的鬱金香球根應注意防鼠，因其含澱粉多，易被老鼠吃掉。

【用途】鬱金香花似荷花，形狀俊美，色彩豐潤，姿態端莊，是世界珍貴名花之一，可佈置花壇、花境及作盆栽、切花。

## 風信子（洋水仙）（圖40）

*Hyacinthus orientalis*（common hyacinth）

【形態特徵】百合科夏季休眠球根植物。鱗莖卵形，商品球花芽已經分化，外皮顏色常與花色相關，外皮為紫

盆栽花卉栽培與裝飾

紅色者其花亦為紫紅色，外皮為白色者其花亦為白色。葉基生，少數，帶狀披針形，端圓鈍，質肥厚，有光澤。花葶略高於葉；總狀花序有花4～12朵或更多；花芳香，橫向著生或下垂，漏斗形，花被筒長，基部膨大，裂片端部向外反捲；花色多樣，有白色、黃色、粉紅色、緋紅色、淡紫色、紫色等花色品種；亦有重瓣品種。花期早春。蒴果球形。

風信子品種繁多，園藝上常分為兩個系統：

1）荷蘭風信子 Dutch hyacinth　1球抽1花葶，花序長大，花朵亦大。源自風信子本種，由荷蘭改良培養得來。

2）羅馬風信子　Roman hyacinth of florists　這是一般園藝上的稱呼，與另一植物種羅馬風信子 *H. romanus* 是完全不同的。這一系統的品種源自風信子的兩個變種：淺白風信子 *H. orientalis var. albulus* 和大筒淺白風信子 *H. orientalis var. praecox*，由法國改良育成，其鱗莖比荷蘭風信子的略小，1球能抽生數支花葶。

【生態習性】原產南歐及小亞細亞，習性與鬱金香基本一樣。

【繁殖方法】主要用分球繁殖。母球栽植1年後分生1～2個子球，秋季栽植前將母球周圍的子球分離，另行栽植。但分球不宜在採

圖40　風信子

收後立即進行，以免分離後留下的傷口於夏季貯藏時腐爛。子球繁殖後第3年開花。

【盆栽及水養管理】

1）**盆栽**　培養土可用園土、腐葉土、細沙配製，再加少量骨粉。10月下旬栽盆，宜淺植，使鱗莖上部的1/3外露土表，栽後將花盆放水盆內滲水，至表面濕潤時取出，然後將盆埋入乾燥疏鬆沙土中，經7～8週，芽已長10公分以上，去其覆土使見陽光，至3月中旬即可開花。欲行促成栽培時，宜於9月中旬盆栽，埋土中，芽長10公分時移盆於溫室暗處（10℃），待芽轉綠，再置於陽光下，溫度21℃，每天葉面灑水1～2次，並施以液肥，可於元旦前後開花。

2）**水養**　用特製的玻璃瓶水養，將鱗莖穩放瓶口上，基部近水而不浸水，先用黑布遮光促使發根，根長成後再見光培養，在18℃條件下約兩個月可開花。水內加少量木炭可以防腐。需勤換水。開花後的鱗莖可栽種於土壤中，待葉枯後再挖起貯藏。貯藏風信子球根，夏季溫度不宜超過28℃。

【用途】風信子花序端莊，色彩絢麗，是早春開花的著名球根花卉之一，可地栽、盆栽、水養、切花。只是由於氣候條件關係，中國許多地方栽培的風信子常易退化。

## 玉簪（白玉簪）（圖41）

*Hosta plantaginea*（fragrant plantainlily）

【形態特徵】百合科宿根草本，具粗壯根莖。葉基生成叢，卵形至心狀卵形，具長柄。花葶高出葉叢；總狀花

序有花10餘朵；花白色，夜晚開放，具芳香；花被筒細長，裂片卵形，有重瓣玉簪 cv. plena。花期夏秋。蒴果圓柱形。果熟期秋季。

同屬植物紫萼（紫玉簪）*H. ventricosa* 亦常見栽培。兩者區別如下：

花白色，花絲基部與花被筒合生的為玉簪；花淡紫色，花絲著生花被筒基部而與花被筒分離的為紫萼。

【生態習性】原產中國及日本。喜半陰，忌強光曝曬。耐寒。對土壤要求不嚴，而喜肥沃濕潤之沙壤土。

【繁殖方法】多用分株繁殖，常在秋季枯黃後進行，亦可在春季發芽前分株。分株時將根叢切分，每叢2～3個芽，分栽即可。亦可播種繁殖，春播或秋播，出苗容易（秋播翌春出苗）。播種苗2～3年後開花。

【盆栽管理】盆栽宜用大盆。用一般培養土，栽時施基肥。越冬宿根宜置於0～5°C的室內。新葉3月下旬出土。生長期間保證水肥供應，可放在明亮的室內長期觀賞，但不能放在有強直射陽光的地方。最好每年換盆1次。玉簪長久不分根則不茂，宜3年左右分株1次，可結合換盆進行。

【用途】玉簪花苞似簪，色白如玉，葉亦美觀，是一種易養好看的夜香花卉。鮮花可提製芳香油浸膏。民間用其花浸於香油中

圖41　玉簪

可製成外用治療燒傷的玉簪花油。鮮根、葉搗爛外敷能消腫解毒（有毒不可內服）。

## 鈴蘭（圖42）

*Convallaria majalis*（lily of the valley）

【形態特徵】百合科宿根草本。根狀莖長而分枝。葉通常2枚，橢圓形或橢圓狀披針形，基部楔形，葉柄長8～20公分，呈鞘狀互抱，外面具數枚鞘狀的膜質鱗片。花葶由鱗片腋內抽出，稍外彎；總狀花序偏向一側；花約10朵，下垂，芳香，白色，鐘形。花期4～5月。漿果球形，熟時紅色。

常見栽培品種有：

1）斑葉鈴蘭 *cv. Albistriata* 葉上有白色或黃白色條斑。

2）銀邊鈴蘭 *cv. Albimarginata* 葉邊銀白色。

3）重瓣鈴蘭 *cv. Flore Pleno* 花白色，重瓣。

4）紅花鈴蘭 *cv. Rosea Plena* 花粉紅色，重瓣。

【生態習性】原產北半球溫帶。喜涼爽、濕潤、半陰環境，耐寒，怕熱。宜排水良好的沙壤土。

【繁殖方法】用分株法繁殖。秋季地上部枯萎後挖出根莖，可取莖端的幼芽另行栽植。或在秋後至翌春萌

圖42　鈴蘭

盆栽花卉栽培與裝飾

芽前，將根莖分割成各帶2～3個芽的小段進行栽植。

【盆栽管理】鈴蘭生長強健，栽培管理簡便。盆土宜常保持濕潤。施肥主要在春天發芽後及花凋謝後這兩段時間進行；在花葶抽出後暫停施肥。夏季應防高溫。開花前宜有適當陽光，花後較耐蔭蔽。地上部枯萎後可將盆埋土越冬。盆栽3～4年後須換盆重栽，並可結合進行分株繁殖。

【用途】鈴蘭幽雅清麗，芬芳宜人，宜於盆栽供室內觀賞，並為優良地被植物。帶花全草藥用，有強心利尿功效。

## 小菖蘭（香雪蘭）（圖43）

*Freesia refracta*（common freesia）

【形態特徵】鳶尾科夏季休眠球根植物。球莖卵圓形。莖有分枝。基生葉二列狀著生，狹劍形或條狀披針形，與莖近等長，莖生葉較短。鐮狀聚傘花序，花序軸平伸或傾斜；花偏生一側，直立，狹漏斗形，具芳香；品種及雜種花色有白、粉、黃、桃紅、橙紅、淡紫、大紅、紫紅、藍紫等色，並有可像二年生花卉一樣栽培的播種繁殖的品種。花期冬春。蒴果，5月初成熟。

【生態習性】原產南非好望角一帶。喜陽光充足的濕潤環境，怕熱，畏寒，生長適溫為15～20℃，冬季以14～16℃為宜。喜肥。宜排水良好、肥沃的沙壤土。

圖43　小菖蘭

【繁殖方法】分球或播種。小菖蘭開過花的老球莖枯死，產生新球和子球。球莖休眠後，可留盆中越夏，於9月上旬分球栽盆。直徑達1公分的球莖，栽植後可以開花；球莖過小，翌年不開花。播種繁殖有夏播和秋播，夏播是採種後即播，秋播的種子需晾乾後貯藏。

播種繁殖的小菖蘭品種常做切花用，夏播後春天即能開花。一般的播種苗經4～5年才能開花。

【盆栽管理】盆土可用等量的腐葉土和園土，再入20％的礱糠灰。栽植深度為2公分，盆土保持濕潤，10天後開始發芽。霜降時移入較溫暖的室內。生長期間盆土宜經常保持濕潤，並常施追肥。花葶抽出時停止施肥。花後1個月澆水要逐漸減少，莖葉枯萎時停止澆水。小菖蘭花期易倒伏，應立支架紮縛。

【用途】小菖蘭花色濃豔，芳香馥鬱，花期較長，是優美的盆花和著名的切花。花期正值缺花季節，並可用改變栽植期、調節溫度和日照長度等措施使之在元旦和春節開放，更顯得可貴，深受人們歡迎。此外，還可用花提製芳香油浸膏。

## 香石竹（康乃馨）（圖44）

*Dianthus caryophyllus*（carnation）

【形態特徵】石竹科常綠亞灌木，常作草花栽培。莖光滑，基部木質化，稍被白粉。葉對生，條狀披針形，灰綠色，被白粉。花有香氣，通常單生或2～3朵簇生；苞片菱狀卵形，長為萼筒的1/4；花瓣具爪，有紅、紫、白、黃等色彩，有半重瓣、重瓣及波狀等花型。花期一般5～7

月。若栽培條件完好，可周年開花。

【生態習性】原產南歐至印度。喜溫暖、濕潤、陽光充足而通風良好的環境，不耐炎熱。忌濕澇。土壤宜肥沃、疏鬆，呈微酸性。

【繁殖方法】主要用扦插繁殖。做切花用的可秋天扦插（供夏天切花）或於1～3月扦插（供秋冬切花）。為行扦插宜先培養繁殖母株。選擇植株中部的粗壯而健康的側枝作插穗，以葉寬厚、色深而不捲、頂芽未開放的為佳。掰取插穗應帶踵（基部略帶植株的皮層），但掰時不要損傷母株，並避免用刀造成傷口帶菌。插穗長約12公分，摘除下部葉子，保留頂端4～5片葉。將插穗浸入清水中30分鐘，吸足水後再行扦插。插壤可用沙、蛭石、礱糠灰等。生根適溫為10～13℃，超過32℃會損害插穗和抑制生根。插後適當庇蔭，保持插壤濕潤和高空氣濕度，約20天生根。根長1公分時移栽。近年來香石竹病毒病發生得多，現在多用組織培養法培養香石竹的莖尖以得到脫毒苗。養花者可購買脫毒的扦插苗。

【盆栽管理】扦插苗栽盆時應施基肥。栽培中注意澆水追肥。株高15～20公分時進行摘心，一般保留下部側芽6～7個，開花的枝1支只留頂端1個蕾，把下部腋生側蕾和側芽除去，每株留花7～12個。10月下旬移入室內培養，冬季室溫宜保

圖44　香石竹

持在10～15℃，且肥水管理要少。

　　香石竹病蟲害較多，尤以病害為甚，要特別注意防治。對病毒病的防治，首先要選用無病插穗，其次要及時除治帶病毒的昆蟲（如蚜蟲、葉蟬、粉虱），並加強通風透光，合理施肥澆水，提高抗病能力。

　　【用途】香石竹單朵花的花期較長，其色嬌豔，其香宜人，是世界五大切花之一，常盆栽觀賞。

## 香豌豆（圖45）

*Lathyrus odoratus*（sweetpea）

　　【形態特徵】豆科二年生草質藤本。莖具翅。葉互生，羽狀複葉，但上部小葉變為捲鬚，僅留下部2小葉，葉軸具翅。2～4朵蝶形花著生總梗上，花大而芳香，有白、粉紅、榴紅、大紅、藍、堇紫及深褐等色，還有複色、皺瓣、波狀花瓣、重瓣花等品種。花期5～6月。莢果矩形。果熟期夏季。種子球形。

　　【生態習性】原產義大利西西里島。喜冬暖夏涼氣候，忌炎熱，喜陽光。喜肥，最適宜濕潤而排水良好的肥沃土壤。深根性，不耐移植。

　　【繁殖方法】播種。播前用65℃溫水浸種，約有30％硬實種子在浸種後不吸脹，要用小刀逐粒輕輕劃開

圖45　香豌豆

盆栽花卉栽培與裝飾

種皮（不可傷及種臍部位），再浸入溫水1～2小時，即可吸脹而易於出芽。9月～10月盆播，直徑10公分的盆每盆播1粒種子。播後澆水、庇蔭，約兩週出芽，隨即除去庇蔭。

【盆栽管理】直播即用原盆栽培。苗長12公分時摘心，促使分枝。隨著苗的生長，要搭架使莖蔓攀緣。生長期需較多肥料和水分，要注意澆水施肥。開花時，除採種者外，應隨時摘去凋謝的花朵，不使結實，這樣可使花開得更好，開得時間更長。莢果成熟時間參差不齊，而成熟後能自行開裂散出種子，有成熟者應及時採收。

【用途】香豌豆花朵芳香，輕盈別致，色彩豔麗，花期較長，是重要的切花材料，亦可盆栽及用於垂直綠化。

## 香雪球（圖46）

*Lobularia maritima*（sweetalyssum）

【形態特徵】十字花科多年生草本，常作一或二年生栽培。植株較矮小，呈圓叢狀。葉披針形或條形。莖、葉上生有分叉狀毛。花小而多，白色，微香，具細長花梗，排成總狀花序。有淺菫色、紫紅色、深紫色等花色的品種，還有斑葉、大花及矮型品種。花期3～6月。短角果近球形，具尖喙。

【生態習性】原產地中海地區。喜陽光，耐半陰。開花時喜冷涼氣候，忌炎

圖46　香雪球

熱。耐乾旱。喜排水良好的土壤。能自播繁衍。

【繁殖方法】播種。可春播或秋播，但以秋播為好。9月初盆播，種子經5～10天發芽。亦能扦插，生根容易。

【盆栽管理】幼苗經移栽、翻盆，於室內越冬，可供春季和初夏觀賞。管理簡便。

到炎夏拔除，或進行修剪並加強管理，使越夏後重發新枝，至秋涼後能繼續開花。採種宜在1個花序下部的種子開始脫落時，剪取整個花序晾乾，使大部分種子通過後熟作用而成熟。

【用途】香雪球株叢矮小，花朵繁密並帶芳香，為很好的蜜源植物，園林上常用作花壇的邊緣材料和佈置岩石園、牆園。盆栽可作冬季室內盆花。

## 非洲茉莉（馬達加斯加茉莉）（圖47）

*Stephanotis floribunda*（Madagascar stephanotis）

【形態特徵】蘿藦科常綠木質藤本，具乳汁。單葉對生，橢圓形，厚而有光澤。花成束腋生，4～8朵，白色，具蠟質，高腳碟形，有茉莉的濃厚香味。花期夏季。蓇葖果肉質。

【生態習性】原產馬達加斯加。生長適溫在18℃以上，不耐寒，越冬溫度12～15℃。喜高濕、半陰。對土壤要求不嚴。

圖47　非洲茉莉

【繁殖方法】主要用扦插繁殖。扦插適期為2～3月。剪取長約10公分之枝段作插穗，浸於清水中數小時以排除乳汁，而後插之，溫度保持在20～24℃，並用塑膜覆蓋保濕，經4～6週即可發根。亦可用壓條和播種繁殖。

【盆栽管理】扦插苗發根後即可分栽上盆，栽時施基肥。生長期間充分澆水，並宜多施磷、鉀肥以利開花。枝條伸長後應立支架，並注意修剪。幼株每年換盆1次，成年植株2～3年換盆1次。換盆適期為4月。

【用途】非洲茉莉花美而香，常作花束、花飾，盆栽觀賞效果亦好。

## 金銀花（忍冬）（圖48）

*Lonicera japonica*（Japanese honeysuckle）

【形態特徵】忍冬科半常綠木質藤本。莖中空。單葉對生，卵形或長卵形。花有清香，成對腋生，苞片葉狀；花冠二唇形，先為白色後變黃色，同一植株上黃白相映，故名金銀花。花期夏季。漿果黑色。

紅金銀花 var. chinensis為金銀花之變種，其花冠外部為紅紫色，內部白色，小枝及葉主脈紫色，葉幼時常帶紅紫色。

【生態習性】原產中國。喜光也耐陰，耐寒性強，也耐乾旱和水濕。對土

圖48　金銀花

壤要求不嚴，酸、鹼土壤均能適應，但以濕潤肥沃而又排水良好之沙壤土生長最好。根系繁密，萌蘗性強。

【繁殖方法】扦插、壓條、分株或播種。多用扦插繁殖，春、夏、秋三季都可進行，而以雨季最好。可選一年生壯條作插穗，穗長15～20公分，盆插或木箱插，插穗斜插入土2/3，澆水，庇蔭，保濕，2～3週生根，第2年移栽。壓條在6～10月進行。分株在春、秋兩季進行。很少採用播種繁殖。播種時，於10月採果，洗去果肉，撈取種子，陰乾後層積沙藏，翌春播種。播前用溫水浸種催芽，播後10天即可出苗。

【盆栽管理】植株生長快，管理方便。宜設支架，引藤其上，做垂直綠化栽培，或將盆懸吊使其枝垂。但最好提根栽培，逐年將根上提，其根直立而枝條柔垂，形似灌木而不做藤本栽培。

待枝條過長可以剪去，酌施重肥，適當澆水，促生新枝，仍能開花繁盛。金銀花常有蚜蟲為害嫩葉和嫩梢，應注意做好預防和滅蟲工作。

【用途】金銀花色、香兼備，地栽、盆栽皆宜，並可製作盆景，又為重要藥用植物。花蕾藥名金銀花，能清熱解毒。果實藥名銀花子，能清熱解毒，止血痢。帶葉莖枝藥名忍冬藤，能清熱解毒，通絡。

## 絡石（圖49）

*Trachelospermum jasminoides*（starjasmine）

【形態特徵】夾竹桃科常綠木質藤本。莖有乳汁，有氣生根。單葉對生，橢圓形或卵狀披針形。聚傘花序腋生

盆栽花卉栽培與裝飾

圖49　絡石

或頂生，具長總梗；花冠白色，有濃香，高腳碟形，5枚裂片右旋。花期5月。菁莢果雙生。種子具長毛。果熟期11月。

【生態習性】原產中國。喜溫暖濕潤氣候，稍能耐寒。耐陰。耐乾旱而怕澇。對土壤要求不嚴，以疏鬆而排水良好為較適宜。萌蘗性尚強。

【繁殖方法】通常扦插繁殖。春末選帶節側枝扦插，沙插20天生根。帶有氣根的枝條，直接栽入肥沃的盆土中，即能成活。亦可壓條繁殖，春壓用去年生老枝，夏壓用當年生新枝，容易生根。播種繁殖較少應用。

【盆栽管理】盆土宜用沙土與腐葉土拌和。栽植後4年換盆1次，宜於3～4月進行。可放在室內或室外培養，要求通風透光，不宜強光直射。盆中立支架以供攀繞。日常管理比較粗放。幼苗不施肥。開花的植株須將老枝冬剪，回縮以促生新枝；新枝著花，開花繁密。新枝伸展太長時，應及時剪短。大雨後盆內有積水時，應及時排水不使盆澇。絡石的病害很少。

【用途】絡石四季常青，花白而香，宜用於垂直綠化、盆栽、盆景。帶葉莖枝為中藥絡石藤，能祛風通絡，涼血消腫。

## 夜合（夜香木蘭）（圖50）

*Magnolia coco*（Chinese magnolia）

【形態特徵】木蘭科常綠灌木。單葉互生，革質，橢圓形、狹橢圓形或倒卵狀橢圓形，托葉痕達葉柄頂端。花單生於枝頂，綠白色，傍晚最香，到了夜晚閉合，故名夜合。花期多在夏季。聚合蓇葖果近木質。

【生態習性】原產中國南部。喜溫暖、濕潤及通風良好的環境，不耐寒，耐陰。喜肥沃微酸性土壤。

【繁殖方法】靠接或高壓。靠接宜在夏初進行（每候5天平均溫度在22℃以上者為夏季），砧木用黃蘭 *Michelia champaca* 或紫玉蘭（木蘭、辛夷）*Magnolia liliflora*。黃蘭用一年生的實生苗，莖約有筷子粗。紫玉蘭不易結實，可用營養繁殖方法繁殖砧苗。高壓在春末至夏初進行，環剝時不要損傷木質，並最好過1～2天待遺殘的形成層曬乾後再行高壓。

【盆栽管理】盆栽宜放在半陰處蒔養，不要太曬，也不能太陰。太陰則花少，散發的芳香味也淡。生長期間保持盆土濕潤而不可過濕或積水，施肥宜用礬肥水。冬季移放室內，停肥控水，室溫保持5℃以上。夜合容易發生炭疽病，得病植株造成葉尖枯萎；通風不良易受

圖50　夜合

介殼蟲危害，並易誘發煤汙病。對病蟲害要注意預防，及時治理。

【用途】夜合是華南習見園林樹木，亦適盆栽，開花夜香，花、葉都可供觀賞。花還可提製浸膏或薰茶用。

## 白蘭（緬桂）（圖51）

*Michelia alba*（bailan）

【形態特徵】木蘭科常綠喬木。單葉互生，薄革質，長橢圓形或披針狀橢圓形，葉柄上托葉痕不足柄長1/2。花單生葉腋，白色，極芳香；花被片披針形，長3～4公分。花期4月下旬至9月，陸續開放而以夏季最盛。聚合蓇葖果革質，通常不結實。

同屬的黃蘭 *M. champaca*、含笑 *M. figo* 亦都是香花樹種。它們與白蘭的區別如下：

芽和幼枝密生黃褐色絨毛，葉較小，革質，花被6片的為含笑。芽和幼枝密生淡黃色微柔毛，葉較大，薄革質，花被片10以上者中，葉柄上之托葉痕不足葉柄長1/2，葉幾無毛，花白色的為白蘭；葉柄上之托葉痕長達葉柄2/3以上，嫩葉被柔毛，花淡橙黃色的為黃蘭。

【生態習性】原產印尼爪哇。喜光，但怕強光。喜溫暖，不耐寒。喜通風良好，怕煙塵。喜濕潤，怕乾

圖51　白蘭

旱。根肉質，怕積水。喜肥，但怕濃肥。喜酸性土，怕鹽鹼。宜肥沃而排水良好的沙壤土。

【繁殖方法】白蘭再生能力極弱，不易產生不定根，故很難用扦插繁殖，通常多用高壓和靠接。

1）**高壓** 6月間選取二年生壯實枝條，稍加刻傷或環剝後進行高壓，幾個月可生根。等新根充分發達後剪離母株。

2）**靠接** 砧木用紫玉蘭或黃蘭。紫玉蘭的繁殖多用扦插、壓條和分株。扦插在5月間進行，剪取當年生新枝行嫩枝插，約1個月生根，當年抽梢，翌春分栽培育，一般2～3年即可作砧木。壓條在2月～3月（春分前）進行，選生長良好的植株，取粗0.5～1公分的1～2年生枝條，環剝或刻傷後壓入土中，當年生根。與母株相連時間越長，根系越發達，成活率越高。分株可在2～3月或9月底進行，每叢宜有3～5個枝幹並帶有較長根系，視帶根情況做適當修剪。有了砧木，靠接白蘭在6～7月梅雨季進行。接後約兩個多月即能癒合，與母株割離成苗。靠接接合部以離盆土愈近愈好，剪白蘭接穗下部時離接合處留6～9公分，壅土使接穗生根，形成「雙腳白蘭」，比只有砧木根群的「單腳白蘭」好。

【盆栽管理】栽白蘭用盆不宜太深，盆底且宜鋪加排水層。盆土常用稻田土加1/3礱糠灰或隔年的焦泥灰加20％礱糠灰。焦泥灰是把枯枝、殘根、落葉和園土層積起來，用泥封蓋，然後引火使其緩慢燃燒，燜製成一種呈黃褐色或灰褐色的灰土，含有較多的鉀肥。盆栽時留水口4～5公分以便澆水。平常澆水要求能在5分鐘內滲進土

盆栽花卉栽培與裝飾

壤。若超過10分鐘則表明盆土板結，須予更換。白蘭澆水次數宜少不宜多，每次必須澆足。通常在夏季每天早晚各澆水1次，傍晚的1次為主，澆透水；春、秋兩季隔日中午澆水1次；室內越冬期間則可每週澆水1次；梅雨季應節制澆水。原則上，盆土不乾不澆水，可根據實際靈活掌握。夏季暴雨後須將盆內積水及時傾出。

在每次採花後，為避免枝葉徒長而影響下次的花量，須減少澆水，使適當抑制生長。生長衰弱的植株，也要節制澆水，使盆土保持比較乾燥的狀態。

白蘭1年抽發新梢3次（2月下旬、6月中旬、8月上旬），花期又長，且是在盆栽情況下，需充分補給養分。施肥是在出房後等到新抽發的枝葉展平即從春季植株生長正常後開始，一直到進房前1個月停止。

肥料宜用礬肥水。自開始施肥到6月，可每隔3～4天施1次，7～9月宜每隔5～6天施1次。於盆土已乾而葉尚未掛下時進行，既不要在植株乾足時也不要在盆土過潮時施肥。在施肥過程中，宜施幾次停施1次，讓植株乾一乾，使葉片稍萎後再澆水，而後再施肥。在第1次花期結束時（約7月上旬）要少施肥，尤其碰到高溫悶熱天氣，一定要施得清淡些，而且應在日落後施用，第2天早上要還水。對病株不要施肥。

盆栽白蘭宜作中性花卉對待，尤以幼株為然。在夏季最好在午前9點（～10點）到午後（3點～）4點庇蔭，以避免中午烈日過強的直射。

白蘭的花在苞片剛脫欲放未放時香氣最足，一般多在早晨採收。6～7月的伏花產量最高，約占全年的70％；

8～9月的秋花次之，約占20％；其餘月份可陸續採收，約占10％。

　　對白蘭，除修剪病枯枝外，一般可不加修剪。如有需要，也可加以適當修剪。但要摘葉。白蘭在移出溫室以前，通常進行1次摘葉，即將老葉全部摘除，只留枝頂的幾枚葉片，目的在於促發新枝。花後也要摘葉，伏花後、秋花後都要摘；但摘除不宜過多，目的在於抑制樹勢生長，促進花蕾孕育，否則容易徒長。秋涼進房，春暖出房。進房前也要摘掉老葉，剪掉枯枝。剛進房要將門、窗全部打開以利通風，澆水亦不可使盆土乾足了再澆，否則嫩梢易枯萎。越冬期間控制澆水，室溫保持5℃以上。出房宜選在無風半陰天。出房後澆1次透水並把盆底墊高以利排水。生長不健壯的病株出房要晚些。

　　換盆可在出房後，但不如春節後換盆好。換盆時只需將腐爛根除去，不必修根，也不必剝去土球，稍添加培養土即可。換盆年限依植株大小而定。幼株宜每年換盆，大些的隔年換，10～15年樹齡的3～4年換，比這更大的換土不換盆（缸）。換土時把盆面的土剝除一些，適當加進新的培養土。病株不宜換盆。

　　白蘭常見的病蟲害有炭疽病、煤污病、介殼蟲、蚜蟲、刺蛾等，應注意防治。

　　【用途】白蘭花香味比茉莉濃而且醇，薰茶更佳，唯價格昂貴。白蘭花茶常是第1次薰茶用白蘭花，重薰時用茉莉。鮮花還可供佩戴裝飾、提取香精。

　　白蘭作為一種摘花花卉和家庭盆花，在長江流域一帶栽培普遍。粵、閩用作行道樹，不僅繁密茂盛而且花香宜

人，故白蘭也是一種很好的園林綠化樹木。

## 茉莉（圖52）

*Jasminum sambac*（Arabian jasmine）

【形態特徵】木樨科常綠灌木。單葉對生，寬卵形或橢圓形，有時近倒卵形。聚傘花序有花3～12朵；花白色，芳香。花期自初夏到晚秋，7～8月開花最盛。果實漿果狀，盆栽很少結實。

茉莉品種有單瓣、複瓣之分。單瓣品種俗稱金華茉莉，枝略帶蔓性，花蕾尖長，花較小，香味很好，品質優良；但扦插難活，培養不易，且發育緩慢，花的產量較少，目前栽培不多。複瓣品種俗稱香港茉莉，蓋因是從廣東、福建等處傳出去的。其花蕾圓而短，花較大，香味品質不及單瓣品種好；但枝幹強韌，生長強健，抵抗力也強，易於栽培管理，產量較高，廣泛栽培的是這一品種。

【生態習性】原產印度、伊朗、阿拉伯。為長日性的陽性花卉，喜陽光，怕蔭蔽；愛炎熱，畏寒冷；忌乾旱，宜濕潤；不耐漬澇和西北風吹襲；喜肥，宜微酸性沙壤土。如茉莉在日照不足或半陰處生長，有時雖長得枝葉繁茂，卻花蕾稀疏，著花很少，且開花很慢，開放時香味也十分淡薄。氣溫最宜在30℃左右。低於

圖52 茉莉

25℃，花蕾不能形成；超過37℃，花質會降低。15℃以下莖葉生長十分緩慢；10℃以下基本停止生長；3℃以下，枝葉易受凍害，如持續時間過長，就會死亡。越冬期間夜間室溫最好不低於5℃。

【繁殖方法】扦插、壓條或分株，而以扦插為主。用嫩枝插，只要選擇組織充實健壯、葉色濃綠、無病蟲害的枝條作插穗，在氣溫20℃以上的條件下，隨時可行扦插。一般以5～8月為適。如在5～6月扦插的，當年就能開花。常採用盆插。插壤可用園土加1/3礱糠灰，或用蛭石等。插後注意保濕而不可使插壤過濕，1個月左右可以生根。30℃左右時扦插發根快，成活率高，插穗生長最好。5～6月扦插的，7月即可分栽。通常都到翌年春才分盆移栽。

【盆栽管理】培養土可用園土7份、礱糠灰3份拌和，再拌加少許腐熟基肥；亦常用稻田土2份、礱糠灰1份配製。盆栽茉莉冬季須放室內，霜降後進房。進房前應將盆株中間的細弱枝剪除，以減少水分的消耗和利於通風。可放在一般室內，置通風良好、陽光充足處。當嚴寒到來前，可用塑料薄膜袋連盆罩住。其間如遇中午前後氣溫高達10℃以上時，應及時解開塑料袋口，以便通風換氣。越冬期間的澆水是養護管理中的關鍵。原則上應讓盆土偏乾，盡可能少澆水。一般進房以後的澆水量應比室外時減少30～40％。臨近出房前，澆水的要求又有不同。既要防乾，也要防潮，宜帶濕偏乾，不能等到盆乾葉軟才澆水。出房前控制盆土乾濕度，做到乾盆出房，出房後澆1次透水。出房時間在穀雨前後。選晴天從室內搬出，放到空氣流通、無庇蔭物、陽光充足處。如是地面，要不易積水，

且不能直接放在泥地上。可將花盆放在磚塊（將盆底孔露空）或倒放的花盆上，以利排水並可防止害蟲潛入。出房後宜行修剪。在新芽萌發前這一段時間，澆水量不宜太多，待發芽後再按盆株的生長狀況逐漸增加澆水量。一般說來，春季宜每天中午澆水1次；夏季每天清晨和傍晚各澆1次，中午如果盆土太乾，還要加澆1次；秋季每天清晨澆水1次；冬季控制澆水，可3～4天或更長些時間澆1次水，嚴寒冰凍時期應停止澆水。每次花期後也宜適當減少澆水量，以促根系健壯和提早發花。

茉莉的施肥以施用礬肥水為好。見新葉再施肥。薄肥勤施，隔幾天施1次，切忌施肥過濃。開花期間可以每晚澆水帶肥。入秋，雖還在開花亦應減少施肥，大約每週1次即可，以免延長枝葉生長期造成冬天易受凍害。越冬期間不施肥。

採收茉莉花以含苞未放而已充分長足的花蕾將開未開時為最佳。如果採收過早，則香味不足，而且重量輕。如果花朵開放過足，香味又多失散。採花時間以在晴天下午和傍晚最好，因為花朵整天受日光充分照射，芳香油繼續積聚，香味較濃而含水分較少。花分3期：春花（5～6月）花朵較小，香味最差，產量也少（占全年的10～15％）。伏花（7～8月）花朵大而重，色澤鮮白，品質最優，產量也最多（占全年的60％以上）。秋花（9～10月）稍次於伏花，香味亦佳，花朵也大，但產量稍低（占全年的25～30％）。花的品質以鮮白、大朵、柄短、瓣厚、香濃、花頭圓滑、花身乾燥、花萼合攏的為最好。

茉莉換盆一般每年1次，大盆茉莉隔年換盆也可。換

盆時間通常在出房後、抽發新芽前進行，5月初前後。換盆時將根系周圍部分舊土和殘根挖掉，但不要去土太多；還要修剪地上部分，將衰弱枝、枯枝和長得過高的枝條以及殘老無用的枝條從分枝上部剪去，切不要可惜。不換盆的植株要行鬆土，並適當添加一些新的培養土。

除進房前、出房後、換盆時進行修剪外，在發芽前（時間在立夏前）要去掉老葉（留枝梢數枚），以利腋芽抽生和新葉萌發。還有，採收花簇中最後一花時要去頂促發新枝，每期花後要抓緊時間將衰弱萎縮的枝條、內向枝和不正枝及時剪去。

茉莉常見病蟲害有白絹病、介殼蟲等。白絹病發生時，莖基部腐爛，根際土表有白色絹絲狀菌絲體蔓延，後期形成許多油菜籽狀小菌核。當莖基部全部腐爛壞死時，植株地上部分便全部枯萎死亡。防治方法：不用帶菌土壤，拔去病株，除去土表菌絲體和菌核，集中燒毀，並在病穴四周撒些石灰粉消毒。在發病初期，可在植株的莖基部及其周圍土壤上用50％多菌靈可濕性粉劑500倍液澆灌，隔7～10天再澆灌1次。澆灌時只要滲及根部即可。

【用途】茉莉四季常青，花色潔白，花期長，香氣清雅而持久，不僅觀賞價值高，更具有重要的經濟價值，是首屈一指的薰茶花卉。花還可提取香精，且為中藥，能和胃行氣，治痢疾腹痛。

### 珠蘭（金粟蘭）（圖53）

*Chloranthus spicatus*（chu-lan tree）

【形態特徵】金粟蘭科常綠亞灌木。莖叢生，帶綠色，

圖53　珠蘭

節部膨起。單葉對生，倒卵狀橢圓形，邊緣有鈍齒，齒尖有一腺體。複穗狀花序成圓錐花序式排列；花小、黃綠色，極香，無花被。花期5～8月。果為核果，但很少結實。

【生態習性】原產亞洲南部。喜溫暖濕潤，不耐寒。耐陰性強，有所謂「曬不死的茉莉，陰不死的珠蘭」之說。土壤要求排水良好、肥沃而富含腐殖質。

【繁殖方法】壓條、扦插或分株。壓條常於梅雨季進行，用幾根枝條聚集在一起，每枝加以刻傷，成束壓條，約經兩個月左右即可將壓條部分與母株切離，另行盆栽。扦插以梅雨季嫩枝插為好，亦可春插（3～4月抽生新梢以前用一年生枝條）或秋插（8月底至9月初用當年生枝條）。安徽歙縣採用秋插，可不影響當年花的產量。

插壤以塘泥4份和沙6份的比例配合。扦插後經1個多月可以生根，成活後當年不換盆。分株常在早春換盆或秋季氣溫穩定時進行，將大叢分成幾叢，每叢3～5根莖幹帶有根系，分別上盆。

【盆栽管理】盆土可用塘泥與沙等量混合。一般常用與茉莉同樣的盆土。幼苗應多摘心，隨著植株的長大宜每年換盆，5年以後可隔年或隔2～3年換1次盆。不換盆時宜換表土。冬季室溫不低於5℃。夏季只能在散射光下蒔

養。生長期常施極稀薄的肥水，澆水基本與茉莉相同。其根細弱，盆土不能積水或旱裂。其枝蔓狀，宜立支架適當綁紮整形。盛夏因高溫多濕易罹莖腐病，發病時，銷毀病株，採用消毒土壤栽培，將無病枝條扦插保種。

珠蘭開花分為頭花、中花、尾花3期，每期約1個月。頭花（5月下旬至6月下旬）又稱春花，品質最佳，香味最濃，約占全年產量的48%。中花（6月下旬至7月下旬）又稱夏花，香味比頭花稍差，約占全年產量的40%。尾花（7月下旬至8月下旬）又稱秋花，品質較差，產量最少，只占12%。珠蘭花初時青綠色，後漸變為黃色，在花開始變色而肥大時，香氣最濃，要及時採摘。採時連總花梗（長不宜超過1.6公分）一併採下。通常多在清晨日出以前採收，因為花蕾一俟溫度升高、陽光強烈，即易開放而香氣散失。採下的花枝宜即浸於清水以防香氣散放，並即須運往窨製花茶。

【用途】珠蘭葉美花香，特別適宜室內觀賞及佈置廳堂、會場用，堪稱為盆花上品。花可窨茶和提取香精。其花香最為清雅醇和而且耐久，所薰花茶品質優良。全草入藥，是抗癌成藥「抗癌平」的主要原料。

## 米蘭（樹蘭、大葉米蘭）（圖54）

*Aglaia odorata*（chu-lan tree）

【形態特徵】楝科常綠小喬木或灌木。奇數羽狀複葉互生；小葉對生，3～7枚，倒卵形至矩圓形；葉軸有窄翅。圓錐花序腋生；花小，黃色，極香。花期初夏。漿果卵形或近球形。

盆栽花卉栽培與裝飾

圖54　米蘭

本種實即大葉米蘭，枝葉較粗大，開花較稀少，一季開花性，栽培不普遍。現在廣泛栽培的米蘭是小葉米蘭（*A. odorata var. microphylla*），通稱米蘭，係大葉米蘭的小葉變種，四季開花性而以夏、秋間開花最盛，又有四季米蘭之稱。

【生態習性】原產東南亞。幼苗喜陰，成年植株需充足的陽光。氣溫16℃抽生新枝，25℃生長旺盛。忌寒冷，氣溫降至5℃即易受寒害。怕旱，怕澇。喜肥。土壤要求肥沃、潮潤、沙質、微酸。

【繁殖方法】高壓或扦插。高壓於梅雨季進行，選擇直徑0.5公分左右的枝條做成1公分寬的環狀剝皮，而後高壓之，2～3個月可以生根。採用此法成活率高，成苗開花較快。扦插用嫩枝插，於6～8月剪取頂端長10公分的嫩枝，去掉下部葉片，用（50～100）×10⁻⁶的吲哚乙酸或吲哚丁酸水溶液浸泡插穗下部12～24小時，然後盆插。插壤用粗砂、膨脹珍珠岩或泥炭等。插後在盆口蓋玻璃或塑料薄膜以保溫保濕，室溫保持25℃，約經兩個月生根。

【盆栽管理】盆栽米蘭在春、夏、秋三季最好在室外陽光下蒔養，不需任何庇蔭；冬季也應放在室內有直射陽光的地方。越冬期間控水停肥，室溫應在10℃以上。生長期則要每1～2週施1次液肥，澆水不可偏濕，要從嚴掌握間乾間濕原則。為促使盆株生長得更豐滿，宜對中央部位

枝條進行修剪摘心，促進側枝的萌發。

　　家庭盆栽米蘭，有的開花不多或香味不濃，這可能是由於光照不足、氣溫不高、施肥不足造成。故養好米蘭必須多曬太陽，勤施薄肥。如見葉片不鮮綠，泛黃色，宜施礬肥水。在氣溫高、通風差的環境下，易受紅蜘蛛、介殼蟲的危害，應注意防治。米蘭翻盆換土，一般兩年1次，於出房後1週進行為好。

　　【用途】米蘭枝葉繁茂，株形秀麗，開花時清香四溢，不僅適合盆栽觀賞，也是南方庭院中極好的風景樹。花可供薰茶和提取香精。

## 梔子（黃梔子、山梔子）（圖55）

*Gardenia jasminoides*（Cape-jasmine）

　　【形態特徵】茜草科常綠灌木。葉對生或3枚輪生，橢圓狀倒卵形或矩圓狀倒卵形；托葉鞘狀。花大，白色，芳香，有短梗，單生枝頂；花冠高腳碟形，單瓣。重瓣者名白蟬 cv. Fortuniana。花期夏季。果黃色，卵形至長橢圓形，有5～9條翅狀直棱。

　　同屬與本種相近似的另一種梔子——雀舌花 G. radicans，亦常見栽培。其植株較小，枝常平展匍地，葉倒披針形或倒廣卵形，花重瓣，葉、花均較小，可作盆

圖55　梔子

盆栽花卉栽培與裝飾

景材料。

【生態習性】原產中國南部和中部。喜光，但夏季中午前後要注意庇蔭；在半陰處也可生長良好。喜溫暖氣候，不甚耐寒。很耐濕，但不可積水。喜肥沃、排水良好、酸性的輕黏壤土。萌蘗性強，耐修剪。

【繁殖方法】扦插、壓條、分株或播種。因其發根容易，故以扦插、壓條繁殖為主。扦插用嫩枝插，於梅雨季進行，10天後生根，成活率高。亦可在春季新梢未抽生前用一年生枝條或者在秋季用當年生枝條進行扦插，成活亦易。壓條在清明後進行，從三年生母樹上選取茁壯、長25～30公分的枝條壓入土中，如有三叉枝，可壓在盆口上，一舉可得3株。一般經1個月左右可以生根，夏至前後可與母株分離，翌春分栽。播種和分株繁殖均不常用，都以在春季進行為宜。

【盆栽管理】梔子盆栽最好用酸性培養土並宜施用酸性肥料礬肥水。一般常用與栽培茉莉同樣之盆土。小苗分栽上盆後，每月可追施薄肥1次；每年5～7月各修剪1次，剪去頂梢，促使分枝以形成完整的樹冠。成年樹在開花前要薄肥勤施，促進花朵肥大。開花後及時摘除敗花，有利於繼續開花，延長花期。整形和修枝在早春進行，並及時剪去徒長枝。夏季多澆水並常向葉面噴水，大雨後和久雨時應防盆內積水和盆土過濕。施肥不過秋以提高越冬抗寒性。冬季應移入溫度不低於0℃的冷室中越冬。

梔子常見的病蟲害有缺綠病、煤污病、介殼蟲等。缺綠病多由於土壤偏鹼所致，施用礬肥水即可防治。

【用途】梔子葉片亮綠，花朵香美，又有一定耐陰及

抗二氧化硫的能力，是優良的綠化、美化、香化樹種。盆栽觀賞亦佳。花可提取香精、做插花、佩戴和編花籃等。果可做黃色染料及供藥用，藥名山梔，能瀉火清熱，涼血止血。

## 夜香樹（木本夜來香）（圖56）

*Cestrum nocturnum*（nightblooming cestrum）

【形態特徵】茄科常綠灌木，有長而下垂的枝條。單葉互生，矩圓狀卵形或矩圓狀披針形。花序傘房狀，腋生和頂生，疏散；花綠白色至黃綠色，晚間極香；花冠狹長管狀，上部稍擴大。花期夏秋。漿果細小。同屬植物瓶兒花 *C. purpureum* 亦為常見溫室木本花卉，莖有紫色茸毛，花呈瓶狀，紫紅色。

【生態習性】原產美洲熱帶。喜陽光，喜溫暖，忌寒冷。冬季可因室溫不夠而致落葉，來春仍能再吐新葉，如同落葉樹。要求疏鬆、肥沃土壤。生長健壯，適應性強。

【繁殖方法】常用扦插繁殖。春、秋兩季都可進行扦插，春插用一年生枝條，秋插用當年生枝條，比用嫩枝或老枝都易成活。插穗長度有 5～6 節即可，插於沙、土各半的盆內，經常噴水保持濕潤，1 個月後可以生根。春插者秋季開花，秋插者第 2 年開花。

圖56　夜香樹

【盆栽管理】栽培上沒有什麼特殊要求，朝南陽台、窗前和庭院的空曠地是養護夜香樹的理想場所。冬季移入室內，放在南窗內陽光下。遇大冷天，加塑料袋遮蓋，讓其安全越冬。對過冬的夜香樹要及時換盆，去除板結的宿土和老根，換上新培養土並施足基肥。生長期間勤澆水，常施稀薄液肥。夏季常噴葉水，並宜避開中午強光直射，幼苗尤應如此。秋季肥、水不能過大，以免造成枝條徒長，推遲開花。冬季使其半休眠或休眠。此外，要經常注意修剪整形，否則生長過旺，株形蓬亂。

培植夜香樹常有葉片發黃脫落的現象，其原因很多，如澆水不當、盆內積水、空氣乾燥、氣溫過低、通風不良、根系錯結和蚜蟲為害都會引起落葉，宜注意預防。定期噴灑1500倍樂果，可防止蚜蟲發生。

【用途】夜香樹花期長，花朵多，花香濃，是人們喜愛的盆花，南方常做露地栽培。其濃烈的香氣有驅蚊作用，但不宜久聞，免致頭暈。

## 九里香（圖57）

*Murraya paniculata*（common jasminorange）

【形態特徵】芸香科常綠灌木。奇數羽狀複葉互生，葉軸不具翅；小葉互生，3～9枚，卵形、倒卵形至近菱形。聚傘花序腋生和頂生；花白色，極芳香。花期夏、秋。柑果長橢圓形或近圓形，熟時紅色。

【生態習性】原產亞洲熱帶。喜溫暖濕潤氣候，不耐寒。喜陽光，亦耐陰。耐旱而不擇土壤，但以在肥沃、排水良好的土壤上生長良好。

【繁殖方法】以播種繁殖為主，春播，容易發芽出苗。播種苗當年即可能開花。亦可於生長開始後進行高壓或於梅雨季進行嫩枝插。

【盆栽管理】盆栽九里香在水肥充足的情況下生長迅速，要注意給予充足的陽光並進行修剪整形。冬季不

圖57　九里香

宜修剪，以免造成枝葉枯萎。越冬室溫不得低於5℃，但也不能過高；否則，養分消耗過多，影響來年開花。每年春季換盆，換盆時宜適當施入磷、鉀肥料作為基肥。九里香抗病蟲能力較強，主要害蟲是蚜蟲，應注意防治。

【用途】九里香花香宜人，觀花、觀葉、觀果，是嶺南盆景最重要的盆景樹種並用於庭園綠化，北方亦喜盆栽觀賞。花可提取香精。

## 蠟梅（臘梅、黃梅）（圖58）

*Chimonanthus praecox*（wintersweet）

【形態特徵】蠟梅科落葉灌木，暖地半常綠。單葉對生，橢圓狀卵形至卵狀披針形，表面粗糙。花單生，徑約2.5公分，有芳香；外部花被片蠟質黃色，內部的較短，有紫色條紋。

遠在葉前（自初冬至早春）開放。花托果橢圓形，呈蒴果狀，內含瘦果（俗稱種子）數粒。果熟期7～8月。

盆栽花卉栽培與裝飾

**圖58　蠟梅**

蠟梅為長壽樹種，在中國各省皆有栽培，而以鄢陵最為著名，曾有「鄢陵蠟梅冠天下」之譽。常見品種有磬口蠟梅 cv. Grandiflorus 和素心蠟梅 cv. Concolor，它們和蠟梅的區別如下：

花黃色，內部花被片有紫色條紋的為蠟梅；花鮮黃色，內部花被片有深紫紅色邊緣及條紋的為磬口蠟梅；花淡黃色，花被片無紫色條紋的為素心蠟梅。

【生態習性】原產中國。喜光，耐寒，怕風，怕煙。喜肥，耐旱，怕澇，怕鹼，怕黏性土。發枝力強，耐修剪。故鄢陵花諺有「蠟梅不缺枝」之說。

【繁殖方法】通常均用嫁接繁殖，以狗牙蠟梅（蠟梅的實生苗幾都為狗牙蠟梅，其花被片狹長而尖如狗牙）為砧木進行切接或靠接。狗牙蠟梅可用分株和播種繁殖。

1）**切接**　在3月當葉芽萌動至麥粒大小時進行。這時切接最易成活，過早、過晚效果均差，其最佳切接時間僅約1週。接穗要選取粗壯而較長的一年生枝條，尤以取自接後2～3年樹上的枝條為最好。在切接前1個月左右，就要把預備做接穗用的蠟梅枝條剪去頂梢，使養分集中供應枝條中段的芽，以促其發育充實。接穗長6～7公分，留1～2對芽。削接穗時，不宜深，以微露出木質部為合適。砧木切口應儘量距地面近些（3～6公分），以便接後培

土。接後輕輕培土將接穗頂部蓋住（培土時勿碰動接穗）或套袋、庇蔭。1個多月可成活，扒鬆封土，去除砧芽，保護接芽避免受到突然的風吹日曬而死亡。切接苗生長較旺盛，經2～3年可開花。

2）**靠接**　在春、夏進行，而以在5月效果最好。蠟梅枝脆易斷，靠接時要特別小心。作砧木的狗牙蠟梅宜去頂，接穗最好留「蓋頭皮」，切口長3～5公分，對準一側的形成層（砧木頂端有留作「氣眼」的芽的那一側），綁縛後用泥漿封住（均要將氣眼露出）。1個月後（滿月）可開始分割，最好分3次做，每7天1次，每次割斷1／3。由於狗牙蠟梅的生長勢一般比蠟梅差，而靠接苗的砧木較高，故生長較差，不如切接苗（砧木很低）生長旺盛，且接穗能長得比砧木還粗，也欠美觀。

3）**分株**　狗牙蠟梅很容易發生萌蘖而形成叢生狀態，故常可用分株繁殖。分株最好是在春季當葉芽剛萌動時進行。在分株前的1個月，要先把枝條剪短，離地約留10公分。經過截幹處理，有利分栽成活。

4）**播種**　7～8月採收變黃的花托果（當種子由白色轉褐色時即可採收），取出種子，最好隨採隨播。播後10天左右開始出苗，出苗率一般在80％以上。

如需春播，可將果實在陰涼處乾藏，播前用溫水浸種12小時，可以促進發芽。實生苗生長較慢，2～3年後才能產生萌蘖，通常5～6年才能用作嫁接蠟梅的砧木，遠不如分株方便迅速。素心蠟梅所結的種子播下後所出的苗，有時可以獲得素心類型。故播種繁殖除用作生產砧木外，還可從中選擇優良品系。

盆栽花卉栽培與裝飾

【盆栽管理】盆栽蠟梅每年花後應換盆，去掉部分舊土，剪去一部分失去生命力的粗根以促進產生新根，添加新培養土並施入基肥。以後在生長期間根據生長情況常施追肥。花蕾形成後要控制施肥。冬季開花期間不可追肥，否則會縮短花期。澆水須防過量，以免爛根。如蕾期乾燥，應予噴水，可防落蕾。蠟梅的修剪很重要。嫁接成活後一年生幼苗，冬季落葉後剪去上段，每節留1芽（剝除對生芽）使位置錯開，將來選留培養3個主枝。在3～6月進行夏剪，枝條每生出3對葉摘心1次，共摘心2～3次。徒長枝一般疏除，或留15公分左右短截，並對其分生的側枝注意摘心。

花前宜修剪樹形，以利觀賞。對主枝要適當短截，並剪除病枯枝、擾亂樹形枝等各種無用枝條。如已屆落葉期而仍未落葉，可用人工摘除。對過密花蕾，宜加疏除。在花快凋萎時摘除殘花，不使結實。花後實行重剪，每花枝最長只留15～20公分，結合進行換盆。

如果是臨時上盆供冬季室內觀花，可在12月上旬把蠟梅從地裏挖出，帶土團植於盆中。在入盆前，把土團沾上泥漿，以後乾時稍澆水，不用上基肥，也不用澆肥水。等花開謝後，就栽回地裏，以便恢復樹勢。

【用途】蠟梅花色香俱備，冬季開花長達3個月之久，格外可貴。將盆栽蠟梅與盆栽南天竹配合觀賞，黃花紅果，相映成趣。用作切花亦極適宜。蠟梅單花通常開15～25天，剪下的花枝凡已現色的花蕾都能開放，做切花用時可繼續開花30～50天。蠟梅亦適於製作盆景，鄢陵有捏成「屏扇形」的蠟梅、疙瘩梅、疙瘩梅上附懸枝梅，甚

為古雅別致。蠟梅鮮花可提取香精；乾燥花蕾入藥能解暑、止咳，浸生油中稱蠟梅花油，可治燙傷。根及根皮亦可入藥，有解毒、祛風、止血效果。

【其他】山蠟梅 *C. nitens* 為常綠灌木，葉有濃厚香味，葉面略粗糙，有光澤；花較小，淡黃色。花期10月至翌年1月。皖南等地有野生，也是珍貴的觀賞樹種，值得大力引種栽培。

## 瑞香（圖59）

*Daphne odora*（winter daphne）

【形態特徵】瑞香科常綠灌木。單葉互生，長橢圓形至倒披針形。花淡紫色，有芳香，成頂生頭狀花序；花被筒狀，外面無毛。花期冬春。核果紅色。

常見栽培的品種和變種有：

1）**金邊瑞香** *cv. Marginata* 　葉具黃色邊緣，花紅紫色，為瑞香中的佳品。

2）**紫枝瑞香（毛瑞香）** *var. atrocaulis* 　幼枝與老枝均系深紫色或紫褐色，花白色，花被筒外側被灰黃色絹狀毛。

【生態習性】原產中國。喜半陰，忌陽光直射。喜溫暖，忌高溫，不耐寒。喜濕潤，不耐濕，尤忌過濕和雨淋。不耐肥。喜排水良

圖59　瑞香

盆栽花卉栽培與裝飾

好的酸性沙壤土，黏質土壤對其生長發育不利。萌芽力強，耐修剪。

【繁殖方法】以扦插繁殖為主，一般在春季瑞香發芽前或秋季8～9月進行。春插用一年生壯枝作插穗。秋插用已較老熟的當年生枝作插穗。插穗宜有4～5節，長10公分左右，除留頂端1～2枚葉片外，將其餘葉片剪去，基部最好用利刀劈開1～2公分的縫隙，夾入1粒小石子而後扦插。隨採隨插，儘量保持接穗新鮮狀態，且不得碰傷切口。以引棍幫助扦插，插穗入土1/3～1/2，以淺插為好。插壤常用沙土或蛭石等。插後庇陰、噴霧、灑水，保持濕潤，約經兩個月發根。也可採用壓條與分株繁殖，壓條於3～4月進行，分株於6月進行，均較易成活。

【盆栽管理】盆栽瑞香夏季須置於半陰處且要防乾燥，盆土不可太乾太濕，施肥宜薄肥少施，忌用人糞尿和化肥。冬季宜放在室內有光照且空氣流通的暖處，室溫保持5℃以上。春季發芽前可將密生的小枝修剪掉，留出一定的空隙以利通風透光。如要培植矮化瑞香，可在花後剪除去年枝條一部分，以促發出新芽。瑞香的花芽一般在6～7月中旬前後形成，花芽形成後不能再行修剪。

瑞香的根系稀少，成年樹不耐移植，移栽上盆時必須多帶宿土並加重剪，才能成活。瑞香的病蟲害較少，常見的病蟲害有白絹病、病毒病、蚜蟲等。其根甜香，易引誘蚯蚓翻土影響生長，須注意防止。

【用途】瑞香葉綠光潔，花香濃鬱，春節裏即能開花，家有盆栽瑞香能增添不少節日的歡快氣氛。園林佈置中亦可應用。莖皮纖維可供造紙和製人造棉。花可提取香精。

## （三）其他觀花植物

### 鶴望蘭（極樂鳥之花）（圖60）

*Strelitzia reginae*（Queens bird-of-paradise-flower）

【形態特徵】芭蕉科常綠草本。根肉質，粗壯。莖不明顯。葉二列，具長柄；葉片長圓形。蠍尾狀聚傘花序生於一舟形的佛焰苞中，總花梗與葉近等長，平常所說之一枝花實即一花序；花形奇特，外3瓣橙黃色，內3瓣天藍色，雌蕊柱頭乳白色，佛焰苞紅紫色，整個花序宛似仙鶴的頭部，因而得名鶴望蘭。花期秋、春，溫室裏冬天也開。蒴果三棱形。種子具紅色條裂的假種皮。

【生態習性】原產南非。喜光，夏季宜避去強光直射，冬季需充足陽光。喜溫暖濕潤環境，要求空氣濕度高，而土壤不可太濕。能耐高溫，稍能耐寒，怕霜雪。生長適溫，3～10月為18～24℃，10月至翌年3月為13～18℃。越冬夜溫低於白天，宜在8～12℃。短時間的2℃的低溫不會受害。耐旱。土壤要求疏鬆肥沃、排水良好。結實需人工輔助授粉。因其為鳥媒植物，在原產地靠體重僅有2克的蜂鳥傳粉，無蜂鳥即無法傳粉。授粉時，花序上每開一朵花應授粉1次。

圖60　鶴望蘭

【繁殖方法】分株或播種。分株於早春換盆時進行，用利刀將株叢切分，使分株後的每個蘗芽最少要有2條肉質根，以利於成活。傷口應塗抹木炭粉以防腐爛，栽後放半陰處養護。播種繁殖需先行人工授粉以獲得種子。授粉後約3個月種子成熟，待果實裂開後取出種子，立即盆播。發芽適溫25～30℃，播後15～20天可以出芽。播種苗開花較慢，從播種到開花要4～5年。植株具9～10枚葉時才能開花。

【盆栽管理】盆土可用腐葉土加少量粗砂和適量骨粉配製，盆底鋪加粗瓦片作排水層。栽植不宜過深，以利新芽萌發。夏季生長期和秋、冬開花期需充足水分，早春花後適當減少澆水。生長期每半月追肥1次。花謝後，沒有人工授粉的應立即剪除殘花，以減少養分消耗。鶴望蘭冬季最好放在溫室培養。如放在室內，要放在光照強的地方，注意保暖，並注意通風以減少介殼蟲的發生和危害。在其他三季可放在室外或陽臺上，注意夏季中午必要的庇蔭。成形鶴望蘭每兩年換盆1次。

【用途】鶴望蘭姿態奇異，花色豔麗，成型植株1盆能開花數十枝，觀賞效果極佳。適合做大型房間佈置，並為高級切花，瓶插可達兩週以上。

## 馬蹄蓮（圖61）

*Zantedeschia aethiopica*（common callalily）

【形態特徵】天南星科夏季休眠球根植物，冬季亦可由於低溫而休眠，或在暖冬涼夏氣候條件下全年不休眠。根莖塊莖狀。葉基生，心狀箭形；葉柄長，下部有鞘。肉

穗花序黃色，具長總梗；佛焰苞長大，呈馬蹄形，常見栽培的多為白色。花期冬春。漿果多不易成熟。

圖61　馬蹄蓮

【生態習性】原產南非。喜溫暖、潮濕及稍有庇蔭的環境，但花期宜有陽光，否則佛焰苞常帶綠色。不耐寒。怕乾旱。宜疏鬆肥沃、富含腐殖質的黏壤土。

【繁殖方法】主要用分球繁殖。通常在9月上旬換盆時將母株周圍的小球剝下，另行盆栽。培養1年，第2年便可開花。

【盆栽管理】9月上旬上盆，每盆栽球4～5個，盆土可用園土2份、礱糠灰1份，再稍加些骨粉或廄肥。栽後置半陰處，出苗後放在光線比較強的地方，並經常保持盆土潮濕。霜降以後移入室內向陽處，室溫保持5℃以上，生長適溫為15～25℃。夏季25℃以上和冬季5℃以下都可能造成植株枯萎休眠。溫度降至0℃時球根受凍而死亡。

生長期要保持充足的水分，稍有積水也不太影響生長；每半月追肥1次，施肥時切忌將肥水澆進葉柄內，以免引起腐爛。葉片如果太多，開花前宜酌量摘除外部老葉，以利抽生花葶。2月始花，3～4月為盛花期，5月下旬以後天氣漸熱，植株開始黃萎，應減少澆水，促其休眠。待葉片全部枯黃，取出球根，放通風陰涼處貯藏。也可仍留原盆，將盆側放陰涼之地。

秋季栽植前將球根底部衰老部分削去後重新上盆。大、小球要分開栽植，大球開花，小球養苗。在室內通風不良、乾燥、高溫的情況下，最容易發生紅蜘蛛為害，平時要經常觀察，做到及時發現，及早防治。

【用途】馬蹄蓮花、葉兼美，是重要的切花和盆花，深受人們喜愛。

## 美人蕉（大花美人蕉）（圖62）

*Canna generalis*（common garden canna）

【形態特徵】美人蕉科冬季休眠球根植物。根莖肉質，粗壯。莖直立不分枝，莖、葉均有薄白粉。葉互生，具鞘狀柄；葉片寬大，橢圓形。蠍尾狀聚傘花序，外觀似總狀；花大，色深紅、橙紅、黃、乳白等；萼片3枚，苞片狀；花瓣3枚，萼片狀；退化雄蕊4枚，花瓣狀，即一般人所稱的「花瓣」，雄蕊1枚半邊呈花瓣狀，半邊有一發育的花藥；雌蕊亦瓣化，花柱長扁呈棍棒狀。花期夏、秋。蒴果圓球形，成熟時3瓣裂開。園藝上栽培的雜種美人蕉，大體上可分為兩個系統，即法國美人蕉系統和義大利美人蕉系統。大花美人蕉就是法國系品種的總稱，花大而矮生，高度在60～150公分，花瓣直立而不反曲，易結實。義大利美人蕉亦稱蘭花美人蕉 *C.×or-*

圖62　美人蕉

*chioides*，後一名稱是義大利系品種的總稱，植株較高，為1.5～2公尺，花更大，在美人蕉類中花徑為最大者，開花後花瓣向後反曲，不結實。

原種美人蕉之一的小花美人蕉 *C. indica*（亦稱美人蕉）和食用美人蕉 *C. edulis* 亦常見栽培。這兩種美人蕉的花小，僅有紅色，花瓣直立。小花美人蕉莖和葉的兩面均綠色。食用美人蕉莖紫色，葉上面綠色，背面帶紫色，根莖可食。

【生態習性】為雜交種。中國原產的美人蕉只有小花美人蕉1種。喜陽光，喜高溫，怕強風，怕霜凍。宜排水良好和富含腐殖質的土壤。具一定耐濕能力。

【繁殖方法】分株繁殖。4月間將根莖切離，每叢保留2～3個芽就可栽植（切口宜塗木炭粉），栽植深度以不露出芽為宜。

【盆栽管理】盆栽宜用大盆沃土，並選栽植株較矮的美人蕉品種。生長期間盆土保持濕潤，常施追肥。花後即剪去殘花，可促使陸續開花。莖葉枯黃後，可將根莖取出沙藏，亦可仍留原盆中越冬。翌春換盆重栽，結合進行分株繁殖。

【用途】美人蕉葉大花美，花期長，抗性強，能淨化空氣，極適園林綠化中應用，亦適盆栽。特別是在草花的組合栽培中，將美人蕉作中心植，觀賞效果極佳。

## 唐菖蒲（甘德唐菖蒲、菖蘭）（圖63）

*Gladiolus hybridus gandavensis*（Ghent gladiolus）

【形態特徵】鳶尾科冬季休眠球根植物。球莖有膜被。

盆栽花卉栽培與裝飾

圖63　唐菖蒲

葉二列，劍形。蠍尾狀聚傘花序呈穗狀；花大，基部具短筒，呈偏漏斗狀，有白、黃、紅、紫等色還有複色。花期夏、秋。蒴果矩圓形至倒卵形。

雜種唐菖蒲還有多種，如柯氏唐菖蒲 *G.×colvillei*（具有香味）、萊氏唐菖蒲 *G.×lemoinei*（球莖基部可生出匍匐枝狀的芽，伸長後端部形成子球）。常見栽培之唐菖蒲都是甘德唐菖蒲。

【生態習性】為雜交種，原種產於南非。喜陽光充足和通風良好的環境。不耐寒，亦不耐過度炎熱。喜濕潤，不耐澇。喜肥，忌氮肥過多。最宜疏鬆肥沃、排水良好的微酸性沙壤土。

【繁殖方法】常用分球繁殖。唐菖蒲的球莖每年更新，即球莖的壽命只有1年，在莖的基部膨大形成新球，原母球乾縮死亡。新球的底部也常生出匍匐枝，在其端部形成子球。新球和子球以後與母球自然分離。採收新球和子球待時另栽即可。栽植時將大、小球分開。通常新球於第2年就可開花；大子球培養1年亦可開花；小子球需培養2～3年方可開花。自春至夏除6月份外皆可植球。6月份不植球是為了使花期避開盛暑。當種球數量很少時，亦可切球繁殖，即將種球（剝去外皮，露出芽眼）縱切成若干部分，每部分必須帶有1個以上的芽和部分莖盤（否則不能

抽芽和生根），切口塗以木炭粉，略乾燥後再栽植。

【盆栽管理】將球栽盆時宜施入適量骨粉作基肥。因新球是在母球上方形成，栽植不可過淺。大球可覆土10公分左右，小球酌減。盆土宜經常保持濕潤，不可太乾太濕。施肥宜分3次進行；第1次在兩片葉展開後，以促莖葉生長；第2次在第5片葉長出時，以促花葶粗壯、花朵大；第3次在開花後，促新球發育。

生長期長日照有利於花芽分化。開花時置陰涼處。切花宜在花序基部1～2朵初開時剪取，插瓶可以保持7～10天。當地上部分發黃時起出球莖，晾曬乾燥後貯藏於低溫而不結冰、乾燥並有適當濕度的環境中越冬。一般在5℃左右下貯藏比較適宜。

【用途】唐菖蒲花序長大，花色鮮豔多彩，花形變化多姿，適做切花和盆栽，是世界五大切花之一。球莖入藥，可治腮腺炎、癰瘡等症。

### 鳶尾（藍蝴蝶）（圖64）

*Iris tectorum*（roof iris）

【形態特徵】鳶尾科宿根草本。根莖短而粗壯。葉劍形，通常對折，二列，淺綠色。花葶與葉幾等長，單一或二分枝，每枝具1～3花；花被花瓣狀，藍紫色，有花被筒，外3瓣大，具深色網紋，中部有雞冠狀突起

圖64　鳶尾

及白色髯毛，內3瓣稍小，斜開向上；花柱分枝3枚，花瓣狀，分蓋著3枚雄蕊。花期5月。蒴果狹矩圓形，具6棱。果熟期7月。

常見栽培的同屬其他花卉有：

1）德國鳶尾 I. germanica　花有多種顏色，芳香，外3瓣無雞冠狀突起，但中部密生黃色棍棒狀多細胞髯毛。

2）蝴蝶花 I. japonica　常綠草本；蠍尾狀聚傘花序呈長總狀；花淡藍紫色，外3瓣具雞冠狀突起。

3）花菖蒲 I. ensata　花色豐富，外3瓣無雞冠狀突起或髯毛；根狀莖酷似菖蒲，性喜水濕。

【生態習性】原產中國中部。耐寒，初霜後葉片先端枯黃，重霜後葉片基本枯黃，只留少數心葉。適生於半陰處和排水良好而適度濕潤的鈣質土壤。

【繁殖方法】分株或播種。每2~3年分株1次，宜在花後進行。地下部經花後短暫休眠後萌發新根，在新根萌發前分株有利生長。宜使每個分株具有2~3個芽並將葉片剪去1/2，即可栽盆。播種可秋播或春播。種子發芽不整齊。播種後2~3年開花。

【盆栽管理】盆栽鳶尾管理可較粗放。生長期須注意澆水，保持盆土濕潤。對肥料要求不高，除栽盆時施基肥外，春季還宜施肥（要包括磷、鉀肥料）以促進生長和開花。換盆可在秋季，亦可與分株結合進行。宿土植株花後生長階段宜追肥1次。越冬可留原盆。

【用途】鳶尾花似蝴蝶，色彩柔和，家庭盆栽或園林中叢植、片植、條植，均頗雅致。

# 朱頂紅（朱頂蘭）（圖65）

*Hippeastrum vittatum*（barbadoslily）

【形態特徵】石蒜科冬季休眠球根植物。鱗莖大，近球形。葉長闊帶狀，與花同時或花後抽出。花葶粗壯，中空；傘形花序有花3～6朵；花大，花被片紅色，中間帶白色條紋，雄蕊短於花被。花期5月。蒴果。果熟期6月。

栽培中雜種朱頂紅 *H. ×hortorum* 比原種更為多見，其花序有花2～4朵，花色有白、粉、紅、紅花具白條紋、白花具紅條紋、白花紅邊等，雄蕊突出花被外。

【生態習性】原產秘魯。喜溫暖濕潤和陽光不過強的環境，不耐寒。土壤以疏鬆肥沃、排水良好的沙壤土為宜。

【繁殖方法】分球或播種。4月間子球生兩枚葉片時，可自母球切離做分球繁殖。播種宜採種後即行盆播，種子發芽良好。播種後3～4年開花。朱頂紅容易結實，花期可行人工授粉，採種不難。

【盆栽管理】盆栽用盆不宜過大，用土不可過於疏鬆。淺栽，將鱗莖頂部露出地面。初栽時不澆水，待花葶伸出2～5公分或不開花鱗莖葉片抽出10公分左右時開始澆水。澆水量由少漸多，到開花期應充分供水。花後經常追肥，盛夏置半陰

圖65　朱頂紅

盆栽花卉栽培與裝飾

處。入秋後生長逐漸停止，澆水量也隨之漸減直至停止。
室內越冬，盆土保持乾燥，溫度10～12℃，促其充分休
眠。栽培中，若莖、葉及鱗莖上發生赤斑病，應剪除燒
毀。禁止對植株噴水，在鱗莖休眠期以40～44℃溫水浸泡
1小時或在春季噴灑波爾多液，均有防病效果。也見發生
紅蜘蛛為害。

【用途】朱頂紅尤以雜種朱頂紅花大色豔，葉片鮮綠
潔淨，宜於切花和盆栽觀賞，氣候適宜地區還可佈置於露
地庭園中。

## 韭蓮（菖蒲蓮、風雨花）（圖66）

*Zephyranthes grandiflora*（rosepink zephyrlily）

【形態特徵】石蒜科常綠球根植物。鱗莖卵形，頸短。
葉條形，寬3～8毫米。花單生花葶頂端，具明顯筒部，徑
5～7公分；花被裂片倒卵形，粉紅色或玫瑰紅色。花期
6～9月。蒴果，一般不結實。

圖66 韭蓮

同屬植物蔥蘭 *Z. candida* 常栽作地被植物及鑲邊
材料，它與韭蓮的主要區別
是：鱗莖較小並有明顯的頸
部；葉片較狹而厚，寬2～
4毫米；花較小，徑3～4公
分，白色，外面稍帶淡紅
色，幾無花被筒。

【生態習性】原產墨西
哥、古巴等地。喜陽光，亦

可耐半陰。喜溫暖，亦具有一定的耐寒力。喜排水良好，亦可耐潮濕。宜富含腐殖質的沙壤土。

【繁殖方法】分球繁殖，春季新葉萌發前進行。將小球帶鬚根分栽，3～4球穴栽一處。淺栽，以球頂不露土為度。

【盆栽管理】盆土可用園土、腐葉土、礱糠灰（或細沙）配製，並加入適量骨粉。盆栽韭蓮宜置於陽光充足處，注意澆水施肥。一批花凋萎後，暫停澆水7～8週後再恢復澆水，如此乾濕反覆間隔，1年內可開花2～3次。冬季移入溫暖室內，可以保持常綠。如因冬季低溫而致地上部枯萎，只要保護好鱗莖，不使凍壞，可以作為冬季休眠球根花卉栽培。

【用途】韭蓮葉叢秀美亮綠，花朵繁茂嬌麗，宜於園林綠化應用和盆栽觀賞。

## 芍藥（圖67）

*Paeonia lactiflora*（peony）

【形態特徵】芍藥科宿根草本。根肉質，粗長。莖叢生。葉互生，表面有光澤；莖下部葉為二回三出複葉，頂生小葉基部下延於小葉柄；基部及頂端常為單葉。花頂生並腋生，但有時僅頂生的1朵開放，近頂端葉腋處有發育不好的花芽；

圖67　芍藥

盆栽花卉栽培與裝飾

花瓣10枚左右或更多，顏色多樣。花期5月。蓇葖果無毛。果熟期7～8月。

芍藥品種繁多，可按花型分為：

1）**單瓣芍藥**　花瓣1～3輪，雄蕊無瓣化現象。一般均供藥用。

2）**複瓣芍藥**　花瓣3輪以上，雄蕊正常或有部分瓣化。

3）**平頭芍藥**　花重瓣（花瓣多輪），無內、外瓣之分，雄蕊大多瓣化。全花形狀扁平。

4）**樓子芍藥**　花重瓣，但有內、外瓣之分，雄蕊瓣化而成突出高大的所謂「起樓」。

5）**台閣芍藥**　花重瓣，全花可區分為上下兩花，兩花間夾有台閣瓣或雌蕊痕跡。

【生態習性】原產中國中部、日本及俄羅斯西伯利亞。喜夏季涼爽氣候。喜光，但在稍陰處亦可開花。極耐寒。耐旱，怕濕。喜肥。宜疏鬆肥沃、排水良好的沙壤土。

【繁殖方法】常用分株繁殖，在10月間地上部枯萎後進行。花諺云：「春分分芍藥，到老不開花。」切不要在春季分株，以免栽後幾年不開花。將根叢切分，每叢宜有2～3個飽滿、粗壯的芽及3～4條長15公分左右的根（可將過粗過長的根切掉藥用）。栽後第2年開花。宜每6～7年分株1次。如10年不分株，即會逐漸衰敗。藥材栽培中多用芍頭繁殖。將芍根從著生處全部切下，所剩下的即為芍頭。可根據芍頭大小及芽的多少，切塊栽植。在培育嫁接牡丹的根砧及育種時用種子繁殖。與牡丹一樣，芍藥的種子也有上胚軸休眠現象。播種當年秋天幼根萌發，越冬

經低溫刺激，翌春發芽。約3年以後根部直徑達2～3公分時即可用作根砧。實生苗開花遲，播種後4～5年開花。

【盆栽管理】芍藥盆栽，用盆宜較深大，在盆底鋪放排水層；用土宜較肥沃，可用普通培養土，栽時加施基肥。栽後保持盆土濕潤。生長期間適當澆水，開花前保持盆土濕潤對開花有利，但忌多水偏濕。施肥宜在早春及開花前後各施1次。不換盆植株冬前亦宜施用基肥。見出主、側蕾時，按1莖只留1花的要求及時剝去側蕾，使主蕾開花碩大。花謝後立即剪去殘花，以減少養分消耗。

盆栽芍藥宜放室外陽光充足處培養，越冬亦不要移入室內。可平盆剪去枯萎的地上部分，在盆面上覆土加以保護。有條件者最好將盆臥地越冬。芍藥易生紅蜘蛛與蚜蟲，應注意防治。

【用途】芍藥之花可與牡丹相媲美，被稱為「花中兩絕」。園林中培植得宜，則花之盛更過於牡丹。芍藥亦為著名中藥，栽植後3年可以收穫芍根（藥用部分）。切去頭、尾及支根，洗淨，煮透，刮去外皮，曬乾。外表類白色，稱為白芍。細根不經去皮及水煮等加工步驟，曬乾足燥，外表紅棕色，稱為赤芍。白芍能平肝、和血、止痛。赤芍能涼血，活血祛瘀。

【其他】中藥材赤芍的原植物除芍藥外還有草芍藥 *P. obovata* 和川赤芍 *P. veitchii*。加上芍藥、牡丹，4種芍藥屬植物的區別如下：

木本植物（灌木或亞灌木）；花盤特別發育；心皮被短柔毛，嫩時常全部為革質鞘狀的花盤所包圍，待心皮長大時花盤始裂開的為牡丹。其他3種為草本植物（宿根草

木）；花盤不發育，在心皮的基部，不顯著。其中一莖上著生數花，心皮被黃色絨毛，小葉片分裂成2～4個裂片，每裂片再裂成小裂片的為川赤芍；而莖頂單生一花或具數花，心皮無毛，小葉片全緣，通常9個者有二：莖頂單生1花；小葉片倒卵形，稀橢圓形，長度與寬度相差不大的為草芍藥；一莖上常具數花，若葉腋的花芽不發育或經過剝蕾則僅莖頂1花，小葉片長橢圓形至披針形的為芍藥。

## 花毛茛（圖68）

*Ranunculus asiaticus*（common garden ranunculus）

【形態特徵】毛茛科夏季休眠球根植物。塊根小，呈腳爪狀簇生於根頸部。莖直立，中空。基生葉有柄，3裂；莖生葉無柄，羽狀細裂。花單生或數朵，具長梗，單瓣或重瓣，亮黃色或白、橙、玫瑰紅、紫至栗色等深淺不一及複色。花期春季。果為瘦果。

【生態習性】原產東南歐至西南亞。怕炎熱，喜涼爽及半陰環境，稍耐寒。以肥沃而排水良好、中性或微鹼性土壤為宜。

【繁殖方法】分球或播種。秋季分球，塊根分離時每部分應帶有根頸，否則不能發芽。栽植深度以根頸與土面平齊為宜。播種可春播或秋播，以秋播為好，在10℃左右條件下約20天可

圖68　花毛茛

發芽。種子在高溫下不發芽，且播種苗首次開的花形小而單瓣，不能表現出原有的品種特點，一般很少用種子繁殖。

【盆栽管理】立秋後栽盆，以早為好，可促使株叢充分長大，次春開花好。栽後置於通風良好的半陰處。冬季置室內，室溫不低於5℃。生長初期澆水不可過多，春季旺盛生長期應經常澆水，保持盆土濕潤（花期時土宜稍乾）。花前追肥1～2次。非採種株在花謝後剪去花葶，使養分集中以供塊根生長。炎夏來臨前，採收休眠塊根晾乾，放置在低溫、通風、乾燥處，待秋季再種植。

【用途】花毛莨花大色豔，可做盆栽、切花及用於園林佈置。

## 大麗花（大麗菊）（圖69）

*Dahlia pinnata*（common or garden dahlia）

【形態特徵】菊科冬季休眠球根植物，具肥大成簇的塊根。莖粗壯中空。葉對生，一至二回羽狀深裂，裂片卵形，具鈍齒；葉軸稍有翼。頭狀花序由中心的筒狀花和外圍的舌狀花（花瓣）組成，其大小、色彩及形狀因品種不同而富於變化，具長總梗，外層總苞片小葉狀。花期5～7月和9～10月。瘦果呈壓扁狀的長橢圓形。

栽培的大麗花是本種的雜交種。參與雜交的原種大

圖69　大麗花

麗花還有捲瓣大麗花 D. juarezii（花緋紅色而有光澤，舌狀花邊緣向外反捲）、紅大麗花 D. coccinea（莖被白粉，葉緣有尖鋸齒，花紅色、橙黃或黃色）、麥氏大麗花 D. merckii（全株光滑，舌狀花菫色）。

大麗花品種繁多，花型多變。常見花型有單瓣型（舌狀花1～2輪）、領飾型（在外輪1層舌狀花內方有1圈環繞花心、深裂、稍短、異色、形似領飾的舌狀花）、托桂型（舌狀花1～3輪，心花管狀突起）、牡丹型（舌狀花3～4輪，露心）、裝飾型（重瓣，不露花心）、圓球型（極重瓣，整個花呈球形）、小球型（花徑不超過6公分，花近球形而花瓣排列呈蜂窩狀）、仙人掌型（外緣花瓣外捲呈筒狀）。

【生態習性】原產墨西哥高原地區。喜陽光充足而不宜陽光過強。怕炎熱，不耐寒。怕積水，不耐乾旱。要求土壤排水及保水性能都好，宜富含腐殖質的沙壤土。

【繁殖方法】常用分株繁殖，早春塊根萌發新芽後，帶塊根割分另行栽植即可。在發芽前分株時，每一塊根必須帶有根莖部分，其上還須有發芽點（難辨認時應先催芽），否則有塊根亦不出芽。亦可扦插繁殖，在生長季節掰取嫩芽插於沙中，在18～24℃溫度下，15～20天生根，生根後即可上盆。

【盆栽管理】帶芽塊根單株宜栽入直徑30～40公分花盆內。盆土可用腐葉土為主加園土、沙以及適量的肥料（腐熟餅肥、骨粉）配製。盆栽大麗花宜選用植株低矮品種，或者進行摘心以控制高生長，培養多頭大麗花。摘心可在莖高15～20公分時自第2～4節上施行以促發側枝，

大花品種比中、小花品種留枝少。每個側枝保留1朵花。剝蕾分兩次進行，第1次當花蕾長至黃豆粒大小時保留兩蕾；第2次當花蕾長到1公分大時選留1蕾（去側蕾留頂蕾或去弱蕾留壯蕾）。澆水、追肥在苗期應有節制，免致徒長。施肥應以基肥為主，適當追肥。夏季炎熱氣溫超過30℃時宜停肥。立秋後氣溫下降，生育旺盛，宜加大施肥。水與肥要配合適當，如肥大水不足則葉皺，水大肥不足則葉黃。炎熱時注意噴霧、灑水，藉以降溫。雨季應防盆內積水。植株長高時宜立支柱，防止倒伏。開花後各花枝剪留1～2節，使再發側枝，繼續生長開花。秋末花後植株枯萎，剪去地上部分，原盆搬進室內貯存，亦可將塊根取出，使其外表充分乾燥，埋藏於室內乾沙土中，溫度5～7℃。越冬塊根到春季分株重栽。大麗花常見的病蟲害有根腐病、白粉病、蚜蟲、金龜子等。根腐病常因土壤過濕、排水不良或空氣濕度過大而引起。防治辦法：栽前土壤消毒，合理澆水和排水，保持通氣通風良好。

【用途】大麗花的花型變化多姿，花色豐富多彩，花期長，每年開兩次花，地栽、盆栽均宜。花朵為重要切花，亦是製作花籃、花圈、花束的理想材料。

### 翠菊（藍菊）（圖70）

*Callistephus chinensis*（China aster）

【形態特徵】菊科一或二年生草本。莖被白色糙毛。葉互生，有粗齒。頭狀花序單生枝頂，外層總苞片葉狀；舌狀花1～2輪（單瓣）或3～6輪（複瓣）或6至多輪（重瓣），顏色多種，但無黃色；形狀有平瓣、捲瓣（兩緣向

盆栽花卉栽培與裝飾

後向中線縱向捲攏）和鴕羽瓣（狹長帶狀並扭曲）；管狀心花亦有的伸長，管端開裂呈星芒狀成所謂星管瓣亦稱桂瓣。花期8～10月（春播）或5～6月（秋播）。瘦果狹倒卵形，炎夏時結實不良。

翠菊品種很多，可以分為：

圖70　翠菊

1）**單瓣翠菊**　花單瓣，平瓣，全花扁平。

2）**複瓣翠菊**　花複瓣，平瓣，全花盤狀。

3）**菊形翠菊**　花重瓣，平瓣，形似菊花。

4）**鴕羽翠菊**　花重瓣，鴕羽瓣，似鴕鳥的羽毛狀。

5）**捲瓣翠菊**　花重瓣，捲瓣，散射或中心部分內抱。

6）**星管翠菊**　花單瓣或複瓣，心花全部或僅外圍成星管瓣。亦稱托桂翠菊。

【生態習性】原產中國北部。喜陽光，但夏季宜遮去過強日曬。喜涼爽乾燥，在高溫高濕條件下易罹病蟲害。耐寒性不強，秋播越冬宜加相應的保護。不耐水澇。土壤宜排水良好，適度肥沃。淺根性，耐移植。

【繁殖方法】種子繁殖。播種期的安排要使花期避開7～8月，以免影響結實。矮型品種開花早，四季可播（冬季在溫室裏播）。高型品種開花遲，春播、夏播均於秋天開花，以初夏播種為宜，很少用秋播。中型品種常在初夏或早秋播種。

【盆栽管理】盆栽可直播、育苗或把地栽植株在快開花前上盆。直播須及時間苗。育苗在幼苗生出2枚真葉時分苗。把地栽植株上盆，要帶好土球，注意養護。秋播苗可放室內或冷床內越冬，晚霜後移放室外露天。生長期注意澆水施肥，但盆土不可過乾過濕。重瓣品種結實率較低，應注意從重瓣品種中結實較多的品種裏採種。種子天然雜交率很低，能保持品種的優良性狀。

【用途】翠菊花色豐富，花型雅致，開花豐盛，花期較長，是國內外園藝界重視的觀賞植物，適宜於盆栽、切花和各種類型的園林佈置。

### 小萬壽菊（紅黃草、孔雀草）（圖71）

*Tagetes patula*（French marigold）

【形態特徵】菊科一年生草本。莖帶紫色，近基部分枝多。葉通常對生，亦有互生，有刺激性氣味，羽狀全裂，裂片條狀披針形。頭狀花序單生，總苞片一層合生成圓形長筒；舌狀花金黃色或橙紅色，帶紅色斑，有單瓣、複瓣及重瓣等變化。花期7～9月。連萼瘦果較瘦長。

同屬另一種一年生草花萬壽菊 *T. erecta* 更多見於地栽。兩者區別如下：葉裂片條狀披針形；頭狀花序徑約4公分，花序梗頂端稍增

圖71　小萬壽菊

盆栽花卉栽培與裝飾

粗，舌狀花金黃色或橙紅色，帶紅色斑的為小萬壽菊。

葉裂片長橢圓形或披針形；頭狀花序徑5～10公分，花序梗頂端棍棒狀膨大，舌狀花黃色或暗橙黃色，無紅色斑的為萬壽菊。

【生態習性】原產墨西哥。喜陽光，耐半陰。不耐寒。耐移植，能自播。對土壤要求不嚴。

【繁殖方法】播種。通常4月上旬盆播，經過1次分苗移栽而後定植。亦可扦插繁殖，在6～7月剪取長約10公分的嫩枝盆插，庇蔭，保持插壤濕潤，生根迅速。

【盆栽管理】性質強健，對水、肥要求不嚴，容易栽培。生長期宜行多次摘心，促使多分枝，多開花。花後可剪去植株上部，使其重發新枝，繼續開花。採種宜採秋花所結果實，可在舌狀花冠蜷縮失色、總苞發黃時摘取花序，曬乾脫粒。

【用途】小萬壽菊植株矮小，花朵多，花色豔，花期長，為優良花壇用花，亦適於盆栽，很受人們的喜愛。

## 金盞菊（金盞花）（圖72）

*Calendula officinalis*（potmarigold calendula）

【形態特徵】菊科一或二年生草本，全株有毛。葉互生，矩圓形至矩圓狀倒卵形，基部稍抱莖。頭狀花序單生；舌狀花橙色或黃色，有重瓣品種；筒狀花與舌狀花同色，不育。花期4～5月。若提早播種可在12月至翌年3月開花。瘦果彎曲或呈船形、爪形。

【生態習性】原產南歐。耐寒，忌酷暑。喜陽光。耐乾旱，耐瘠薄。能自播，適應性強，但對栽培條件敏感。

喜肥沃土壤，如肥少、栽培不良時生長即會明顯變劣。

【繁殖方法】播種。春播不如秋播，尤其在南方溫暖地區，如果春播，常易徒長而不結實。亦可在 2～3 月播於溫室。種子發芽適宜溫度20℃。對優良重瓣品種可用扦插繁殖，以保持品種的特性。

圖72　金盞菊

【盆栽管理】幼苗經移栽、定植後，盆栽金盞菊可置室外越冬。如置室內培養，整個冬春都可不斷開花。生長期注意摘心，促發分枝使成叢狀；盆土保持濕潤；施肥可約20天施1次。花凋謝後剪去殘花。採種應選留優株，分批在晴天採收開始發黃的瘦果，不宜遲採以防果實脫落。

【用途】金盞菊開花早，花期長，花形美如金盞，植株矮生密集，是佈置花壇和盆栽的極好材料，又可做切花。歐洲人用全草入藥，能發汗、利尿。花可提取黃色素。

## 雛菊（圖73）

*Bellis perennis*（true or English daisy）

【形態特徵】菊科多年生草本，常作二年生栽培。葉基生，匙形。頭狀花序單生，花葶高出葉叢，高不超過15公分，發育良好的植株可同時抽花葶數十枝；舌狀花白色或淡紅色；筒狀花黃色。還有平瓣重瓣、捲瓣重瓣、矮生、斑葉（葉有黃斑黃脈）等品種及純白、鮮紅、深紅、

圖73　雛菊

粉紅等各種花色。花期4～5月（提早播種可在2～3月開花）。瘦果扁平。

【生態習性】原產西歐。喜氣候溫和的夏季，不耐酷熱，耐寒。好陽光。耐移植，能自播。要求肥沃濕潤且排水良好的沙壤土。

【繁殖方法】種子繁殖。發芽適溫20℃。9月播種，約1週出苗。亦可分株，於花後進行，注意庇陰、降溫，使之安全越夏繼續生長，但長勢不如實生苗。

【盆栽管理】盆播苗經過間苗、移栽，定植後置室外培養。生長期注意澆水施肥，務使幼苗在入冬前發棵，越冬後春天可早開花。花後瘦果陸續成熟且易脫落，當舌狀花大部開謝而失色蜷縮，位於盤邊的舌狀花冠一觸即落時，即應採收。採種宜在晴天。每逢晴天，當採即採，這樣能多收種子。

【用途】雛菊植株矮小，花朵小巧，花期較長，是優良的花壇材料，盆栽觀賞也頗適宜。

## 瓜葉菊（圖74）

*Cineraria cruenta*（florists cineraria）

【形態特徵】菊科多年生草本，常作二年生栽培。全株有毛，莖短而粗。葉互生，碩大似瓜葉。頭狀花序多數排成傘房狀（星形瓜葉菊1株著花120朵左右，多花瓜葉

菊1株可達400～500朵），
花徑4公分以上（大花瓜葉
菊）或約2公分（星形瓜葉
菊）或約3.5公分（中間型
瓜葉菊），花色有墨紅、玫
紅、紅、淡紅、白、藍、紫
和複色。花期冬春。瘦果黑
色，具白色冠毛。

【生態習性】原產西班
牙加那利群島。喜光，但不

圖74　瓜葉菊

喜強烈的直射光。不耐高溫，怕霜雪。室內栽培時，夜間
溫度保持在5℃，白天溫度不超過20℃。喜濕潤，忌過
濕。好肥。要求疏鬆肥沃、排水良好的土壤。

【繁殖方法】種子繁殖。種子發芽適溫21℃。9月盆
播，約1週發芽。播種用土可以腐葉土2份、礱糠灰2份、
園土1份配製。播種於土面上，覆土以不見種子為度，也
可不覆土。播後浸盆吸水至盆土全部濕潤，蓋玻璃保濕，
發芽後除去玻璃以利生長。

【盆栽管理】瓜葉菊從播種到開花的過程中，需移植
3～4次。用盆由小換大（第1次分苗用淺盆），用土逐步增
加園土的配比。定植約在11月末，要施基肥，並將莖基部
以上3～4節的腋芽全部摘除。苗期天熱時要庇蔭，天氣轉
涼應給予充足的光照。生長期間需有充足水分，但澆水不可
過多，且宜避免雨淋。澆水量以保持葉片不凋萎為宜。每
10天左右追施薄肥1次。孕蕾前兩週停止追肥，控制澆水，
現蕾後恢復正常管理，施肥則宜停施氮肥，增施磷肥。冬季

盆栽花卉栽培與裝飾

在室內培養，室溫以10～15℃最合適。室溫過高易徒長，造成節間伸長，株形難看。室溫太低會妨礙植株生長，花朵發育亦小。留種植株要選優（立春左右開花的優良母株）善養，使瘦果充分成熟。當舌狀花冠萎縮，花心突出呈白絨球狀時，即可採種，以免脫落。瘦果陰乾後用紙袋貯藏。

瓜葉菊常因高溫多濕而易發生白粉病，宜使室內經常保持通風，植株不可擁擠，盆土不宜過濕，發現病害，立即除去病葉，及時噴灑代森鋅，以控制其蔓延。

【用途】瓜葉菊花色繁多，鮮豔奪目，花開於少花的冬春季節，為元旦、春節的主要擺設盆花，並可用於切花。

## 非洲菊（扶郎花）（圖75）

*Gerbera jamesonii*（flameray gerbera）

【形態特徵】菊科常綠草本，全株被毛。葉基生，多數，羽裂，頂裂片大。頭狀花序單生，花序梗長而中空；舌狀花1～2輪或多輪呈重瓣狀，有橙紅、黃紅、淡紅至黃白等色，筒狀花黃色或與舌狀花同色。花期周年常開，以4～5月和9～10月最盛。瘦果長橢圓形，扁平。

【生態習性】原產南非。喜溫暖和陽光充足，生長期適溫20～25℃，溫度偏高或低於7℃都可使植株半休眠。冬季適溫12～15℃。稍能耐寒，可忍受短期0℃

圖75　非洲菊

的低溫。宜肥沃、排水良好的微酸性沙壤土。深根性，不耐移植。

【繁殖方法】分株或播種。分株一般在4～5月第一批盛花後進行，每棵子株須帶新根和新芽，並帶葉4～5枚，盆栽不宜過深，根芽必須露出土面。播種在種子成熟後即行盆播，否則易喪失發芽力。最好花期進行人工輔助授粉，可使種子飽滿。播種後用紙覆蓋，防陽光直接照射。種子發芽率30～40％。在21～24℃溫度條件下，10天可發芽。發芽後可置陽光下，待子葉完全展開便可分苗。

【盆栽管理】播種苗抽生2～3枚真葉時定植上盆。小苗期應適當濕潤而不宜太濕或遇雨。冬季澆水時葉叢中心勿使水濕，否則花芽易爛。夏季宜適當庇蔭並加強通風，以降低溫度。在6～10月施肥，宜每半月追肥1次，花芽形成至開花前增施1次過磷酸鈣。無論冬夏，植株因溫度不宜而停止生長處於半休眠狀態時，都應停肥控水。因老株著花不良，通常3年分株1次。

【用途】非洲菊花大色美，周年開花，且能耐長途運輸，切花供養期長，是世界五大切花之一，也宜盆栽觀賞。在暖地應用於園林佈置，亦有極好的效果。

## 仙客來（兔耳花）（圖76）

*Cyclamen persicum*（florists cyclamen）

【形態特徵】報春花科夏季休眠球根植物。塊莖扁球形。葉叢生塊莖頂端，具長柄，近心形，表面綠色有白色斑紋，背面紫紅色。花單生長梗上，稍下垂；合瓣花冠五深裂，裂片向上翻捲似兔耳，稀不反捲而明顯平展（洛可

盆栽花卉栽培與裝飾

圖76　仙客來

可仙客來 Rococo），全緣（全緣仙客來）或邊緣波皺有細缺刻（皺邊仙客來），有的局部被以羽毛狀須毛呈雞冠狀（羽冠仙客來），花色有白、粉紅、洋紅、紫紅等色及具有色眼影和同色鑲邊者（維多利亞仙客來 Victoria）。還有小花仙客來（花小而香）、重瓣仙客來等。花期多在冬春。蒴果球形。

【生態習性】原產地中海地區。喜涼爽濕潤和陽光充足環境，苗期需半陰。秋、冬、春3季為生長期。冬季需在溫室培養，溫度不宜低於10℃，10℃以下花易凋謝，5℃以下塊莖即會受害。夏季為休眠期，溫度不宜超過30℃，超過35℃，塊莖易腐爛而死亡。要求排水良好、含有腐殖質及石灰質的土壤。

【繁殖方法】主要用種子繁殖，秋播以9月上旬播種為宜。淺盆點播，在18～20℃的適溫下，30～40天發芽。發芽後要給予半陰條件。

【盆栽管理】幼苗經過分苗而後單獨上小盆培育。移栽時勿傷根，勿深栽，塊莖頂部宜與土面平。繼續給予半陰條件。盛夏要庇蔭並噴霧、灑水以降低溫度，不使小塊莖休眠。如溫度過高，小塊莖被迫休眠，則當年開花無望。3～6月小苗生長最快，要日噴葉水，常施追肥。順利越夏後於9月換盆定植，塊莖可露出土面1/3左右栽植。

10月下旬入室以後，逐步多見陽光，加強水肥管理，注意室內通風，當花梗抽出至含苞欲放時施1次骨粉。11月開花，即播種後約15個月可開花。花期適溫10～12℃，停施氮肥，控制澆水，尤以雨雪天澆水不能澆在花芽和嫩葉上，否則易腐爛而影響正常開花。花後再施1次骨粉，以利果實發育和種子成熟。結實期嚴防室內溫、濕度過高造成腐爛、發黴。留種植株應套袋，以防雜交影響品質。5月前後果熟時採收，晾乾後貯藏。進入第3年夏季，開花的仙客來逐漸枯萎落葉，休眠的塊莖可以留盆越夏。將盆側立，置陰涼通風處，保持一定濕度而不可過乾過濕。到9月換盆重栽，至冬春又開花。栽培中只有第2年小苗夏季不休眠，大的仙客來通常夏季都休眠。栽培4～5年的老塊莖需予更新。仙客來在7～8月高溫多濕時易發生軟腐病，越夏植株及休眠塊莖上都能發生，要注意通風，適當庇蔭，避免過濕，發病前噴灑1～2次波爾多液預防。

　　【用途】仙客來花形別致，嬌豔多姿，開花期長，又逢元旦、春節等傳統節日，更受人們喜愛，是冬春季節優美的名貴盆花。用為切花，插瓶持久。

### 四季櫻草（鄂報春）（圖77）

*Primula obconica*（top primrose）

　　【形態特徵】報春花科多年生草本，常作二年生栽培。葉基生，橢圓形至卵狀橢圓形，上面光滑，背面密生含櫻草鹼的白色腺毛，有人接觸容易過敏，於接觸前用酒精擦手並用肥皂水洗濯可以保護皮膚。傘形花序頂生；花冠高腳碟形，有白、粉紅、洋紅、紫紅、淡紫、藍等色和重瓣

圖77　四季櫻草

品種。花期冬春。蒴果球形。種子細小。採種期6～9月。

常見栽培的同屬其他花卉有藏報春 *P. sinensis* 和報春花 *P. malacoides*。它們的區別如下：

傘形花序，花萼漏斗狀，萼片三角形的為四季櫻草。輪傘花序1～2輪，花萼膨脹，基部呈圓形；植物體密生腺狀剛毛的為藏報春。輪傘花序2～4輪，花萼鐘狀；植物體有稀疏的纖毛和白粉的為報春花。

【生態習性】原產中國西南部。冬不耐寒，夏怕高溫，生長適溫13～18℃。喜光，生長期應放近光處栽培，春季花期和夏季高溫期不能忍受直射光，需適當庇蔭。要求土壤肥沃、排水良好、空氣流通，較耐潮濕。土壤以腐殖質含量多的沙壤土為最合適。

【繁殖方法】主要用種子繁殖，宜採後即播。播種不可過密，播後不必覆土，盆土浸透水後蓋上玻璃以保濕，並將盆置於半陰處。發芽適溫15～20℃，約半月出芽。出芽達40％即可除去玻璃，並使之逐步接受稍強的陽光。

【盆栽管理】幼苗經分苗移栽、再移栽，而後定植於較大的盆內。栽植時不使根頸部埋入土中。盆土常用腐葉土、園土、礱糠灰等量混合，再加入適量的肥料。6月下旬播種的早播苗，越夏要注意庇蔭。冬季不庇蔭，春、秋

兩季可少量庇蔭。生長期每半月追肥1次。冬季室溫保持在12℃左右，春節前後可進入盛花期。花後剪去花葶和摘除枯葉，加強管理，可繼續開花數月之久。花期進行人工輔助授粉可提高結實率。果實成熟時間不一致，宜隨成熟隨採收。開過花收完種子的植株通常不再保留。如保留時，越夏管理不便，不如作二年生栽培省事。

【用途】四季櫻草株叢不大，花色富麗，正逢新春佳節盛開，花期又長，最宜用來佈置室內案頭和窗臺，並可做切花。

## 荷包花（草本雜種荷包花）（圖78）

*Calceolaria ×herbeohybrida*（herbeohybrid calceolaria）

【形態特徵】玄參科一年生草本，莖、葉均有茸毛。葉對生，卵形或卵狀橢圓形。傘房狀聚傘花序頂生；花冠二唇形，下唇大而擴展成荷包狀，有黃、白、紅、紫等色，並有各種斑紋；雄蕊2枚。花期冬春。蒴果具多數細小種子。

荷包花品種很多。大花品種群『Grandiflora』group花徑可達6公分。多花品種群『Multiflora』group花徑在4公分以下，花小且多。

【生態習性】為雜交種，其主要親本原產南美。喜光；長日性，長日照可促進花蕾發育，提早花期。喜

圖78　荷包花

涼爽，不耐寒，更畏高溫。在15℃以下花芽分化，15℃以上即行營養生長。喜空氣濕潤，忌土壤過濕。喜肥沃、疏鬆、排水良好的微酸性土壤。

【繁殖方法】播種。8月下旬至9月室內盆播，不宜過早播種，因為夏季高溫下容易倒苗。盆土需消毒過篩，播後不需覆土。浸盆吸水後蓋上玻璃，放半陰處，室溫維持13～15℃，1週後出苗。出苗後及時除去玻璃並逐漸見光，使幼苗生長茁壯。

【盆栽管理】苗現子葉後及時間苗，兩枚真葉時分苗移栽於淺盆，數葉後上小盆培養，最後定植於較大盆中。盆土宜腐殖質豐富的肥沃土壤。苗期管理必須精細，氣溫過高、土壤過濕、操作不當都會引起倒苗死亡。冬季在室內培養，溫度維持8～10℃。生長期需要保持相對濕度不低於80％，但盆土保持濕潤即可。澆水時切忌把水淋在葉面和芽上，否則易引起爛葉爛心。盆土亦不可過乾，過乾時易發生紅蜘蛛。凡光照過強的中午前後，均須庇蔭。

花前每10天施1次稀薄的液肥，初花期增施1次磷素肥料。開花期溫度降至5～8℃，花期可以延長。需要採種的花朵，必須進行人工輔助授粉以提高結實率。5月前後種子成熟，採後晾乾貯藏。

【用途】荷包花花形奇特，花色斑斕，花期長，是深受人們喜愛的冬春季盆花，用於室內佈置非常理想。

## 金魚草（龍頭花）（圖79）

*Antirrhinum majus*（common snapdragon）

【形態特徵】玄參科多年生草本，常作一或二年生栽

培。葉對生，上部的常互
生，披針形至矩圓狀披針
形。總狀花序頂生；花有短
梗，假面形花冠，除藍色外
其他各色都有，有重瓣。花
期因品種和栽培而異，春花
類在春季開花，夏花類在夏
季開花，促成類可在冬季開
花。蒴果卵形，頂端孔裂。

圖79　金魚草

　　金魚草品種可按植株高
度分為：

　　1）高型金魚草 *cv. Maximum*　株高90公分以上，花
期較晚且長。

　　2）中型金魚草 *cv. Nanum*　株高45～60公分，花期
中等。

　　3）矮型金魚草 *cv. Pumilum*　株高15～25公分，花期
最早。

　　【生態習性】原產地中海沿岸。喜光，稍耐半陰。喜
涼爽，耐寒，不耐熱。喜肥沃、疏鬆、排水良好的土壤。
品種間容易混雜，應注意留種植株的隔離。能自播繁衍。

　　【繁殖方法】播種，可春播或秋播，而以秋播為好。
9月播種，發芽適溫18～21℃，10天左右出苗。優良品種
及重瓣品種不易結實時常用扦插繁殖，嫩枝插在春、秋季
均可進行。

　　【盆栽管理】幼苗經間苗、移栽，於11月定植。盆土
宜經消毒，可以減少病蟲害的發生。高、中型品種可適當

摘心（切花栽培不摘心）以促進分枝。非留種株應適時剪除已開過的花序，使側枝開花，以延長花期。生長期結合澆水常施薄肥，初期溫度可稍高，以後逐漸降低。採種宜在花序上大多數蒴果變棕黃色時剪取整個果枝，曬乾脫粒。

【用途】金魚草花色多且鮮豔，花期較長，園林中常用為花壇及花境材料，並宜用作切花及盆栽觀賞。

## 一串紅（圖80）

*Salvia splendens*（scarlet sage）

【形態特徵】唇形科多年生草本，常作一年生栽培。莖四棱形，節處常紫紅色。葉對生，卵圓形。輪傘花序排列成頂生假總狀花序；花萼與花冠均為鮮紅色，花萼鐘狀，花冠唇形，花冠筒長伸萼外，花期秋季。果為4個小堅果。

常見栽培的一串紅品種有一串白 cv. Alba、一串紫 cv. Atropurpurea、叢生一串紅 cv. Compacta、矮一串紅 cv. Nana（株高20～30公分）。

同屬的另一種花卉朱唇 *S. coccinea* 亦常見栽培，花亦紅色，其與一串紅的區別如下：

葉背面無毛；花萼紅色，外面無毛；花冠下唇比上唇短的為一串紅。葉背密生灰白色絨毛；花萼常綠色，外面有毛；花冠下唇長於上唇的為朱唇。

圖80　一串紅

【生態習性】原產巴西。喜陽光充足，開花期間半陰為好。不耐寒，忌霜雪，亦不耐乾熱，最適宜生長溫度為20～25℃。喜肥。宜疏鬆肥沃、排水良好的土壤。

【繁殖方法】播種或扦插。3月下旬至6月上旬均可播種，發芽整齊。早播可早開花，採種植株宜儘早播種。扦插生根容易，可春插或夏插。春插適用於結籽少的一串紅品種，如矮一串紅，需於溫室內留養越冬植株，春季剪取新枝扦插。夏插以觀花為目的，用當年播種植株長出的枝條進行扦插，要注意庇蔭，保持插壞濕潤但要防其過濕。

【盆栽管理】幼苗在子葉展足後進行第1次移植。4枚真葉時摘心（留兩葉），待側枝萌發進行第2次移植。冠徑約達20公分時定植。定植前摘心以減少水分蒸騰，促使萌發新枝。定植後可再摘心兩次，留分枝約16個，植株高度亦可得到適當控制。定植時施基肥。生長期勤施肥水，花前增施1次磷肥。

除留種植株外，開過的花序要及時剪去，可使花期延長。同時夏季須注意防治紅蜘蛛。小堅果易脫落，採種宜在萼筒由紅變白時採收。如在花序中部花適採時摘取整個花序，晾乾脫粒，可以收得較多的小堅果（種子）。

【用途】一串紅花朵繁密，花色紅豔，花期很長，為秋季花壇最常用的種植材料，亦適盆栽觀賞。

## 矮牽牛（圖81）

*Petunia hybrida*（commen petunia）

【形態特徵】茄科多年生草本，常作一或二年生栽培。莖斜生或匍匐，全株有腺毛。葉互生，上部葉近對生，卵

圖81　矮牽牛

形。花單生葉腋或枝端，單瓣的漏斗形，重瓣的半球形，花瓣邊緣有波緣、捲緣、皺緣，花有白、粉、紅、紫、堇、赭至近黑色以及各種斑紋。花期4～11月。蒴果尖卵形，二瓣裂。

【生態習性】為雜交種，原種產於南美洲。喜光，喜溫暖，遇陰涼天氣則花少而葉茂。不耐寒，冬季宜略加保護，以免凍害。忌積水。喜排水良好的微酸性沙壤土。土壤過肥則易過於旺發，以致枝條伸長倒伏。

【繁殖方法】播種或扦插。9～10月或3～4月均可播種。因種子細小，播壤要細，覆土要薄，或不覆土。播後注意保持播種土壤的濕潤，溫度24℃左右，約1週出苗。重瓣和大花品種常不易結實或實生苗不易保持母本優良特性，可以採用扦插繁殖。

早春花後或秋季剪去枝葉促其重發嫩枝，即可作為插穗。插壤溫度以22～23℃為宜，15～20天可生根。母株或扦插苗可在室溫不低於10℃環境下越冬。

【盆栽管理】盆播苗經過兩次移植在小盆培養後，於春季定植於較大盆中。當幼苗有4～5枚真葉時即行摘心，夏季生長旺盛要給以充足的水分，施肥應適量，忌過肥，並宜增施磷、鉀肥料。矮牽牛結實受環境影響較大，在高溫多濕環境下結實率差。一般來說，在授粉後經40～45天

種子即可成熟。專行採種栽培時，宜在9月上旬播種，室內越冬，到次年4～5月開花，對採種較為有利。採種宜在蒴果尖端發黃時起直至果實微開裂時的一段時間內，及時分別採收，以免果熟自行開裂而散出種子。

【用途】矮牽牛花大而色彩豐富，花形變化頗多，是盆栽的極好材料，也適宜於佈置花壇。

## 長春花（圖82）

*Catharanthus roseus*（Madagascar periwinkle）

【形態特徵】夾竹桃科多年生草本，在原產地呈亞灌木狀，常作一年生栽培。莖直立。單葉對生，倒卵狀矩圓形，全緣，光滑，主脈白色明顯。花紅色，單生至3朵，高腳碟形，5裂片勻稱而平展。花期夏秋。蓇葖果兩枚，圓柱形。

長春花常見栽培品種按花色分為：白長春花 cv. Albus、黃長春花 cv. Flavus、紅眸長春花 cv. Ocellatus（白花紅心）、小桃紅 cv. Little Pinkie（高20公分，花粉紅色）。

【生態習性】原產非洲東部。喜陽光，耐半陰。不耐寒，喜高溫高濕，忌乾熱。忌土壤過濕，要求排水良好的沙壤土。性強健，很少發生病蟲害。

【繁殖方法】播種或扦

圖82　長春花

插。4月初播種,發芽整齊。春插取越冬盆株發出的嫩枝作插穗,生根溫度20～25℃。

【盆栽管理】幼苗有3對葉片時移植,於6月中、下旬定植於直徑23公分的盆中。在生長期中,可進行1～3次摘心,以促使分枝。小苗生長緩慢,隨著氣溫升高而生長加快,定植後注意水肥管理,促使早日發棵。果實成熟後易脫落並開裂,宜在果皮發黃而能隱約映見果內種子發黑時即行摘取採種。除作一年生栽培外,亦可留株室內越冬,最低溫度應在5℃以上,控制澆水,盆土不可過濕;若室溫在15～20℃以上,可保花開不斷。

【用途】長春花好看易養,花期很長,盆栽、地栽均宜。白長春花全草含長春鹼、長春新鹼等多種生物鹼,對抑制腫瘤有一定療效。

## 三色堇(貓兒臉)(圖83)

*Viola tricolor hybrids*(garden pansy)

圖83　三色堇

【形態特徵】堇菜科短命多年生草本,通常作一或二年生栽培。莖多分枝且常傾臥地面。葉互生,基生葉圓心形,莖生葉較狹;托葉大而宿存,基部羽狀深裂。花單生於葉腋,具長梗;萼片矩圓披針形,宿存;原種的花瓣常有黃、白、紫3種顏色,故名三色堇,3種顏

色對稱地分配在5個花瓣上猶似貓臉，故俗稱貓兒臉，最下面的花瓣有距。一般花期4～5月。蒴果三瓣裂。果熟期5～6月。

三色菫品種很多。英、美、法、德等國在培育三色菫方面比較先進，有所謂「英國的花姿，法國的性狀，德國的色彩，美國的花徑」的評論。常見栽培的三色菫有純色品種（純白、純黃、淡紅、濃紫黑、淡藍等）、複色品種（幾種色彩混合在一花上）、大花品種（花徑達10公分）、直立性品種（株高30公分，可供切花）、芳香品種等。

同屬的香菫菜 *V. odorata* 亦常見栽培，為叢生草本，無莖，有長而平臥第2年開花的匍匐莖，葉心狀卵形至腎形，花多為深紫色，花、葉都含芳香油，可提製浸膏，是高級香料。

【生態習性】為雜交種，原種產歐洲。耐寒，畏夏季高溫，宜涼爽及半陰環境，冬季需有充足陽光。喜肥沃土壤。品種間極易自然雜交，留種母株要與其他品種隔離。

【繁殖方法】播種、扦插或分株。9月播種，發芽適溫15～20℃，出苗整齊。亦可早春播種，播後置於室內養護。但春播不如秋播好，採種更應秋播。扦插可在5～6月進行，翌年早春開花。秋季亦能扦插，入冬後苗仍幼嫩，要保護越冬。老株如能安然越夏，於秋涼後可行分株繁殖。

【盆栽管理】盆播苗經過分苗後再上小盆培養，於11月初定植並施入基肥，定植後加強管理，使在寒冬來臨前長好叢株。否則，等到明春再發棵，花期延晚，就收不到多少種子。生長期給予充足的水、肥，則花多而大，花期長。果實成熟後向上翹起，採種宜在果實開始向上翹起、果

皮發白時採收。否則蒴果一經日曬乾燥，就會開裂彈散種子。因果熟期不一致，應分多次採收。採種以首批成熟者為最好。

【用途】三色菫花色瑰麗，植株低矮，是佈置早春花壇及盆栽的好材料。

## 鬚苞石竹（美國石竹）（圖84）

*Dianthus barbatus*（sweet William）

【形態特徵】石竹科多年生草本，常作二年生栽培。莖近四棱形。葉對生，披針形至橢圓狀披針形。花多數，組成密集似頭狀的聚傘花序，苞片先端鬚狀，長約等於萼筒；花瓣先端齒裂，有紅、紫、白、粉紅等色，並有斑紋、斑點、鑲邊等複色和重瓣品種。花期5～6月。蒴果卵圓形，包於宿存萼內。

同屬常見栽培的種類有石竹（中國石竹）*D. chinensis*、瞿麥 *D. superbus*、香石竹 *D. caryophyllus*（已在芳香花卉中介紹）。它們的區別如下：

莖近四棱形；聚傘花序密集成頭狀的為鬚苞石竹。莖圓形，花單生或疏散聚傘花序；苞片披針形，長為萼筒的1/2的為石竹。苞片短卵形或菱狀卵形，長為萼筒的1/4，其中葉無粉，花瓣頂端絲狀細裂的為瞿麥；葉常有粉，花瓣頂端齒裂，重

圖84　鬚苞石竹

瓣的為香石竹。

【生態習性】原產歐亞溫帶。喜光，耐寒，畏炎夏濕熱。喜肥沃濕潤土壤，土壤排水不良時易發生白絹病和立枯病。

【繁殖方法】種子繁殖。春暖播種，次年春夏開花。秋播宜早，不宜遲過9月份；晚播時不僅生長顯著不好，且常次年不能開花。亦可用扦插繁殖，於生長茂盛期進行。

【盆栽管理】盆播苗經過1次移植即可定植。生長期注意水肥管理，保持盆土濕潤而防其過濕。越冬保持盆土適度乾燥，在寒冷地區宜稍加保護，一般無須特殊防寒。採種母株應注意隔離，以防雜交使種性變劣。蒴果成熟後宜及時採收種子。

【用途】鬚苞石竹花序大形，花色繁多，是很好的切花，插瓶時很耐久，也宜佈置春季花壇、花境和盆栽觀賞。美國栽培最盛，由美國傳入中國，故有「美國石竹」之誤稱。

## 天竺葵（入蠟紅、洋繡球）（圖85）

*Pelargonium hortorum*（fish pelargonium）

【形態特徵】牻兒苗科常綠草本。莖肉質，基部木質化，全株有毛，有魚腥氣。葉互生，圓形至腎形，基部心形，邊緣波狀淺裂，上面有暗紅色馬蹄形環紋。傘形花序具長總梗；花萼有距與花梗合生；花冠紅色、粉紅、白色等，下面3枚花瓣較大，有重瓣品種。盛花期4～6月。只要條件適宜，全年都可開花。蒴果成熟時5瓣開裂，裂瓣向上捲曲。

盆栽花卉栽培與裝飾

常見栽培的同屬花卉有馬蹄紋天竺葵 *P. zonale*、大花天竺葵 *P. domesticum*、盾葉天竺葵 *P. peltatum*、香葉天竺葵 *P. graveolens*。它們的區別如下：

植株柔軟呈攀緣狀，葉盾形的為盾葉天竺葵。其他種植株直立，基部木質化。

圖85　天竺葵

莖肉質，葉淺裂，有圓形鋸齒，葉緣內通常有暗紅色馬蹄紋者中，莖通常多分枝，高40公分以上的為天竺葵；莖通常單生，高20～40公分的為馬蹄紋天竺葵。莖非肉質，葉分裂或細裂，葉面無馬蹄紋者中，葉邊緣有多數銳鋸齒，無香味，花瓣長3～3.5公分的為大花天竺葵；葉掌狀5～7深裂，裂片有不規則羽狀齒裂，有香味，花瓣長約1.2公分的為香葉天竺葵。

【生態習性】原產南非。喜涼爽，春、秋季節最適於生長。怕高溫，盛夏時半休眠。不耐寒，不耐濕，耐乾旱，喜陽光。冬季在室內白天15℃左右，夜間不低於5℃，保持充足的光照，即可開花不斷。土壤以排水良好、腐殖質豐富的壤土為宜。

【繁殖方法】以扦插為主，宜在春、秋兩季結合植株的修剪進行。嫩枝插，剪取插穗後讓切口乾燥數日，形成薄膜後再插於沙或膨脹珍珠岩中。插後置半陰處，保持室溫13～18℃，半月生根，根長3～4公分時上盆。亦可播種，春播、秋播均可。但播種苗更像野生植株的性狀，故

通常不用種子繁殖。

【盆栽管理】盆土常以園土3份、腐葉土2份、河沙1份配製。定植時施入基肥。莖、葉生長期每半月追施稀薄液肥1次，但氮肥勿用太多。莖葉過於繁茂時須停止施肥，並適當摘去部分葉片以利於開花。花芽形成期每兩週施1次骨粉或過磷酸鈣。生長旺盛期注意澆水，但應防盆土過濕。盛夏高溫時應停止施肥、控制澆水並移到半陰處。秋、冬、春3季應放在有直射陽光的地方，開花時搬入室內欣賞，花後仍放回原處。如冬季室溫較高，植株繼續生長發育時，要適當多澆水，也應施肥。否則，少澆水，不施肥。溫度在3℃以下，植株易受害。

天竺葵苗高12～15公分時宜行摘心，促使產生側枝。花謝後需立即摘去花枝，免耗養分，有利新花枝發育和開花。開始夏休眠的植株，可僅留基部10公分，將地上部全部剪去，待重新萌發新枝後再施肥水養護。通常第一、二年開花比較好，一般盆栽3～4年的老株需進行更新。

【用途】天竺葵花團錦簇，美似繡球，鮮豔奪目，常開不敗，極適盆栽觀賞，還是切花的好材料。

## 旱金蓮（金蓮花）（圖86）

*Tropaeolum majus*（common nasturtium）

【形態特徵】旱金蓮科多年生草本，常作一年生栽培。莖蔓性，肉質，光滑無毛。葉互生，具長柄，近圓形、盾狀，形似蓮葉而小。花單生葉腋，有長梗；花萼有距；花瓣2大3小，有黃、橙、紅、紫、乳白或雜色。花期夏季（春播）或冬春（秋播，於溫室培養）。果為分果，成熟

圖86　旱金蓮

時分裂成3個各含1粒種子的分果爿。旱金蓮還有矮生直立性變種矮旱金蓮 *var. nanum* 以及重瓣、複瓣和花葉旱金蓮等優良品種。

【生態習性】原產南美。喜溫暖濕潤和陽光充足的環境。花、葉趨光性強，栽培中宜經常轉盆。不耐寒，亦不喜高溫，生長期適溫為18～24℃，冬季溫度10～16℃。忌積水，要求土壤排水良好。

【繁殖方法】播種或扦插。3月春播或10月秋播，播前先將種子用40～45℃溫水浸泡1天，播後覆土1公分，保持濕潤，10天左右發芽。扦插在全年內均可進行，以春季室溫16℃時最好。插穗宜選自基部生出的嫩莖，每個插穗要有3～5個芽，留頂端葉，插後庇蔭，約兩週生根。

【盆栽管理】幼苗有3枚真葉時即可上盆，盆土以沙壤土最好。澆水要注意乾濕，過乾葉易發黃，過濕根易腐爛。施肥以少施勤施為好，多施枝葉易徒長，影響開花。夏季高溫時需適當庇蔭降溫。冬季室內培養時要注意通風並給予充足的光照。除矮性品種外應設支架綁縛。上架前除留主蔓和粗壯側蔓外還需摘心，促使產生較多的分枝，達到葉茂花多，以利觀賞。果實成熟後及時採收，陰乾貯藏。老株生長、開花較差，栽培3年植株宜予更新。

【用途】旱金蓮花、葉兼美，適於懸盆栽培，亦便綁

紮整形，裝飾室內、窗臺、陽臺，別有風趣。

## 四季秋海棠（圖87）

*Begonia semperflorens hybrids*（wax begonia）

【形態特徵】秋海棠科常綠草本。具鬚根。莖直立，多分枝，稍肉質。葉互生，廣卵形至卵圓形，基部微斜。聚傘花序腋生；花單性，雌雄同株；雄花較大，花瓣兩枚，寬大，萼片兩枚，較窄小，花瓣狀；雌花稍小，花被片5枚。花期甚長，四季開放。蒴果有翅，三棱形。

四季秋海棠品種甚多，通常分為：

1）**矮型四季秋海棠**　植株低矮；花單瓣，花有粉、白、紅等色；葉綠色或褐色。

2）**大花四季秋海棠**　花單瓣，花徑較大，可達5公分左右，花有白、粉、紅等色；葉綠色。

3）**重瓣四季秋海棠**　花重瓣，不結實，花有粉、紅等色；葉綠色或古銅色。

常見栽培的同屬花卉有銀星秋海棠 *B. argenteogutta-ta*、竹節秋海棠 *B. macula-ta*、球根秋海棠 *B. ×tuberhyb-rida*、蟆葉秋海棠 *B. rex*、楓葉秋海棠 *B. heracleifolia*。它們的區別如下：

根莖類秋海棠，地上莖退化：葉偏耳形，不分裂，表面常有不規則的銀白色環

圖87　四季秋海棠

盆栽花卉栽培與裝飾

紋的為蟆葉秋海棠；葉圓形，5～9裂，表面沿掌狀脈常呈淺色的為楓葉秋海棠。其他種植株有明顯的地上莖。

球根類秋海棠，地下部具塊莖，葉呈不正心臟形，頭銳尖的為球根秋海棠。鬚根類秋海棠中，多汁草本，葉廣卵形至卵圓形，表面無銀白色斑點的為四季秋海棠；植株灌木狀，葉斜卵形，表面有多數小形銀白色斑點的有2種，其中葉緣角裂或具粗齒的為銀星秋海棠；葉緣波狀、無齒的為竹節秋海棠。

【生態習性】為雜交種，主要原種皆原產巴西。喜溫暖濕潤和半陰環境，生長適溫18～20℃，越冬溫度10℃。既怕乾燥，又忌積水，特別適合空氣濕度較大的小環境。要求土壤富含腐殖質、排水良好。

【繁殖方法】扦插或播種。扦插可春插或秋插，切取莖基部生長健壯、葉片尚未完全展開的小枝，最少要有3個芽，沙插後保持濕潤並注意庇蔭，約20天後生根，根長2～3公分時上盆。播種可春播或秋播，春播的冬季開花，秋播的翌年3～4月開花。種子極小而短命，隔年種子發芽率顯著下降，播種宜用當年採收的新鮮種子。播種用土宜經高溫消毒。播後及出苗期間澆水應從盆底浸水。保持盆土濕潤和室溫20～22℃，2～3週可出齊苗。經過間苗，在4枚真葉時移入小盆。

【盆栽管理】盆土常用腐葉土1份、園土1份、沙1份配成。生長期給予充足水分，每兩週追施稀薄液肥1次。經常噴霧以增加空氣濕度，但盆土不可過濕。冬天應適當減少澆水量。在栽培過程中要進行摘心，可摘心2～3次，每株有4～6個分枝。在花後應剪去花枝，促生新枝又可開

花。夏季應庇蔭、防雨，春、秋少量庇蔭，冬天要有充足的陽光。光照不足，植株柔弱細長，葉色、花色變淡；光線過強，葉片蜷縮，出現焦斑。而如植株矮小，葉片發紅，則是肥料不足的表現。

採種母株在栽培過程中不要摘心，以5～6月結實的種子質量最好。果實隨熟隨採，放置陰涼處晾乾收貯。生產上常作一年生栽培，一般兩年後即予更新。四季秋海棠常有捲葉蛾幼蟲為害，少量發生時可人工捕捉。

【用途】四季秋海棠植株較小，株形圓整，花朵成簇，四季開放，是很受歡迎的室內盆花。

## 白睡蓮（大瓣睡蓮）（圖88）

*Nymphaea alba cvv.*（waterlily）

【形態特徵】睡蓮科多年生草本。根莖橫生，近黑色。葉成簇地從根莖之節部長出，近圓形。花白色，徑10～15公分，單生於細長花梗頂端，近全日開放。花期夏、秋。果為漿果，於水中成熟。

白睡蓮栽培品種很多，常見的有：

1）大瓣白 *cv. Candissima*　葉大而圓，背面帶紫紅色或幼時兩面帶紅色；花大形，白色。

2）大瓣黃 *cv. Marliacea*　葉亦大而圓，表面暗綠色，背面淺綠色，兩面均

圖88　白睡蓮

具淺褐色斑；花淺黃色。

3）**大瓣粉** cv. Rubra　花玫瑰紅色，花藥及柱頭黃色。

同屬其他睡蓮常見栽培的有矮生睡蓮（睡蓮）*N. tetragona*（花白色，徑 3～5 公分，午後開放）、香睡蓮 *N. odorata*（花白色，午前開放，具濃香）、墨西哥黃睡蓮 *N. mexicana*（葉卵形或長橢圓形，表面濃綠色而具褐斑，背面紅褐色具黑斑點；花淺黃色，中午前後開放）、印度紅睡蓮 *N. rubra*（花深紫紅色，夜間開放；不耐寒）。

【生態習性】白睡蓮原產歐洲及北非。耐寒性較強，根莖可在不凍冰的水中越冬。喜陽光充足、通風良好、水質清潔、溫暖的靜水環境。要求腐殖質多的肥沃黏土。

【繁殖方法】分株或播種。分株通常在 2～4 月進行，將根莖自泥土中取出洗淨，選有新芽的根莖切成長 10～12 公分，平栽缸內泥土中，以後視生長情況增加水位。播種宜於 3～4 月進行，播於無排水孔的淺盆中，盆土距盆口 4 公分，播後將盆浸入水中或盆中放水至盆口。溫度以 25～30℃ 為宜，盆上可加蓋玻璃，既能防水分蒸發，又能提高盆內溫度。但發芽很慢，常需數月才能發芽。

【盆栽管理】宜用缸栽，土壤可用肥沃的塘泥或稻田土，基肥施用發過酵的豆餅較好。栽植深度可芽與土面平，水深 20～40 公分。栽後置於室外培養，並可於室外越冬。開花後結實，果實隨著成熟重量增加而慢慢沒入水中，於水中裂開散出種子。

採種應在花後加套紗布袋使種子散落袋中。種子乾燥後即喪失發芽力，一定要放在水中貯藏或成熟即播。每年春季換缸分株，可保土壤肥沃，亦免生長擁擠。

【用途】睡蓮為重要的水生花卉，可種植在水池中的缸裏，以控制種類混雜並使水面有掩有露，疏密相宜。家庭及其他場所缸栽觀賞亦佳。

## 蔦蘿（羽葉蔦蘿）（圖89）

*Quamoclit pennata*（Cypress–vine）

【形態特徵】旋花科一年生草質藤本。葉互生，羽狀細裂，裂片條形；托葉與葉同形。聚傘花序腋生，有花數朵；花冠高腳碟形，紅色或白色（cv. Alba）。花期夏秋。蒴果卵圓形。

常見同屬花卉有圓葉蔦蘿 *Q. coccinea* 和槭葉蔦蘿 *Q.× sloteri*。3種蔦蘿之區別如下：

葉全緣或基部兩側有少數細角的為圓葉蔦蘿。葉羽狀深裂，裂片條形的為蔦蘿。葉掌狀深裂，裂片狹披針形的為槭葉蔦蘿。

【生態習性】原產美洲熱帶。不耐寒，喜陽光。耐乾旱，不擇土壤。能自播種子。大苗不宜移植。

【繁殖方法】播種。4月盆播，覆土1公分，1週左右出苗。宜直播，可翻盆育成大苗。亦可育苗移栽。

【盆栽管理】育苗宜在苗具3～5枚葉片時移栽上盆，在口徑約15公分的花盆中可定植2～3株。立支

圖89　蔦蘿

盆栽花卉栽培與裝飾

架以供其攀繞。對肥料要求不高，而在肥沃的土壤中生長良好，宜每半月追施液肥1次。採種宜隨熟隨採，以防蒴果成熟後開裂將種子散落。

【用途】蔦蘿葉呈羽毛狀，花像五角星，甚是清秀可愛。盆栽可以紮形，並可用於垂直綠化。

## 牽牛（裂葉牽牛、喇叭花）（圖90）

*Pharbitis nil*（lobedleaf pharbitis）

【形態特徵】旋花科一年生草質藤本。葉互生，常3裂，基部心形。花序有花1～3朵；花漏斗形，花徑巨大，有紅、紫、藍、白、橙等多種花色，並有的花冠邊緣異色或具有條紋。花期夏季。蒴果球形。種子具棱。

同屬常見栽培的還有圓葉牽牛 *P. purpurea*。兩者區別如下：

葉片通常3裂，萼片狹披針形的為牽牛。葉片通常全緣，萼片卵狀披針形的為圓葉牽牛。

圖90　牽牛

【生態習性】原產美洲熱帶。不耐寒，喜陽光，耐半陰。耐乾旱，瘠薄土壤。能自播種子。直根性。早晨開花最好，1花只開1天。

【繁殖方法】播種，直播或育苗。4月盆播，發芽溫度15℃以上，播後約1週出苗。

【盆栽管理】幼苗移植

要早，在兩枚子葉分離並長足後即可移植。在4～5枚真葉時開始摘心，促使多發枝。亦可不摘心，促使加長生長，立支架以便攀繞。在生長季節要勤澆水，每半月施追肥1次。蒴果陸續成熟，應注意分批採收。

【用途】牽牛的花形似小喇叭，夏季清晨怒放，別具情趣，最宜用為垂直綠化材料。種子入藥，即黑丑（黑色種子）、白丑（土黃色種子），為瀉藥，並有殺豬蛔蟲及蚯蚓、螞蟥的作用。

## 迎春（圖91）

*Jasminum nudiflorum*（winter jasmine）

【形態特徵】木樨科落葉灌木。枝條細長，拱形下垂，綠色，有四棱。葉對生，掌狀三小葉複葉。花黃色，花冠裂片常6枚，單生於已落葉的去年枝的葉腋，先葉開放。花期2～3月。果為漿果，栽培多不結實。

常見栽培的同屬花卉有探春 *J. floridum*、濃香探春 *J. odoratissimum* 和著名的茉莉 *J. sambac*。它們的區別如下：

單葉對生，常綠性，花白色的為茉莉。複葉對生，落葉性，花黃色的為迎春。複葉互生者中，小葉3（～5）枚，萼齒線形，與萼筒近等長的為探春。小葉5（～7）枚，萼齒三角形，

圖91　迎春

為萼筒長度的1/3～1/4的為濃香探春。

【生態習性】原產中國北部和中部。喜光，耐寒，耐旱，耐鹼，不耐水濕。對土壤要求不嚴，在肥沃、排水良好的土壤中生長繁茂。

【繁殖方法】扦插、壓條或分株。扦插多用硬枝插，於早春2～3月進行；亦可於生長季節用已半木質化的枝條扦插，均易生根成活。壓條多於春季進行，易於生根，不必刻傷，當年秋季即可與母株分離。

分株可在春季或秋季，而以在春季芽剛萌動時為好，每小叢有2～3莖即可，栽之即活。

【盆栽管理】栽種可在春季或秋季，盆底部宜施基肥。生長期澆水宜充足，但盆中不可積水；每半個月追肥1次。開花前也宜追1次肥。花後進行短截，生長旺盛期適當摘心。盆中宜立支架，可綁縛形成不同形狀。換盆可2～3年換1次，宜在春季開花後或秋季落葉後進行。

【用途】迎春綠枝黃花，開花最早，為園林觀賞重要花木，亦適盆栽，還是製作盆景的良好材料。

## 桃花（桃）（圖92）

*Prunus persica*（peach）

【形態特徵】薔薇科落葉喬木。嫩枝綠色，向陽處轉變為紅色，每節上有1～3個芽，如為3個芽，則中間為葉芽，兩側為花芽。單葉互生，長圓披針形或倒卵披針形。花單生，近無梗，粉紅色。花期3～4月，先葉開放。核果有毛，稀無毛。

桃有大桃、花桃之分。大桃為食用桃，花桃即桃花。

桃花的栽培品種分為直枝桃 upright peach（枝直立或斜伸）、垂枝桃 var. pendula（枝下垂）和壽星桃 var. densa（樹形矮小緊密，節間短，花多重瓣）3個品種群。其中直枝桃品種最多，主要有白桃 cv. Alba（花白色，單瓣）、白碧桃 cv. Albo-plena（花白色，複瓣或

圖92　桃花

重瓣）、碧桃 cv. Duplex（花粉紅色，重瓣）、絳桃 cv. Camelliaeflora（花紅色，複瓣）、紅碧桃 cv. Rubro-plena（花紅色，複瓣）、灑金碧桃 cv. Versicolor（花複瓣或近重瓣，一枝上有粉色及白色兩種花或白花而有粉色條紋）。

【生態習性】原產中國西北及中部。喜光，喜夏季高溫，較耐寒，冬季需要一定的低溫才能正常通過休眠階段。耐旱，怕澇。喜排水良好的沙壤土。

【繁殖方法】嫁接繁殖，砧木一般用毛桃實生苗。播種繁殖砧苗，秋播或沙藏後春播。枝接在春、秋均可，晚秋落葉前嫁接的成活率較春季高。芽接在8月上旬至9月上旬進行。砧木除毛桃外，還可用山桃 P. davidiana、杏 P. armeniaca 和壽星桃（矮化砧）。杏砧桃株起初生長較慢，但壽命較長而且病蟲害較少。

【盆栽管理】幼苗移栽宜在早春或秋冬落葉後進行，定植上盆應施基肥。整形宜留粗矮主幹，培養成自然開心形。開花植株除冬剪外，花後要剪短當年的花枝，夏季對

生長過旺的枝條要進行摘心。平時澆水保持盆土濕潤即可，開花期澆水宜稍多些，但亦不可過濕。

　　施肥除上盆施基肥外，換盆及冬季亦應施基肥。追肥可在春季開花前及6月裏花芽分化前施用。

　　每年或隔年換盆1次，在落葉後或開花後進行。桃的病蟲害較多，尤其要特別注意防治天牛。

　　【用途】桃花芳菲爛漫，嫵媚鮮麗，為重要園林綠化樹種，又宜盆栽、切花及製作椿景等用。大桃為重要果樹。種子（桃仁）及未成熟的幼果（碧桃乾）為中藥材。桃仁為活血藥，能破血行瘀，潤燥滑腸。碧桃乾為固澀藥，用於治盜汗、吐血、下血等。

## 貼梗海棠（皺皮木瓜、宣木瓜）（圖93）

*Chaenomeles speciosa*（common floweringquince）

　　【形態特徵】薔薇科落葉灌木。枝有刺，小枝平滑。單葉互生，卵形至橢圓形，幼時背面無毛或稍有毛，緣具尖銳鋸齒；托葉大，緣具尖銳重鋸齒。花簇生，猩紅、橘紅、淡紅或白色，亦有複色者，單瓣或重瓣；花梗粗短或近於無梗。花期3～4月，葉前開放或與葉同放。梨果大，黃色或黃綠色，芳香。果皮乾燥後皺縮，故名皺皮木瓜。

圖93　貼梗海棠

　　同屬還有3種常見花

木：木瓜 *C. sinensis* 為小喬木，枝無刺；葉幼時背面有毛，葉緣齒尖具腺體，托葉小；花在葉後開放，單生，萼片有細齒，反折；果實在乾燥後果皮不皺縮，稱為光皮木瓜。木瓜海棠 *C. cathayensis* 和日本貼梗海棠 *C. japonica* 與貼梗海棠比較相似，但木瓜海棠的葉幼時背面密被褐色絨毛，葉緣鋸齒刺芒狀；日本貼梗海棠的小枝粗糙，二年生枝有疣狀突起，葉背無毛，鋸齒圓鈍。4種木瓜屬植物據此即可鑒別。

【生態習性】原產中國西部及南部。喜光，耐寒，不耐水澇。對土壤要求不嚴，而以排水良好的肥沃沙壤土為好。

【繁殖方法】分株、扦插或壓條。貼梗海棠根部萌生能力很強，株叢密集，分株除一般切取萌蘗外，可將母株整叢挖起分割。扦插除用硬枝插外，在梅雨季用嫩枝插，較易生根。壓條因枝硬較難彎曲，宜用堆土壓條。分株、扦插和壓條，都以在春分（3月下旬）和秋分（9月下旬）前後進行為好。

【盆栽管理】上盆以在休眠期為宜。蒔養地點要光照充足，空氣流通。盛夏高溫期適當庇蔭。越冬最好埋盆於土中。如移入室內加溫催花，經常在枝上噴水，可使提前在冬季開花。栽培中注意澆水、施肥，盆土不可過乾或過濕。花後將開過花的枝條剪短，促使分枝以增加明年開花數量。夏季對生長枝要進行摘心，可使枝條下部腋芽飽滿。落葉後休眠期可進行整形修剪，以保持一定樹形。

每2～3年換盆1次，宜在春季花後進行，亦可秋季換盆。換盆、上盆及冬季均應施基肥。

【用途】貼梗海棠花繁色豔，是春季庭園的主要花木之一，亦適盆栽和製作盆景。其果實即中藥材「宣木瓜」，為藥用木瓜正品，中醫用為祛風濕藥。新鮮果實去皮、心後，加糖，蒸熟食用，味美可口。

## 石榴（安石榴）（圖94）

*Punica granatum*（pomegranate）

【形態特徵】石榴科落葉灌木或小喬木。小枝有棱，枝條頂端多為棘刺狀。單葉對生或簇生，長橢圓形或倒披針形，表面無毛而有光澤。花單生或數朵簇生在當年新梢的頂端及頂端以下的葉腋間，多為紅色，有其他花色及重瓣、矮生品種。花期6月，有的品種如月季石榴，自夏至秋開花不斷。果實為具革質果皮的特殊漿果，近球形，具宿存花萼。種子多數，有肉質外種皮。

石榴有果石榴、花石榴之分。果石榴為食用石榴，其果實的種子供食用。花石榴為觀賞石榴，其花、果供觀賞。常見普通花石榴品種有重瓣紅石榴 cv. Pleniflora（花紅色，重瓣）、白石榴 cv. Albescens（花白色，單瓣）、重瓣白石榴 cv. Multiplex（花白色，重瓣）、黃石榴 cv. Flavescens（花黃色，單瓣）、重瓣黃石榴 cv. Doubleyellow（花黃色，重瓣）、瑪瑙石榴 cv.

圖94　石榴

Legrellei（花有紅色或黃白色條紋，重瓣）。常見矮生花石榴品種有月季石榴 cv. Nana（花紅色，單瓣）、重瓣月季石榴 cv. Nana Plena（花紅色，重瓣）、墨石榴 cv. Nana Nigra（花紅色，單瓣，果實紫黑色）。

【生態習性】原產中亞。喜光，較耐寒。耐乾旱瘠薄而忌水澇，喜肥沃濕潤而排水良好的鈣質土。萌芽、萌蘗性強。

【繁殖方法】多用扦插繁殖，亦可分株或壓條，月季石榴還常用種子繁殖。扦插以夏季用幼莖作插穗成活率高，也可以在芽萌動前用二年生枝條進行硬枝插。扦插成活後均在翌春移植。分株宜在早春芽剛萌動時進行，將根部萌蘗條帶根系掘起栽植。壓條在春、秋兩季均可，不必刻傷，當年生根，都可在翌春分割移植。播種宜春播，種子不必自果中取出用沙層積，而可保存果實，到播種時再取出種子。發芽率很高。

【盆栽管理】春、秋上盆，置放陽光充足、溫暖通風處養護。冬季可置室外，最好連盆埋於土中。春夏生長期勤施薄肥，勤澆水保持盆土濕潤。盆土缺肥、過乾、過濕都會影響開花結果。修剪以疏剪為主，春季修剪時要特別注意保留健壯的結果母枝。基部萌生徒長枝能利用填空或更新，不可輕易剪掉，防止重新萌發，影響花芽形成和干擾樹形。花後應及時剪去殘花。約3年進行1次更新，將老枝縮剪，剪掉前3年發的枝，促其另生新枝，可使枝旺花繁。換盆宜在春、秋，可2～3年換1次。

石榴常見蟲害有蚜蟲、介殼蟲、刺蛾等；常見病害有葉斑病、煤污病等，應及時噴藥防治，並修剪病枝。

【用途】石榴花果皆美，四時可賞，尤以仲夏之際，新綠初齊，繁花似火，備覺可人，作庭園點綴、盆花、盆果和製作樁景，無不相宜。果石榴為重要果樹，果供鮮食，還可釀酒。石榴樹皮（莖皮和根皮）為驅蟲藥，用以驅除條蟲；石榴果皮為固澀藥，用以治痢止瀉。

## 紫薇（癢癢樹）（圖95）

*Lagerstroemia indica*（common crapemyrtle）

【形態特徵】千屈菜科落葉小喬木或灌木，樹皮光滑。幼枝四棱，稍成翅狀。單葉對生或近對生，上部互生，橢圓形至倒卵形，先端鈍或圓。圓錐花序頂生；花紅色或粉紅色，有白花（銀薇cv. Alba）和藍紫花（翠薇cv. Rubra）品種，花瓣6片，邊緣皺縮，基部具爪。花期7月初至9月下旬。蒴果近球形，基部有宿存花萼。種子有翅。

【生態習性】原產亞洲南部及澳洲北部，中國中部及南部均有分佈。喜陽光，略耐陰，不甚耐寒。耐旱而怕澇，喜肥沃濕潤而排水良好的鈣質土。萌芽力強，耐修剪。萌蘖性強，植株基部根蘖較多。

【繁殖方法】扦插、分株或播種。春季用硬枝插，梅雨季用嫩枝插，均易成活。根蘖在休眠期分株。種子秋採後乾藏，春季播種，實生苗有的當年開花。

圖95　紫薇

【盆栽管理】春季栽種，注意保護根系，並對枝條進行修剪。盆栽紫薇宜施基肥，追肥可在萌芽前及5～6月施用；澆水宜充足，花期尤不可乾，但應防過濕。整形可用重剪甚至鋸幹的方法，這對控制樹冠高度和形狀很有成效。花後宜將花枝剪去，剪時選留壯芽，將上部全剪掉，並結合施速效肥料及澆水，以促進新發嫩枝重孕花蕾，約20天後能重新開花。越冬應防盆土乾凍，在黃河以南地區可置盆於室外，埋盆於土中。紫薇病害主要有煤污病，多由蚜蟲及介殼蟲引起，應同時進行防治。

【用途】紫薇花朵紛繁，花色豔麗而花期特長，夏秋相連長可逾百日，是觀賞佳品。庭園栽植，「獨佔芳菲當夏景」。盆栽能夠開花，更宜製作盆景，虬幹柔枝，風吹花動，殊為美觀。

## 金絲桃（圖96）

*Hypericum monogynum*（Chinese St. John's wort）

【形態特徵】金絲桃科常綠、半常綠或落葉灌木。小枝圓柱形，紅褐色，光滑無毛。單葉對生，具透明腺點，長橢圓形，表面綠色，背面粉綠色。花頂生，單生或長聚傘花序，鮮黃色；雄蕊多數，細長如金絲。花期6～7月。蒴果卵圓形。

同屬植物金絲梅 *H.*

圖96　金絲桃

*patulum*，外形極似金絲桃。兩者區別如下：

小枝無棱，花絲長於花瓣，花柱連合成柱狀體，長約1.5公分的為金絲桃。小枝有棱，花絲短於花瓣，花柱分離，長約5毫米的為金絲梅。

【生態習性】原產中國、日本。喜陽光，略耐陰。不甚耐寒，最忌乾冷。喜濕潤而排水良好的沙壤土。

【繁殖方法】扦插、分株或播種。扦插在梅雨季用嫩枝插，插穗最好帶踵，插後庇蔭，但不宜過濕，翌年可移栽。分株在2～3月或結合換盆進行。種子春播，約3週發芽，第2年即可開花。

【盆栽管理】春、秋移栽，水肥管理一般。花後將凋謝花序剪去。冬季需適當防寒，過冬的枝條應行更新修剪。換盆常在早春進行，可2～3年換1次。

【用途】金絲桃花如其名，葉亦秀美，極適園林群植，盆栽觀賞亦佳。

## 八仙花（繡球）（圖97）

*Hydrangea macrophylla*（largeleaf hydrangea）

【形態特徵】虎耳草科落葉灌木。小枝粗壯，光滑，皮孔明顯。葉大而稍厚，對生，倒卵狀橢圓形，邊緣有粗鋸齒，正面鮮綠色，背面黃綠色。傘房花序頂生，球形，不孕花在外圍，可孕的兩性花在中央，花瓣很小，不孕花的萼片卻很大，呈花瓣狀，綠白色、粉紅色或紫藍色。花期6～7月。果為蒴果，熟時自果頂開裂。

園林中大量栽培的係其品種紫陽花 cv. Otaksa，常以八仙花稱之，其花全為不孕性，徑可達20公分，極美麗。另

有品種銀邊八仙花 cv. Mac-ulata，葉緣為白色，花序具可孕性及不孕性，多作觀葉盆花栽培。

【生態習性】原產中國湖北、廣東、雲南等省。喜陰濕，不耐寒。在寒冷地區，地上部分冬季枯死，翌春再發新梢。土壤以富含腐殖質而又排水良好、疏鬆肥

圖97　八仙花

沃的酸性土為好，在鹼性土中生長不良。土壤酸鹼度對花色影響很大，一般在pH為4～6時為藍色，pH在7以上則為紅色。在花漸謝時亦多呈淡紅色。

【繁殖方法】扦插、壓條、分株均可。初夏嫩枝插最易生根。壓條可在春季芽萌動時壓1～2年生枝條，1個月後可生根，翌年3月與母株切離栽植。分株宜在早春萌芽前進行。

【盆栽管理】盆土可用園土加腐葉土配製。幼苗經小盆培養而後翻入大盆，在新枝長至10公分左右時可摘心，促其分枝迅速形成樹冠。生長期注意澆水施肥，但不能過濕或積水，以免肉質根腐爛；施肥宜施用礬肥水。花謝後應行輕剪，剪除花序及下面1～2節並施追肥，以促發新枝。待新枝長至8～10公分時應早行第2次摘心，促使新枝的芽充實，以利於明年開花。

冬季放置在5℃以上室內越冬。如放置在冷室越冬，宜將葉片摘除，以免爛葉。越冬期間，盆土維持三成濕即

可。每年或隔年於早春換盆1次。

【用途】八仙花花序密大如繡球，深受人們喜愛，可植於建築物北面、棚架和樹下，更常盆栽用於室內佈置。

## 扶桑（朱槿）（圖98）

*Hibiscus rosa-sinensis*（Chinese hibiscus）

【形態特徵】錦葵科常綠灌木。單葉互生，卵形或長卵形，具3主脈，邊緣有粗齒。花極大，單生於上部葉腋內，半下垂；花瓣5枚，花冠漏斗形，通常玫瑰紅色；雄蕊柱超出花冠之外。重瓣扶桑 cv. Rubro-plena 花重瓣，紅色或大紅色。花期夏、秋，在室內冬、春也可開花。蒴果卵形，光滑。

有所謂夏威夷扶桑 Hawaiian hibiscus，實為扶桑與同屬植物的種間雜交種，花色多樣，有單瓣、複瓣和重瓣類型。

同屬其他花卉常見有吊燈花 *H. schizopetalus*、木芙蓉 *H. mutabilis* 和木槿 *H. syriacus*。這3個種與扶桑的區別如下：

圖98　扶桑

花瓣深細裂作流蘇狀，花下垂而花瓣向上反曲，雄蕊柱長而突出的為吊燈花。花瓣不分裂或僅淺微缺：葉卵狀心形，常5～7裂，密生星狀毛和短柔毛的為木芙蓉。葉卵形或菱狀卵形，不裂或上部3裂，無毛或僅在幼時疏生星狀毛的有2種，其中雄蕊柱伸出花冠外，蒴

果無毛的為扶桑；雄蕊柱不伸出花冠外，蒴果密生星狀毛的為木槿。

【生態習性】原產中國南部。喜光，為強陽性植物，不耐陰。喜溫暖濕潤氣候，不耐寒霜，溫度低於5℃，葉片轉黃脫落，低於0℃，易遭受凍害。喜疏鬆肥沃、排水良好的土壤。枝條萌發力強，耐修剪。

【繁殖方法】主要用扦插。3～4月在室內結合修剪，可用剪下的枝條扦插。梅雨季扦插成活率高，插穗選當年生充實枝條。扦插基質可用粗砂、蛭石、珍珠岩等。在18～25℃溫度下，並保持較高的空氣濕度，20天後生根，1個半月後即可上盆。一些雜交種，尤其夏威夷扶桑的新品種，扦插生根困難，必須用嫁接法繁殖。砧木選用性質強健品種的植株，常用芽接或嫩枝接。

【盆栽管理】盆土常用腐葉土加1/4河沙和少量基肥配成。於4月出房前換盆，適當修剪整形，結合進行扦插繁殖。苗高20公分左右時，摘心以促進分枝。常施追肥，春、夏以氮肥為主，秋季以磷、鉀肥為主。冬季停止施肥。生長季節要有充足的水分供應，並置盆於陽光充足處。盆土長時間過乾或過濕會影響開花，陽光不足也會影響開花。冬季在室內越冬，溫度不宜低於5℃，最好保持10℃以上。溫度在12℃以下，扶桑即停止生長，室溫低時應少澆水，使盆土稍乾為好。

扶桑的病蟲害有蚜蟲、介殼蟲及煤污病等，應改善栽培環境條件，加強通風透光，並噴灑樂果防治。

【用途】扶桑花大而豔，花期甚長，素有「中國玫瑰」之稱，是名貴盆花，也適在暖地露天佈置，裝飾園林。

## 葉子花（三角花、寶巾）（圖99）

*Bougainvillea glabra*（lesser bougainvillea）

【形態特徵】紫茉莉科常綠攀緣灌木，有枝刺。枝、葉無毛或僅具微毛。單葉互生，卵形或卵狀橢圓形。花小而不顯，常3朵聚生，為3枚苞片所包圍；苞片紫色似花，形狀似葉，大而美麗，為主要觀賞部分。花期甚長，各地不一，在溫度適合的條件下可常年開花。果為瘦果，具5稜。

葉子花常見品種有菫色葉子花cv. Sanderiana（苞片紫羅蘭色）、斑葉葉子花cv. Variegata（葉有白斑）。

中國引入栽培的葉子花屬植物還有毛葉子花*B. spectabilis*，與葉子花相似，但其枝、葉有毛，苞片鮮紅色或為深紅、磚紅等色。習性、繁殖、用途等與葉子花相同。

【生態習性】原產巴西。喜溫暖濕潤、陽光充足的環境，不耐寒而較耐炎熱。喜水，喜肥。對土壤要求不嚴，但以排水良好的沙壤土為宜。

【繁殖方法】以扦插繁殖為主，扦插時期以夏季為宜。選用充實的當年生半木質化枝條作插穗，插後保持較高的空氣濕度和28℃左右的溫度，20天即可生根，30天後即可移栽上盆。對於扦插不易生根的品種，可用嫁接法或高壓法繁殖。

圖99　毛葉子花

【盆栽管理】盆土常以園土、牛糞、腐葉及沙等混合堆積腐熟，使用時再加入適量的骨粉。一般於春季進行換盆或換土。栽培過程中宜常摘心，使形成叢生而低矮的株形；花後進行整形修剪，促生更多茁壯的新枝以保證開花繁盛。大約5年可以重剪更新1次。夏季和花期要及時澆水，花後適當減少澆水量。生長期每10天左右追施液肥1次，花期增施幾次磷肥。葉子花常年都應放在陽光直射的地方。冬季室溫不可低於5℃，要停肥控水，使其半休眠，以利於來年的開花。

【用途】葉子花花朵繁多，花色豔麗，南方暖地廣泛用於庭園綠化，在長江流域以北則是重要的盆花。葉子花還適合製作樁景，有時也用作切花。

## 倒掛金鐘（圖100）

*Fuchsia hybrida*（common fuchsia）

【形態特徵】柳葉菜科常綠灌木。莖近光滑，小枝細長。單葉對生，卵形。花單生葉腋，具長梗，下垂；萼筒與萼裂片近等長，深紅色；花瓣4枚，有重瓣多達10餘枚者，紫色、白色或紅色。花期3～6月。果為漿果。結果需行人工授粉，而有些品種雖行人工授粉也不能結果。

本種可能為短筒倒掛金

圖100　倒掛金鐘

鐘 *F. magellanica* 與長筒倒掛金鐘 *F. fulgens* 的雜交種。短筒倒掛金鐘原產秘魯南部和智利，葉對生或輪生，萼筒短於萼裂片，深紅色，花瓣藍紫色。長筒倒掛金鐘原產墨西哥，花簇生於枝端，紅色，萼筒長於萼裂片2～3倍。這兩個種亦常見栽培。另一園藝雜種白萼倒掛金鐘 *F.×albo-coccinea* 花萼白色，花瓣紅色，顏色鮮明豔麗，尤受養花者歡迎。

【生態習性】為雜交種，原種產墨西哥、南美。喜溫暖，不耐寒，怕夏季炎熱。喜陰濕，怕澇。土壤以肥沃而排水良好的沙壤土為好。

【繁殖方法】扦插繁殖，除夏季外全年均可進行，而以春、秋兩季為宜。插穗以健壯的頂部枝梢為好，隨剪隨插。扦插生根溫度以15～20℃最好，通常約20天即可生根。很少用種子繁殖。如行人工授粉採收到種子，可採後即播或春播。

【盆栽管理】盆土可用腐葉土4份、園土5份、礱糠灰或沙1份配製。幼苗上盆後，應隨著植株生長及時換盆，以保證有一定的營養面積。生長期注意水肥管理，到一定高度進行多次摘心，促使分枝，可多開花。每次摘心後2～3週即可開花，所以也可用摘心來控制花期。因趨光性較強，要經常轉盆，以免長偏。花後修剪僅留基部15～20公分，控制澆水，停止施肥，置陰涼、通風處過夏。待天氣轉涼，再勤施肥、水，促使生長，並進行換盆。冬季移入室內，放置日光充足處，室溫不低於10℃，5℃以下極易受害。夏季的高溫和冬季的低溫都會對倒掛金鐘造成傷害。倒掛金鐘栽培管理的關鍵是安全越夏問題。

【用途】倒掛金鐘花朵美麗，如懸掛的彩色燈籠，是非常可愛的盆栽花卉。用清水插瓶，既供觀賞，又可生根繁殖。

## 五色梅（馬纓丹）（圖101）

*Lantana camara*（common lantana）

【形態特徵】馬鞭草科直立或半藤狀常綠灌木。莖四棱形，無刺或有下彎的皮刺。單葉對生，揉爛後有強烈的氣味，卵形至卵狀長圓形。頭狀花序腋生，花序柄粗壯而長；花冠4～5裂，初開時黃色或粉紅，漸變成橘黃或橘紅色，最後變深紅色。花期夏秋，在海南、廣州全年開花。核果球形，熟時紫黑色。

常見栽培品種有金衫cv. Cloth of Gold（花鮮黃色）、玫瑰皇后cv. Rose Queen（花蕾紅黃色，花開後粉紅色）、白雪皇后cv. Snow Queen（花色潔白）、餘暉cv. Spreading Sunset（枝平臥，花橙紅色）。

【生態習性】原產美洲熱帶。喜溫暖濕潤和陽光充足的環境，不耐寒，開花適溫為20～25℃。適應性強，對土壤不甚選擇。長勢旺盛，耐修剪。

【繁殖方法】扦插或播種。扦插在全年均可進行，以春季最好。剪取嫩枝插穗或於早春剪取硬枝插穗，插

圖101　五色梅

入沙中均易生根。播種在3～4月，室溫達16～20℃時進行，以25～28℃高溫發芽最快。盆播不宜過深，播後兩週發芽，苗高5公分時移入小盆，當年即能開花。

【盆栽管理】栽培容易，每年春季換盆時應加入肥沃培養土並適當修剪地上部分，促使萌發新枝多開花。4月出房，置放陽光充足處，經常保持盆土濕潤。生長開花期每半個月施稀薄液肥1次。秋冬入房前進行修剪，但春、夏季的扦插苗例外，待花後或嫩枝過長時再行修剪。入房後，置放向陽處並控制澆水，室溫應不低於5℃，即可安全越冬。

【用途】五色梅花色多變，花期很長，適作盆栽觀賞，並可製作樁景。在南方溫暖地區，地栽觀賞亦佳。

## （四）觀葉植物

### 吊蘭（闊葉吊蘭）（圖102）

*Chlorophytum capense*（bracketplant）

圖102　吊蘭

【形態特徵】百合科常綠草本，具根莖和肉質根。葉多數，基生，條形，寬2公分以上，綠色。總狀花序，花白色；花葶細長，有時成纖匐枝而在花序上部的節上滋生帶氣根的小植株。花期春夏間。

常見栽培品種有金邊吊蘭 cv. Variegatum（葉片邊緣

淡黃色）、金心吊蘭 cv. Mediopictum（葉片中部有淡黃色
條斑）、銀邊吊蘭 cv. Marginatum（葉片邊緣白色）。葉寬
在2公分以下的另一種栽培吊蘭 C. comosum，葉色有乳
白、彩葉、鑲邊、中斑等品種。

【生態習性】原產南非。喜溫暖、半陰和空氣濕潤，
夏季怕強光，冬季不耐寒。耐肥。要求土壤疏鬆肥沃、排
水良好。

【繁殖方法】分株繁殖極為容易。一般可在早春分離
老株根叢另行栽植，或在生長季節剪取纖匐枝上帶氣根的
小植株進行栽植。

【盆栽管理】盆土可用腐葉土1份、園土1份、礱糠
灰1份配製。每年早春換盆，結合進行分株繁殖。養護過
程中肥水要足，生長期每半個月施用稀薄的液肥1次，並
常用溫度相近的清水進行噴灑，以保持空氣濕潤和葉面清
潔。吊蘭可常年放在明亮的室內觀賞，除冬季外，其他季
節也可置於室外適當地方。

春、秋季以半陰為好；夏季宜早晚見光，中午避開強
光直曬。冬季要多見陽光，越冬室溫宜在5℃以上。

【用途】吊蘭葉美如蘭，花葶橫伸倒偃，特別適合懸
盆觀賞或擺放在高几、書櫥頂部，是室內最普通的盆栽觀
葉植物。

## 一葉蘭（蜘蛛抱蛋）（圖103）

*Aspidistra elatior*（common aspidistra）

【形態特徵】百合科常綠草本，具粗壯根莖。葉單生，
基部有葉鞘3～4枚；葉片長橢圓形，深綠色；葉柄粗壯、

堅硬、挺直、有槽。花單生短梗上，貼近地面；花被鐘狀，初時綠色，後轉紫褐色。花期春季。漿果球形，僅生1粒種子。

　　常見栽培品種有條斑一葉蘭 cv. Variegata（葉片上有縱向的黃色或白色條斑）、星斑一葉蘭 cv. Punctata（葉片上有白色星斑）。

　　【生態習性】原產中國南部。喜溫暖、濕潤氣候，極耐陰，忌乾燥和直射陽光。較耐寒，盆栽植株在0℃低溫和較弱光線下，仍可不受凍害。耐貧瘠，而以在肥沃的沙壤土中生長良好。

　　【繁殖方法】分株繁殖在四季均可進行，一般結合春季換盆，將株叢切分，每5～6葉一叢上盆即可。

　　【盆栽管理】盆栽土壤要求不嚴格，而以用腐葉土、園土和礱糠灰或河沙等量混合為宜。盆栽一葉蘭可常年放在明亮的室內，亦可在無寒冷威脅時放在室外半陰處。任何時候都應避免陽光曝曬，在新葉萌發至新葉生長成熟這段時間也不能過分蔭蔽。生長期必須充分供水，春、夏季旺盛生長期每半個月追施1次液肥。冬季放在不結冰的室內即可安全越冬。

　　【用途】一葉蘭葉片挺拔，濃綠光亮或葉色斑駁，又極耐陰，故最宜室內陳設觀賞，是重要的觀葉盆花。暖地地栽宜選陰濕地點。全

圖103　一葉蘭

草或根莖可供藥用，有清熱利尿功效。

## 萬年青（圖104）

*Rohdea japonica*（omoto nippon–lily）

【形態特徵】百合科常綠草本，具短粗根莖。葉基生，闊倒披針形，邊緣波狀。穗狀花序；花小而密集，白綠色；花葶比葉短。花期5～6月。漿果球形，熟時紅色，冬季不落。

常見栽培品種有金邊萬年青 cv. Marginata（葉片邊緣黃色）、銀邊萬年青 cv. Variegata（葉片邊緣白色）、虎斑萬年青 cv. Tiger（葉片上有黃色斑塊）。

【生態習性】原產中國及日本。喜半陰，怕強光和烈日，夏天曝曬後葉易枯黃。稍耐寒。喜濕潤而怕澇。土壤以微酸性、排水良好的沙壤土和腐殖質壤土為宜。

【繁殖方法】分株或播種，花葉品種只能分株。每年春季換盆時，可同時進行分株繁殖，將母株切分成二至數叢分別盆栽即可。萬年青開花後經人工授粉容易得到種子，去掉抑制種子發芽的果肉，於春季盆播，在溫度20～30℃時，4～5週可以出苗。苗高3～5公分時，可4～5株移栽一盆。播種苗通常更像野生植株的性狀。

【盆栽管理】盆土可用腐葉土加1/4左右的河沙和

圖104　萬年青

少量基肥。栽盆時盆底鋪加排水層。盆栽萬年青可常年放在明亮的室內觀賞，注意經常保持盆土濕潤和較高的空氣濕度，生長期每2～3週施1次稀薄的液肥。冬季可以放在0～5℃的室內越冬，而以10℃為宜。通風不良時易受介殼蟲危害，栽培中應注意預防。

【用途】萬年青紅果累累報祥瑞，碧葉常青祝遐齡。人們視其為吉祥如意的象徵。盆栽可作室內陳設，宜用在節慶喜事中；在暖地可地栽作為地被。根狀莖為中藥材白河車，主治心臟病、水腫、咯血、吐血、咽喉腫痛；外敷消癰腫。

## 花葉芋（圖105）

*Caladium bicolor*（common caladium）

【形態特徵】天南星科冬季休眠球根植物，但在熱帶地區則全年生長，不休眠。葉片從土面下扁圓形的塊莖上長出，盾狀箭形，綠色的葉片上有許多紅色或白色的斑點。肉穗花序，佛焰苞外側綠色，內側綠白色，基部淡紫色。漿果球形。平常栽培很少見到開花。

花葉芋的觀賞價值在於其葉形、葉色及各種斑紋的變化。常見栽培品種有白葉芋 cv. Candidum（葉片白色，脈綠色）、紅雲 cv. Pink Cloud（葉大面積地染紅色）、海鷗 cv. Seagull（葉片深綠色，脈白色而突

圖105　花葉芋

出）、車燈 cv. Stoplight（葉邊綠色，中部絳紅色）、白后 cv. White Queen（葉片白色，脈紅色）。很多品種是經由雜交培育而成。

【生態習性】原產巴西。喜高溫、高濕、半陰，不耐寒，生長期光線不可太弱，但要避免夏季強烈的直射陽光。要求土壤疏鬆肥沃、排水良好，以腐葉土為宜。

【繁殖方法】分球。在5月換盆時，將塊莖周圍的小塊莖剝下，直接栽盆即可。視球大小，每盆可栽一至數個。

【盆栽管理】塊莖栽植後，春、夏旺盛生長期應保證充足水分和較高的空氣濕度，每1～2週施1次液肥。施肥時肥液不能沾污葉片，施肥後需噴水。入秋逐漸減少澆水，當大部分葉片開始轉黃並倒伏枯萎時可停止澆水，保持土壤一定濕度即可。在全部葉片枯萎、塊莖進入休眠期後，將塊莖連盆一起貯存在溫暖的地方；或把塊莖取出，放陽光下或通風處乾燥數日，貯存在較乾燥的沙土中，保持在14～18℃的溫度下越冬。次年5月取出留盆或沙藏的塊莖，將大、小球分別栽植。

【用途】花葉芋葉色絢麗多彩，是極好的室內盆栽觀葉植物。既可單盆裝飾於客廳小屋，也可數盆組擺於大廳內，而構成一幅色彩斑斕的圖案。

## 石菖蒲（菖蒲）（圖106）

*Acorus gramineus*（grassleaf sweetflag）

【形態特徵】天南星科常綠草本，全株具香氣。根莖橫生。葉基生，二列，條形，脈平行，無中脈。花葶葉狀，短於葉叢，肉穗花序的佛焰苞葉狀且與花葶貫通；花

盆栽花卉栽培與裝飾

圖106　石菖蒲

小而密集，黃綠色。花期4～5月。漿果倒卵圓形。

　　常見栽培品種和變種有：錢蒲 var. pusillus 為石菖蒲的變種，株叢矮小，葉細小而硬挺。金線石菖蒲 cv. Variegatus 為石菖蒲的栽培品種，株叢亦矮小，葉有黃色條斑。

　　同屬植物水菖蒲A. cala-mus，亦稱菖蒲，植物體較高大；葉劍形而較長，具明顯突起的中脈；佛焰苞較長而肉穗花序較粗短；根莖節較稀疏，氣芳香而特異。與石菖蒲同為中藥材菖蒲的原植物，但在大部分地區不使用，僅在一部分地區代石菖蒲用。一般不作觀賞花卉栽培。

　　【生態習性】原產中國。喜陰濕，稍耐寒。宜沙壤土和腐殖質壤土。

　　【繁殖方法】秋季9～10月分株繁殖。

　　【盆栽管理】盆栽常用錢蒲，可常年放在室內明亮處培養，經常保持盆土濕潤，切忌乾旱，生長旺盛季節少施薄肥。亦可在天暖後移放室外半陰處，天冷時移回室內。

　　前人的栽培經驗是：春分出房；清明後剪葉宜淨，切勿愛惜；秋燥澆透水；冬天避冰雪。這就是「春遲出，夏不惜，秋水深，冬藏密」種訣。還有忌訣云：「澆水不換水，見天不見日，宜剪不宜分（分則葉粗），浸根不浸葉（浸葉則爛）。」都可供盆栽管理時參考。

【用途】石菖蒲植株低矮，葉叢常綠而光亮，踐踏後恢復生長的能力強，是很好的地被植物。其根莖即中藥材菖蒲，鮮品比干品功效較勝，為芳香開竅藥，有鎮靜、健胃、鎮痛、利尿作用，又為提取菖蒲油的原料。錢蒲宜作盆栽或用作盆景裝飾材料，其香氣可以使人清心暢氣。

## 廣東萬年青（亮絲草）（圖107）

*Aglaonema modestum*（chinagreen）

【形態特徵】天南星科常綠草本。莖直立，不分枝。葉互生，綠色有光澤，卵狀橢圓形；葉柄長，基部擴大成鞘狀。肉穗花序具較葉柄為短之花序柄；花小，綠色。花期秋季。漿果鮮紅色。

常見栽培品種有斑葉廣東萬年青 cv. Variegatum（葉片上有不規則的乳白色斑塊）和黃心廣東萬年青 cv. Mediopictum（葉片中部有大面積的黃白斑）。

【生態習性】原產中國南部及菲律賓。喜陰濕，稍耐寒，在溫暖濕潤和半陰的環境中生長繁茂。土壤宜疏鬆肥沃，呈微酸性；黏重土壤不宜。

【繁殖方法】扦插或分株。扦插在夏季進行，剪取長10公分左右的頂尖作插穗，保持25～30℃的溫度和較高的空氣濕度，約1個月生根，根長2～3公分時可

圖107　廣東萬年青

數株移栽一盆。切枝插瓶水養觀賞時，可以數月不枯，下部還可能生根，取出盆栽即成新植株。枝內汁液有毒，剪切時須防進入眼內或口中。分株在春季結合換盆進行，將莖基部萌蘗切離，塗木炭粉後另行栽植。

【盆栽管理】盆土可用園土和腐葉土混合的培養土。盆栽廣東萬年青可常年置於半陰的室內，或在夏季放室外蔭棚下。室內越冬，溫度宜在5℃以上，並少澆水；盆土稍微乾燥可提高抗寒力。生長期水、肥要充足，除正常澆水外，葉面還要噴水；最好施用含有氮和鉀的液肥，可20天左右施1次。莖基部萌發的蘗芽長滿盆時（3年左右），宜進行分株繁殖。生長數年的老株姿態常欠佳，應重新扦插更新。

【用途】廣東萬年青葉片素雅，株形整齊，盆栽點綴廳室，更換的次數少，觀賞效果好，是優良的室內耐陰盆栽觀葉植物，並可用作插花襯葉。

## 紫葉草（紫竹梅）（圖108）

*Setcreasea purpurea*（purple setcreasea）

圖108　紫葉草

【形態特徵】鴨蹠草科常綠草本，全株紫色。葉互生，披針形，邊緣具白色流蘇狀長毛。花小，帶紫色；苞片殼狀。花期夏秋。盆栽少見結實。

常見栽培品種有「紫心」cv. Purple Heart，葉片稍寬，葉色較原種紫葉草更

鮮豔。

【生態習性】原產墨西哥。喜溫暖，不耐寒，生長適溫 15～25℃，越冬溫度 6℃以上。喜半陰，但不可過於蔭蔽。喜濕潤，對乾旱也有較強的適應能力。土壤宜富含腐殖質、透氣良好。

【繁殖方法】分株或扦插，春、夏、秋均可進行。盆插，剪取長 10 公分帶頂尖的枝條作插穗，扦插基質可直接用培養土，約半個月左右可以生根。

【盆栽管理】盆土可用腐葉土、園土加 1/3 左右的河沙配製。生長期保持盆土濕潤，每 1～2 週施 1 次液肥。春、夏、秋三季避免陽光直射，可置室外，亦可四季都放在室內栽培。老株觀賞價值降低，可重新扦插更新或在春季結合換盆重修剪，促其萌發新芽。紫葉草性質強健，栽管容易，很少發生病蟲害。

【用途】紫葉草葉色鮮豔，四季可以觀賞，花亦好看，是很難得的觀葉觀花植物，既適室內盆栽，又可在淮河以南地區作為露地草花（宿根或常綠）在半陰處栽作地被。

## 吊竹梅（吊竹草）（圖 109）

*Zebrina pendula*（wanderingjew zebrina）

【形態特徵】鴨蹠草科常綠草本。莖匍匐。葉互生，卵狀長圓形，葉身銀白色，中央及邊緣為暗綠色，並有數條美麗縱紋，綠白相間，葉背則呈紫色。花數朵聚生於二無柄葉狀苞內，萼筒帶白色，花冠筒白色。花期夏季。

常見栽培品種有：

盆栽花卉栽培與裝飾

圖109　吊竹梅

1）**異色吊竹梅** *cv. Discolor*　葉緣和葉面中央帶紫色，其餘部分為銀白色的縱紋，葉背面濃紫色，花紅色。

2）**四色吊竹梅** *cv. Quadricolor*　葉身底色為具金屬光澤的綠色，而具綠色、紅色和白色條紋。

【生態習性】原產墨西哥。喜半陰環境，不可放在直射陽光下栽培，但光線過弱會造成徒長，且葉色缺乏光澤。稍耐寒，短暫的低溫不致凍死。喜濕潤，也能忍耐乾燥環境。宜疏鬆肥沃土壤。

【繁殖方法】常用扦插，全年都可進行；但冬季室溫低於15℃時，扦插不易成活。插穗用新長出的帶頂尖新梢，極易生根，直接插於培養土中即可。此外也可分株、壓條繁殖。

【盆栽管理】盆土宜用河沙與腐葉土混合，一般培養土亦可良好生長。新栽植株在成活後需經過1～2次摘心，促使分枝形成豐滿的株形。生長期注意澆水、施肥，經常保持盆土濕潤和較高的空氣濕度。冬季在室內培養，應充分光照，適當控水，溫度宜保持10℃以上，最低溫度不低於2℃。栽培時間太久的植株，基部的葉片常脫落，影響觀賞效果，應予重剪更新。

【用途】吊竹梅葉色美麗，莖柔如蔓，是優良的室內盆栽觀葉植物，擺放在架櫥頂上或吊掛於客廳窗前使其枝

垂，更顯姿色美妙，可在明亮的室內長期觀賞。

## 巴西水竹草（白花紫露草）（圖110）

*Tradescantia fluminensis*（wanderingjew, Rio tradescantia）

【形態特徵】鴨蹠草科常綠草本，體內汁液帶紫色。莖匍匐。葉互生，長圓形或卵狀長圓形，綠色或具白色縱長條紋（cv. Variegata）。花多朵成傘形花序，具兩片葉狀總苞；萼片綠色；花瓣白色；雄蕊花絲有毛。花期夏季。

水竹草屬原稱紫露草屬，因紫露草 *T. virginiana*（又名紫鴨蹠草）而得名。有兩種水竹草形態極為相似，中文名都曾叫白花紫露草。其一即巴西水竹草，另一是白花水竹草 *T. albiflora*，它也有葉具白色縱條的品種（cv. Albovittata）。以上3種水竹草屬植物的區別如下：

莖直立，葉條狀披針形，表面有紫色細條紋，背面紅紫色，花藍紫色的為紫露草。莖匍匐，葉長圓形或卵狀長圓形，花白色者中，體內汁液帶紫色，葉長為葉寬的2～3倍的為巴西水竹草；體內汁液無色，葉長為葉寬的3～4倍的為白花水竹草。

【生態習性】原產南美，習性與吊竹梅相似。

【繁殖方法及盆栽管理】大體與吊竹梅相似。

【用途】巴西水竹草是良好的室內盆栽觀葉植物，適於吊盆觀賞。

圖110　巴西水竹草

## 傘莎草（傘草、風車草）（圖111）

*Cyperus alternifolius ssp. flabelliformis*

（fanshaped umbrellasedge）

【形態特徵】莎草科常綠草本。稈叢生，近圓柱形，基部覆以棕色葉鞘，頂端著生輻射開展的葉狀總苞片約20枚。長側枝聚傘花序多次復出，第1次輻射枝多數；小穗扁，於第2次輻射枝頂端密集成近頭狀的穗狀花序。花期夏季。果為小堅果，三棱形。

【生態習性】原產非洲。較耐陰，也喜光。不耐寒，但室內越冬溫度不宜過高，以保持5～10℃為宜。喜水濕。對土壤要求不嚴，以含肥較多的黏性土壤為宜。

【繁殖方法】分株、扦插或播種。分株常在春季結合換盆進行。扦插在花前進行效果最好，除沙插外，亦可水插。將傘狀總苞片帶莖3～5公分剪下，並略加修剪總苞片，將莖插入沙土中，使總苞片平鋪緊貼沙土上，經常保持插壤和空氣濕潤，在溫度20～25℃條件下，約1個月能萌發多數小植株，分栽即可。播種可在春季於溫室內盆插，容易發芽。

【盆栽管理】盆栽傘莎草最怕失水，因此可用無底孔的水盆栽培。盆土可略偏濕，即使是淺水中，亦可生長良好。但越冬期間應適當

圖111　傘莎草

控制水分。生長期每半個月追肥1次，夏季勿使強光直曬。肥水不足、植株擁擠、氣溫過低和盆土乾燥，莖、「葉」易發黃枯萎。要根據所存在的問題針對性地改善栽培條件，並及時剪除黃葉、倒株。

【用途】傘莎草苞葉傘狀，幽雅別致，是室內常見的觀葉植物，也為插花常用材料。水盤中插幾枝，有棕櫚、蒲葵的效果，富南國風情。

## 腎蕨（圖112）

*Nephrolepis cordifolia*（tuberous sword fern）

【形態特徵】骨碎補科常綠草本。根莖有直立的主軸及從主軸向四面發出的匍匐莖，並從匍匐莖的短枝上長出圓形塊莖，或在頂端長出小苗。葉簇生，一回羽狀複葉，孢子囊群背生於各組側脈的上側小脈頂端，囊群蓋腎形。

【生態習性】原產熱帶和亞熱帶地區。喜溫暖、濕潤及半陰環境，生長適溫為16～24℃，冬季以不低於8℃為宜。忌曝曬，忌風吹，忌乾旱，忌水澇。宜疏鬆肥沃、排水良好的沙壤土。

【繁殖方法】一般採用分株繁殖，全年都可進行，但以5～6月為好，或於4月出房換盆時進行。亦可用孢子繁殖（腎蕨不是種子植物），孢子是從母體上脫落下來的單細胞繁殖體。

圖112　腎蕨

　　腎蕨的孢子萌發形成心臟形的原葉體，其上有頸卵器和精子器，精子器產生的精子在有水的情況下游向頸卵器與卵受精，受精卵發育成胚，以後長成我們平常所見模樣的腎蕨。孢子繁殖比種子繁殖要求高，且幼苗生長緩慢，一般很少採用。

　　【盆栽管理】盆土宜以腐葉土為主配製。生長期注意及時澆水，常施追肥，保持較高的空氣濕度。夏季高溫時每天早晚噴霧數次，並注意適當通風，但澆水不可太多。室內越冬要控制澆水，使盆土稍乾些。盆栽腎蕨可放在室內明亮處長久地栽培觀賞，夏季最好放在室外蔭棚下養護。

　　【用途】腎蕨葉形優美，葉色光潤，常青不凋，耐陰易栽，為人們所喜愛，可作室內盆栽、切葉及吊掛觀葉植物。塊莖含澱粉，入藥治感冒咳嗽、腸炎腹瀉；全草能治乳癰、產後浮腫等症。

## 彩葉草（錦紫蘇）（圖113）

*Coleus blumei*（common coleus）

圖113　彩葉草

　　【形態特徵】唇形科多年生草本，常作一年生栽培。莖四棱形。葉對生，卵圓形，葉面綠色而雜有紅、黃、紫紅色斑點或鑲邊。輪傘花序多數，排列成圓錐花序；花冠唇形，白色或淡藍色。花期夏秋。果為4個小堅果，褐色。

品種很多，有5種葉型品種：大葉型 large-leaved type
（株高葉大，葉面凹凸不平）、彩葉型 rainbow type（葉
小，葉面平滑，葉色多變）、皺邊型 fringed type（葉緣裂
而波皺，有各種葉色）、柳葉型 salicifolius type（葉細長如
柳葉，色彩變化較少）、黃綠葉型 chartreuse type（株矮枝
多，葉小，黃綠色）。

【生態習性】原產印尼爪哇。喜較強的陽光，不耐陰。
喜溫暖，不耐寒，最低越冬溫度不可低於10℃，5℃以下
即枯死，夏季高溫時需適當庇蔭。喜濕潤，怕乾燥和積
水。宜疏鬆肥沃、排水良好的沙壤土。

【繁殖方法】播種或扦插。種子繁殖易產生分離現象。
通常在春季盆播，發芽適溫25～30℃，10天左右發芽。彩
葉草有的品種具有不稔性、低稔性或者播種苗不能保持品
種性狀，對這樣的營養繁殖類型的品種以及稀有種源的擴
大繁殖，採用扦插法。嫩枝插穗長10公分，帶頂尖或不帶
頂尖，扦插基質以疏鬆的粗砂最好，在20℃溫度下，約1
週可以發根。生根後即可分栽。

【盆栽管理】播種苗抽出真葉後分苗，苗高6～9公分
上盆。播種苗和扦插苗要隨著苗株的長大，從小盆及時翻
到合適的大盆，一般可用直徑17～20公分的盆栽種觀賞。
盆土可以園土3份、腐葉土1份及河沙1份的比例配製，用
有機肥料及骨粉作基肥，並常追施過磷酸鈣液肥。彩葉草
因葉大而薄，水分消耗較快，生長期要經常澆水和向葉面
噴水，但水量要控制，以不使葉片失水而凋萎為度。越冬
植株冬季澆水要控制。秋、冬、春3季要多見到直射陽
光，都可放在室內向陽的窗臺附近，夏季宜放在室外半陰

處。幼苗期摘心可養成叢生株形。若不留種，抽生花序即行摘心，以免徒耗養分。留種株採種要及時，可在花序上大部分花萼變黃時摘取整個花序，晾乾脫粒。花後老株修剪可促生新枝，仍可觀賞，但因播種容易，幼苗易於養成且葉色更為鮮豔，故常將老株棄去。

【用途】彩葉草葉片形態多變，葉色絢麗多彩，不僅是優良的盆栽觀葉植物，也是配置露地花壇的理想材料。

## 紫鵝絨（圖114）

*Gynura aurantiaca cv. Purple*（purple velvetplant）

【形態特徵】菊科常綠草本，全株被紫色絨毛。莖直立。葉互生，卵圓形，有鋸齒。頭狀花序，花黃色或橙黃色。

【生態習性】原產印尼爪哇。喜溫暖，不耐寒，生長最適宜的溫度為16～20℃，越冬室溫不得低於8℃。忌高溫、乾燥。夏季不宜曝曬，宜半陰環境。要求土壤疏鬆肥沃、排水良好。

【繁殖方法】扦插繁殖在春、秋兩季均可進行，插後保持18～22℃和濕潤條件，約兩週生根，待新葉展出後即可分栽上盆。

【盆栽管理】生長期給予適當的水、肥。夏季置室外半陰處，每天除盆土澆水外，要注意勤噴水，也應注

圖114　紫鵝絨

意防止雨澇。冬季置室內向陽處，應控制澆水。每年早春換盆。

【用途】紫鵝絨全株紫色，極為豔麗，是良好的盆栽觀葉植物。

## 綠蘿（圖115）

*Scindapsus aureus*（Solomon Islands ivyarum）

【形態特徵】天南星科常綠大藤本，具氣根。莖或多或少木質化，節間具小溝，枝懸垂。葉互生，卵形，基部或多或少呈心形，全緣或少數具不規則深裂，光亮而呈嫩綠色。栽培品種花葉綠蘿 S.cv. Wilcoxii，葉片有黃色斑紋。

【生態習性】原產所羅門群島。喜濕熱及半陰，也能適應室內乾旱的環境條件，冬季需較多的陽光，不耐寒，越冬室溫宜在10℃以上，低於8℃即會引起葉片變黃。要求土壤疏鬆、透氣、排水良好。

【繁殖方法】主要用扦插。剪取長20公分左右的枝條，將基部1～2節葉片去掉，用培養土直接栽盆即可。扦插適宜溫度在25℃以上，入秋後扦插不會發根。

【盆栽管理】盆土常用腐葉土與園土各半配製。在大盆的中央豎立帶皮的木柱，盆中栽植數株幼苗，使

圖115　綠蘿

盆栽花卉栽培與裝飾

在木柱上攀緣生長。以後每年添換新土，不換盆。可四季放在室內明亮而直射陽光很少的地方栽培，亦可在暖熱季節移放室外半陰處。生長期要充分澆水，多施一些磷、鉀肥，最好每半個月能追施1次。冬季儘量少澆水，以防盆土過濕引起爛根。經長期室內盆栽的植株，基部的葉片容易脫落，使觀賞效果降低，可在5～6月將老株全部剪掉，留下靠近土面一節，讓它萌發出新枝，再沿立柱攀緣而上，成為一盆新株。

【用途】綠蘿枝葉秀雅，攀附能力強，既適盆栽懸垂觀葉，又可用於室內牆壁和立柱的垂直綠化。剪取帶葉枝條插瓶水養，可數月不凋；取出時，枝條下部已生滿了根，可盆栽成為新植株。

## 龜背竹（蓬萊蕉）（圖116）

*Monstera deliciosa*（ceriman）

【形態特徵】天南星科常綠大藤本，或多或少為木本植物。莖上氣根成線狀下垂。葉互生，幼葉心形，無孔；成長葉甚大，羽狀分裂，各葉脈間有長橢圓形的孔洞。肉穗花序，佛焰苞淡黃色。花期夏季。果為漿果，呈松球果狀，成熟後可食。

【生態習性】原產墨西哥。喜溫暖濕潤環境，忌陽

圖116　龜背竹

光直曬，能耐陰，不耐寒。耐肥。宜富含腐殖質的疏鬆肥沃土壤。

【繁殖方法】主要用扦插。5～8月剪取較大的母本植株莖幹，每兩節為一插穗，帶葉片將莖段插入盆中，庇蔭並保持插壤及空氣濕潤，溫度25～30℃，1個多月即能生根，兩個多月長出新芽即成新植株。也可在夏、秋季節，將龜背竹的側枝整個割下，連同氣根栽於大盆，容易成活且可迅速成型。

【盆栽管理】盆土以腐葉土、腐熟的廄肥、園土及沙配製。每年春季換盆或換土，並施入基肥。生長期澆水要足，並常噴葉水，每半個月施1次液肥。夏季宜放在蔭棚下栽培，其他季節宜放在比較明亮的地方多見一點陽光。冬季放在5℃以上的室內不會受害。越冬應減少澆水，待盆土表面稍乾時再澆。室內栽培要保持通風良好，否則易生介殼蟲，應注意防治。

【用途】龜背竹葉形奇特，株形優美，是一種久負盛名而又十分普及的耐陰觀葉植物，適合於室內大型植物裝飾。

## 文竹（圖117）

*Asparagus setaceus*（setose asparagus）

【形態特徵】百合科常綠亞灌木。莖蔓性，幼時直立。葉狀枝綠色，纖細，每10～13枚成簇，整個葉狀枝平展呈羽毛狀。葉小，成刺狀鱗片。花小，兩性，白色，常1朵生小枝頂端。花期夏秋。漿果到第2年春季成熟，紫黑色。有矮文竹 A.var. *nanus* 變種，莖叢生，直立而不為蔓性。

常見栽培的同屬植物有武竹 *A. densiflorus*、天門冬 *A.*

圖117 文竹

*cochinchinensis*（塊根供食用和藥用）、石刁柏 *A. officinalis*（嫩莖經培土軟化為貴重蔬菜，名蘆筍）。它們的區別如下：

葉狀枝扁平，寬1～2毫米，根具塊根，果紅色者中，花兩性，總狀花序，葉狀枝扁平無棱的為武竹；花單性，通常2朵簇生，葉狀枝有明顯三棱的為天門冬。葉狀枝近圓柱形，針狀或絲狀，徑0.6毫米以內，根無塊根者中，葉狀枝10～13枚簇生，絲狀，長3～5毫米，花兩性，常1朵生小枝頂端，果紫黑色的為文竹；葉狀枝3～6枚簇生，針狀，長5～30毫米，花單性，不著生小枝頂端，果紅色的為石刁柏。

【生態習性】原產南非。喜溫暖、濕潤及半陰的環境，不耐寒，不耐旱，不耐澇。宜富含腐殖質、排水良好的沙壤土。

【繁殖方法】分株或播種。分株在春季結合換盆進行。播種需用充分成熟的漿果。春季採果後即於室內盆播，經常保持盆土濕潤，室溫25℃，約1個月可發芽。苗高10公分左右時分栽於小盆。

【盆栽管理】盆土常以腐葉土5份、園土2份、沙2份、廄肥1份之比例配製，再加適量磷、鉀。小盆文竹隨植株的生長換成稍大的盆。生長期可放在室外能避風雨的半陰處，亦可放在室內通風明亮處培養，注意澆水、施

肥，但水、肥都不可過多，要使盆土間乾間濕，盆土不乾不要澆水。冬季在室內宜放在向陽處，控水停肥，室溫保持10℃以上，不可低於5℃，低於3℃即會死亡。春季換盆或不換盆都要添換部分新土。植株長出蔓性長枝條時，應及時搭架綁縛並適當修剪。採種文竹不宜盆栽，因盆栽文竹雖可開花很多而不易坐果、保果。最好地栽於溫室，修剪老蔓，加強管理，讓新蔓開花結果，可以提高結實率。

【用途】文竹枝片如雲，具有松之飄逸，莖堅如竹，且有竹之秀麗，最宜盆栽作室內書案擺設，十分清雅。它不僅是室內盆栽觀葉的佳品，也是最好的插花襯葉，很受人們歡迎。

## 常春藤（洋常春藤）（圖118）

*Hedera helix*（English ivy）

【形態特徵】五加科常綠木質藤本，具氣根。幼枝具星狀毛。葉互生，營養枝上葉3～5裂或深裂，深綠色有光澤；生殖枝上葉菱形至卵狀菱形，全緣。總狀傘形花序；花小，帶綠色。花期10月。漿果狀核果球形，黑色。果熟期翌年5月。

栽培品種很多，常見有斑葉常春藤 cv. Argenteo-variegata、黃斑葉常春藤 cv. Aureo-variegata、紅邊常春藤 cv. Tricolor、掌狀常春藤

圖118　常春藤

cv. Digitata、鳥足裂常春藤 cv. Pedata。國產野生種中華常春藤（常青藤）*H. nepalensis var. sinensis* 亦常有栽培。它們的區別如下：

幼枝上的毛鱗片狀，營養枝上的葉三角狀卵形的為中華常春藤。常春藤種及品種，幼枝上的毛星狀。營養枝上的葉3～5裂淺裂者中，葉緣無雜色的為常春藤；葉緣鑲有紅色斑或全為紅色的為紅邊常春藤；葉緣鑲有彩色斑或白色斑的為斑葉常春藤；葉緣鑲有黃色斑或全為黃色的為黃斑葉常春藤。營養枝上的葉深裂者中，葉片呈掌狀分裂的為掌狀常春藤；葉片呈鳥足狀分裂的為鳥足裂常春藤。

【生態習性】原產歐洲。喜溫暖，較耐寒，最適生長溫度為20～25℃，冬季0℃不致凍死。耐陰，也不怕強陽光，無論在直射陽光下或在蔭蔽的室內均能生長。喜濕潤，不耐乾燥。地栽對土壤要求不嚴，盆栽宜用疏鬆肥沃、排水良好的土壤。

【繁殖方法】常用扦插、分株和壓條繁殖。扦插適期是4～5月和9～10月，可切取有氣根的半成熟枝1至數節扦插。匍匐地上的枝條在其節處自然生根，故分株、壓條都很容易。

【盆栽管理】盆土宜用園土加腐葉土配製。盆栽常春藤在夏季由於光照強、氣溫高而容易生長衰弱，故夏季宜庇蔭，並注意通風、噴水降溫。生長期保證水分供應，每半個月左右施1次液肥。在夏季氣溫過高、冬季太冷時，不可施肥。還需注意，給花葉品種施用的肥料中氮肥的比例不可過高，以防花葉變成綠葉。

栽培中可綁紮各種支架，牽引整形。冬季可置於一般

室內，空氣濕度不可過於乾燥，盆土不宜過濕，並注意通風透光以預防和減少介殼蟲的發生及危害。

【用途】常春藤葉形、葉色有多樣的變化，四季常青，是極好的室內觀葉植物和垂直綠化材料，也是極好的地被植物。

### 蘇鐵（鐵樹）（圖119）

*Cycas revoluta*（sago cycas）

【形態特徵】蘇鐵科常綠喬木。莖粗壯，圓柱形，密被宿存的葉基和葉痕。大型羽狀葉叢生於莖頂，羽狀裂片達百對以上，條形，邊緣反捲，深綠色，有光澤。雌雄異株，無真正的花；雄球花（雄孢子葉球）由雄蕊（小孢子葉）組成，圓柱形，長30～70公分；雌球花（雌孢子葉球）為1束開展的大孢子葉（雌蕊）。花期夏季。種子核果狀，熟時朱紅色。

同屬植物華南蘇鐵*C. rumphii*亦常見栽培，觀賞效果不如蘇鐵。其與蘇鐵的區別如下：

葉革質，邊緣向下反捲，深綠色的為蘇鐵；葉薄革質，邊緣平，不反捲，綠色的為華南蘇鐵。

【生態習性】原產中國南部、日本、菲律賓、印尼等地。喜溫暖濕潤環境，不耐嚴寒。喜陽光，亦耐半陰。較耐乾旱，最忌積水。

圖119　蘇鐵

宜肥沃而排水良好的微酸性沙壤土,忌黏質土壤。誤傳「千年鐵樹難開花」,實則只要有12℃以上的溫度作為越冬條件,20年生以上植株不難開花。

【繁殖方法】多用根基分蘖或幹部蘖芽分栽、扦插,春季用利刀切取後隨即埋入土中,適當庇蔭保濕,約兩個月可生長新根。雖也可用種子繁殖(春播),但因種子較難得到,一般很少用之。

【盆栽管理】盆土可用腐葉土3份加河沙1份及少量基肥配成。植株生長緩慢,栽植盆不必過大,可2～3年換盆1次。四季都宜放在陽光較強的地方,尤以在新葉成長期,無論如何也不能放在庇蔭處。冬季可放在0～5℃的室內越冬,盆土以偏乾為好,低溫濕度大容易爛根。在春、夏生長旺盛季節,澆水可稍多,每月施用礬肥水1次。入秋後,水分應加控制,肥料宜予停施。盆栽或地栽都要選擇空氣流通的地方;空氣不流通或悶熱潮濕,容易發生介殼蟲和煤污病。栽培中,當樹幹生長高達50公分後,於新葉展開成熟時剪除下部老葉,以保持樹形古雅。

【用途】蘇鐵全年具有大型美麗的濃綠葉叢,呈棕櫚狀,富有南國情調,盆栽可供佈置庭園及大型會場和家庭室內的裝飾之用,也可配置在盆花花壇中心。種子可食用,莖含澱粉,葉可用於插花及製作花籃、花圈等。

## 銀杏(白果樹)(圖120)

*Ginkgo biloba*(maidenhairtree, ginkgo)

【形態特徵】銀杏科落葉喬木。枝有長枝和短枝。葉在長枝上互生,在短枝上簇生;葉片扇形,先端常2裂,

葉脈叉狀分枝。雌雄異株；雄球花葇荑花序狀；雌球花具長梗，梗端兩叉，裸生兩個胚珠，常只1個發育成種子。種子核果狀，外種皮肉質，熟時黃色被白粉；中種皮堅硬，白色；內種皮膜質，紅色。花期4～5月。種子成熟期9月。

圖120　銀杏

【生態習性】原產中國。喜光，不耐陰，耐寒性頗強，較耐乾旱。忌大風和水澇。對土壤適應性強，而以疏鬆肥沃的沙壤土生長較好。

【繁殖方法】播種和嫁接用得最多。種子採收後，堆漚腐爛，洗淨陰乾，層積沙藏，翌年春播。播後40天左右即可發芽出土。小苗易患立枯病，應注意管理防治。秋季落葉後或翌春移植。為了提高結實和繁殖優良品種，可行嫁接。一般均用枝接法，最常用的方法是皮下接。

根據江蘇泰興的皮下接經驗，接穗以選三年生皮色光澤的枝並帶有3～4個至6～7個短枝者為最好。此外，銀杏也可分栽根蘗或嫩枝插。

【盆栽管理】盆土可用腐葉土、園土，適量摻拌沙土及礱糠灰。平時保持盆土濕潤，不可過乾或過濕。放置場所宜陽光充足。春夏間生長旺盛期常施稀薄液肥。夏季溫高光強，宜適當庇蔭。冬季放在室外越冬，最好埋盆於土中。春分前後換盆，可兩年換盆1次。換盆時施入基肥，不換盆時在冬季亦要施基肥。

【用途】銀杏為中國特產子遺樹種，浙江天目山有野生銀杏生長。其葉形奇特，秋色金黃，是優良的園林綠化樹種，亦適盆栽和製作椿景，尤以老椿新葉時最耐觀賞。種子除去肉質外種皮後稱白果，種仁可食用及入藥，有斂肺、定喘、澀精、止帶等功效，但不可多食，食用過量易中毒。銀杏葉中含銀杏雙黃酮，具有解痙、降壓和擴張冠狀動脈的作用，可用來製造治療冠心病的藥物銀杏葉片。

## 南洋杉（圖121）

*Araucaria cunninghamii*（Cunningham araucaria）

【形態特徵】南洋杉科常綠喬木。主枝輪生，平展，側生小枝密，平展或稍下垂。葉互生，二型：生於側枝及幼枝者多為針狀，排列疏鬆；生於老枝者則密聚，卵形或三角狀鑽形。雌雄異株。毬果卵形。種子兩側有翅。國內引種栽培幾十年的大樹，仍未見結實。

【生態習性】原產大洋洲。喜空氣濕潤的暖熱氣候，不耐乾燥及寒冷，能耐陰，較耐風。宜肥沃土壤。再生力強，砍後易生萌蘗。

【繁殖方法】扦插。插穗需用頂芽，不能用側枝。剪頂芽的母株仍可再長出頂芽。插穗長約15公分，扦插基質可用粗砂或蛭石，插後經常保持較高的空氣濕度，溫度20～25℃，4～6個

圖121　南洋杉

月可以生根。

【盆栽管理】盆土可用園土3份、腐葉土1份、粗砂1份配成，每年早春換盆換土。暖熱季節置室外半陰處，除盆土正常澆水外，經常灑水以增加空氣濕度。

施肥可視需要，酌施薄肥。冬季在室內越冬，宜多見陽光並控制澆水，夜間的溫度應在10℃以上。

【用途】南洋杉樹姿優美，與雪松 *Cedrus deodara*、日本金松 *Sciadopitys verticillata*、金錢松 *Pseudolarix amabilis*、巨杉（世界爺）*Sequoiadendron giganteum* 合稱為世界五大公園樹，不僅是南方園林綠化的優良樹種，亦適盆栽觀賞或作會場佈置用。

## 五針松（日本五針松）（圖122）

*Pinus parviflora*（Japanese white pine）

【形態特徵】松科常綠喬木。一年生小枝淡褐色，密生淡黃色柔毛。冬芽黃褐色。葉較細短，五針1束，長3.5～5.5公分，內側兩面有白色氣孔線，在枝上生存3～4年。毬果較小。種子生長翅，翅與種子近等長。

五針松有兩個栽培品種比較常見，短葉五針松 cv. Brevifolia 的枝葉短而密集；粉綠五針松 cv. Glauca 葉色蒼綠，葉面氣孔線特粗。

【生態習性】原產日

圖122　五針松

本。喜陽光，忌過陰。較耐寒，忌悶熱。耐瘠土，忌濃肥，忌水濕，宜富含腐殖質的微酸性沙壤土。

【繁殖方法】主要用嫁接，砧木多用黑松 *P. thunbergii*（針葉粗硬，二針1束，冬芽白色）2～3年生的實生苗，必須栽種成活後才可使用。大多用腹接法，嫁接的最適宜時間是2月下旬至4月上旬和9月中旬至10月中旬。接後培土，以接口為中心直培到接穗的松針處。當接穗成活、枝葉發綠、幼芽吐出時要及時扒土。扒土共分3～4次進行，第1次只要接穗的頂梢露出土面即可，以後每隔10～15天再扒土1次，把土扒到嫁接部位不露土為止。嫁接苗成活後，要及時對砧木新梢摘心抹芽，並從第1周年開始分期逐步剪去砧木的枝梢，最好至3周年將砧木剪至接穗部位。除枝接外，現亦常用芽接。

芽接對砧木黑松的樹齡不限，用腹接法在3月進行，既可高接，亦可在一二年生的黑松基部低接。除冬芽腹接外，還可芽與芽接，常用劈接法，綁縛後外套塑料袋保濕，置於通風的背陰處。待芽穗萌發，解開袋口，1週後除袋，放於半陰處，俟針葉全展，轉入正常養護。

【盆栽管理】盆土最好用黃山泥2份、黑山泥1份配成為好。在2～3月萌芽前栽盆，盆底須墊加排水層。盆栽五針松宜放在陽光充足、空氣流通而又濕潤的地方，盛夏高溫時則要置於陰涼通風處，不可烈日曝曬。澆水要細緻認真，特要注意常噴葉水和地面灑水，不可澆水過勤，不可澆半截水。盆土宜偏乾而不可偏濕，但不可長時間水分不足。施肥宜薄肥少施。春肥於2～3月施，用稀薄液肥，分幾次施之。秋肥用腐熟餅肥乾施（小盆1克，大盆2

克），分兩次進行。6～7月不宜施肥。冬季在-5℃以上的地區，可置於室外越冬，最好埋盆於土中。如置於室內越冬，室溫不可高於10℃。在修剪方面，由於五針松只抽發定芽，不發不定芽，所以不宜強度修剪。五針松的修剪主要是摘芽，一般在每年3～4月新芽伸長但未放針葉時進行，可摘掉每個芽長的1/2左右。不需要的枝條也可剪除。對剪枝後的傷口，為防止松脂外流，應及時用蠟或油漆封住傷口。換盆可4～5年換1次，以在2～3月進行為宜。五針松的蟲害較少，以介殼蟲、蟎蟎等較嚴重，要注意及時防治，有蟎蟎的盆土應及時換盆。盆栽五針松易發生根腐病，其針葉變色而後開始脫落，造成的原因多是由於澆水不當使盆土失水而傷害細根或者澆水太多太勤使盆土長時間過濕而引起，應據實採取相應的適當補救措施。

【用途】五針松大小適度，青翠瀟灑，適於造型，宜於盆栽，四季可賞，是盆栽和盆景中珍貴的觀賞樹種。

## 鳳尾竹（圖123）

*Bambusa glaucescens cv. fernleaf*（fernleaf glaucescent bamboo）

【形態特徵】禾本科常綠灌木型叢生竹，為蓬萊竹 *B. glaucescens* 的栽培品種。原種竹竿高5～8公尺，每節有多數分枝，葉片長5～16公分，背面粉綠而無毛。鳳尾竹的竹竿較原種矮細，葉長3.5公分左右，通常十數枚排生於小枝兩側似羽狀。蓬萊竹還有1個栽培品種小琴絲竹 *B. glaucescens cv. Alphonse*，它與原種甚為相似，但其竹竿黃色而具綠色縱條紋，常種植於庭園中供觀賞。

盆栽花卉栽培與裝飾

圖123　鳳尾竹

【生態習性】原產中國。喜溫暖濕潤氣候及排水良好、濕潤的土壤，以沙壤土最好，忌積水。

【繁殖方法】主要用分苗栽植，在1～3月進行，將著生在竹叢邊緣的一兩年生健壯竹株，3～5株成叢挖起栽植。

【盆栽管理】盆土可以腐葉土和沙土混合使用。盆栽鳳尾竹夏季不宜曝曬，冬季宜進溫室越冬。生長旺盛期或夏季高溫時要勤澆水和噴水，但不能積水，否則易爛根。5～8月可追施2～3次稀薄的液肥。換盆時間以4～5月為好，可2～3年換盆1次。

【用途】鳳尾竹枝葉瀟灑，觀賞價值較高，宜於盆栽，也可製作盆景，在南方溫暖地區可用來裝飾庭院。

## 棕竹（矮棕竹）（圖124）

*Rhapis humilis*（dwarf Ladypalms）

【形態特徵】棕櫚科常綠灌木。莖叢生。葉聚生莖頂，扇形，掌狀10～20深裂，裂片條形。花單性，雌雄異株，無梗，組成鬆散分枝的肉穗花序。花期夏季。漿果球形。

同屬植物筋頭竹（棕竹）*R. excelsa* 亦常見栽培。兩者區別如下：

植株較高，葉片5～10深裂，裂片較寬短的為筋頭竹；植株較矮，葉片常10～20深裂，裂片較窄長的為棕

竹。

【生態習性】原產南
亞。喜溫暖、陰濕及通風良
好的環境，不耐寒，忌烈
日。適生於富含腐殖質的微
酸性礫質土。

【繁殖方法】主要用分
株，在早春3～4月結合換
盆將原株叢切分成數叢另行
栽植。亦可播種繁殖，但僅

圖124　棕竹

南方採用，北方溫室盆栽多不結實，一般不採用此法。

【盆栽管理】盆土最好用腐葉土與園土各半，再加餅
肥為基肥。上盆宜選用比植株大一號的花盆。可常年在明
亮的室內或溫室栽培，也可在5～9月搬至室外庇蔭潮濕處
栽培。生長期保持盆土濕潤，每月或隔月施肥1次。可施
礬肥水，還可用0.2％尿素結合噴水追施葉面肥。冬季放入
溫室或溫度不低於5℃的室內越冬。栽培中注意增加空氣
濕度，保持通風良好，防治介殼蟲危害。

【用途】棕竹株叢挺拔似竹，葉色青翠常綠，深得人
們喜愛，為裝飾室內的優良盆栽觀葉植物，華南及西南部
分地區可以露地叢栽。

## 散尾葵（圖125）

*Chrysalidocarpus lutescens*（Madagascar palm）

【形態特徵】棕櫚科叢生常綠灌木。莖光滑，黃綠色，
有環紋。葉長而呈拱形，羽狀全裂，裂片條狀披針形，亮

盆栽花卉栽培與裝飾

圖125　散尾葵

綠色；葉柄、葉軸、葉鞘均淡黃綠色；葉鞘圓筒形，包莖。肉穗花序圓錐形。花期春季。

【生態習性】原產馬達加斯加。喜高溫、潮濕及半陰的環境，忌冷。25～35℃最適宜生長，冬季要保溫在8℃以上並放在光照良好的地方培育，夏季最忌烈日曝曬。土壤一定要排水良好。

【繁殖方法】主要用分株，通常在出房前結合換盆進行。分割的小叢每叢最少有苗兩株以上，3年左右可分盆1次。亦可播種繁殖，只要溫度適宜，播種後3年就能長成大株。但國內未見有結實者。

【盆栽管理】盆土宜以腐葉土為主配製。由於散尾葵的蘗芽生長比較靠上，故栽盆時應較原來栽得稍深些，以利新芽更好地紮根。生長期需經常保持盆土濕潤和植株周圍較高的空氣濕度，常施液肥或施以遲效性複合肥。夏季可置室外半陰處，即使短時間的烈日曝曬也應避免，否則引起葉片焦黃，很難恢復。秋季宜早入房。冬季應保持葉面清潔，可經常向葉面少量噴水或擦洗葉面。北方散尾葵冬春季死亡的主要原因就是受低溫危害，栽培中要特別注意。

【用途】散尾葵株形優美，充滿著熱帶風情，富有大自然的氣息，用作室內綠色裝飾，能使人感到步入自然境地。

## 香龍血樹（巴西鐵樹）（圖126）

*Dracaena fragrans*（fragrant dracaena）

【形態特徵】百合科常綠喬木。有時分枝。葉簇生莖頂，長橢圓狀披針形，彎曲，邊緣呈波狀起伏，鮮綠色，有光澤。花簇生成圓錐狀，具3枚白色苞片，花被帶黃色，有芳香。

常見的栽培品種有金邊香龍血樹cv. Victoria（葉片邊緣金黃色）、金心香龍血樹cv. Massangeana（葉片中心為金黃色縱條）、銀邊香龍血樹cv. Lindeniana（葉片邊緣乳白色）。

常見栽培的同屬植物有富貴竹 *D. sanderiana*（葉具長柄，邊緣有黃色或白色寬條斑）、龍血樹 *D. draco*（葉無柄與香龍血樹同，但葉色為灰綠色且葉片較窄）。

【生態習性】原產西非。喜溫暖多濕和陽光充足的環境，夏季應予庇蔭。不耐寒，越冬最低溫度應在5℃以上。較耐旱，耐肥。要求土壤疏鬆、排水良好、富含腐殖質。

【繁殖方法】扦插。在生長季節，截取帶葉片的莖尖和不帶葉片的莖段（當年生和多年生），長10公分左右，扦插在粗砂或蛭石的基質中，溫度21～24℃。帶葉片的莖尖約1個月可生根盆

圖126　香龍血樹

栽；莖段生根較慢，有時需2～3個月才能長出新芽和根。在各種插穗中，嫩枝的帶葉莖尖生根最快。

【盆栽管理】盆土一般由黏質壤土加腐葉土和河沙配成。上盆、換盆時施一些基肥。每年早春換盆或換土。生長期每半個月左右施1次液肥，肥料中要注意配施磷、鉀肥。為使生長健壯，要有充足的水分供應，不可缺水。夏天宜置室外，避免日光直射。室內栽培時須置於光線明亮處。冬季不庇蔭，越冬室溫最好保持10℃以上。

【用途】香龍血樹整個植株甚為美麗壯觀，是有名的新一代室內盆栽觀葉植物，深受人們的喜愛。

## 雞爪槭（雞爪楓）（圖127）

*Acer palmatum*（Japanese maple）

【形態特徵】槭樹科落葉小喬木。小枝細瘦，紫色或灰紫色。單葉對生，掌狀7裂，深達葉片的1／2或1／3。傘房花序頂生；花紫色，雄花與兩性花同株。花期5月。翅果幼時紫紅色，成熟後為棕黃色，張開成鈍角。果熟期10月。

常見栽培品種有紅楓cv. Atropurpureum（葉形同雞爪槭，但葉為紫紅色）、羽毛楓（塔楓）cv. Dissectum（葉7～11深裂達基部，裂片又羽狀細裂）、紅羽毛楓（紅塔楓）cv. Dis-

圖127　雞爪槭

sectum Ornatum（葉形同羽毛楓，而葉為紅色）。

【生態習性】原產中國、日本及朝鮮。喜光，夏季宜適當庇蔭。喜溫暖濕潤氣候，不甚耐寒。不耐水澇。宜疏鬆肥沃的沙壤土。

【繁殖方法】雞爪槭用播種繁殖，其品種用嫁接繁殖，砧木用小果槭（青楓）A. elegantulum var. macrurum 和雞爪槭。小果槭葉5～7裂，中裂片和側裂片的先端長尾狀銳尖，翅果長1.2～1.5公分。與雞爪槭相比，其種子發芽率高，長勢旺盛，與紅楓和羽毛楓親和力強。砧木用播種繁殖。兩種砧木都是在10月採種，採後日曬去除翅及雜物，即行秋播或者沙藏至翌年2月春播。砧木粗度一般要求在0.6公分以上，高接用的砧木至少在1公分以上。切接適宜在2月中、下旬至3月上旬進行；嵌芽接最適宜時期為9月份；高枝多頭嫩枝接宜在梅雨季進行。

【盆栽管理】苗期應適當庇蔭。移植要在秋、冬落葉後或春季發芽前進行。盆土可用腐葉土或山泥，摻拌適量的礱糠灰及沙土。經常保持盆土濕潤，高溫期間要注意多澆水，入秋後盆土以偏乾為宜。施肥應在3月中旬及8月下旬抓緊進行，冬季落葉後施基肥。施用的氮肥不能過多，應配施磷、鉀肥，使紅葉品種葉色鮮豔。修剪在落葉後休眠期進行，除剪去不需要的枝條，對當年生的過長枝條也應短截。在生長期不宜修剪，以免樹液從傷口外流而影響生長。換盆宜在發芽前進行，可2～3年換盆1次。雞爪槭病蟲害較少，主要有刺蛾和大蓑蛾為害葉片，星天牛為害樹幹，應注意防治。

【用途】雞爪槭葉形秀麗，秋葉紅豔，其品種紅楓、

紅羽毛楓，終年紅葉，觀賞價值更高，為園林綠化極優良樹種，也可盆栽和製作盆景。

## 一品紅（猩猩木）（圖128）

*Euphorbia pulcherrima*（common poinsettia）

【形態特徵】大戟科常綠灌木，含乳汁。單葉互生，卵狀橢圓形至披針形；生於下部的葉全為綠色，全緣或淺波狀或淺裂；生於上部的葉較狹，通常全緣，開花時朱紅色。杯狀花序多數，頂生於枝端；總苞壇形，有1～2個大而呈黃色的杯狀腺體。花期12～2月。果為蒴果。

常見栽培的品種有一品白 cv. Alba（花序下方葉片白色）、一品粉 cv. Rosea（花序下方葉片呈粉紅色）和重瓣一品紅 cv. Plenissima。

同屬植物猩猩草 *E. heterophylla*，亦有稱之為一品紅者。與一品紅容易區別，猩猩草為一年生草本，葉形多變化，多數為提琴形，兩端大，中間細，在花序下面的一輪葉片，基部紅色或有紅、白斑。

【生態習性】原產墨西哥。喜溫暖濕潤及陽光充足的環境，宜微酸性的肥沃沙壤土。不耐寒，冬季室溫不得低於 15℃，以 14～18℃為宜。夏季強光時，防止直曬，增加空氣濕度。一品紅為短日性植物，在日照10

圖128　　一品紅

小時左右、溫度高於18℃的條件下開花。

為控制花期，在18～20℃溫度下，每天光照8～9小時，50天左右可以開花。

【繁殖方法】以扦插為主。3～4月將去年老枝剪成長約12公分、不帶葉的插穗，插於蛭石或細沙土的基質中，保持20℃以上溫度，大約20天生根。7～8月用帶葉插穗扦插，生根也快。剪切插穗時切口流出白色乳汁，要用水浸去或用萬分之一的高錳酸鉀溶液洗除，蘸上木炭粉而後扦插。

【盆栽管理】扦插成活後，應及時上盆。盆土可用園土6份、腐葉土3份、餅肥1份配成，亦可用經過消毒的舊盆土加30％腐葉土和15～20％礱糠灰。一品紅生長旺盛，水不可缺，但不可多；施肥亦然。適當控制肥水，是為了避免徒長。夏季置蔭棚下，應多噴霧，並應防雨澇。冬季宜在高溫溫室培養，以利開花。一品紅容易徒長偏高，控制偏高一般採用截頂的辦法。於6月下旬第1次截頂，8月中旬第2次截頂。

家庭盆栽，植株高度宜控制在40～50公分。除了截頂的辦法，還可採用曲枝整形、噴灑生長抑制劑（B9等）等法來控制偏高。開花後減少澆水，促其休眠。落葉後離土面25公分處剪平，切口塗以木炭粉。剪下的枝條可以進行扦插繁殖。4月上旬換盆。

【用途】一品紅色澤紅豔，花期很長，又正值聖誕節、元旦和春節期間開放，是冬春重要的盆花和切花材料，同時又容易控制花期，可以周年供應，是園藝上的重要花卉。

盆栽花卉栽培與裝飾

## 變葉木（圖129）

*Codiaeum variegatum*（variegated leafcroton）

【形態特徵】大戟科常綠灌木。單葉互生，厚而光滑，大小、形狀和色彩變化很大，葉有綠、黃、橙、紅、紫、青銅、褐及黑色等不同深淺色彩；葉形有寬葉（葉寬可至10公分）、細葉（葉寬只1公分左右）、長葉（葉長可達50～60公分）、扭葉（葉緣反曲、扭轉）、角葉（葉有角棱）、戟葉（葉似戟形）、飛葉（葉片分成上下兩片，中間僅由葉的中肋聯絡）等不同形狀。花小，單性同株，排成長的總狀花序；雄花白色，簇生於苞腋內；雌花綠色，單生於花序軸上。花期春季。果為蒴果，成熟時裂成3個兩瓣裂的分果爿。

變葉木栽培品種很多，通常即按葉色和葉形進行區分和稱呼。

【生態習性】原產太平洋熱帶島嶼和澳洲。喜高溫多濕和日光充足的環境，不耐寒。夏季生長溫度宜30℃以上，冬季最低室溫不宜低於15℃，否則易遭受寒害，溫度在10℃以下會引起植株落葉。喜肥沃的腐殖質土。

【繁殖方法】以扦插為主。於6～8月剪取頂端嫩梢，長10公分左右，切口

圖129　變葉木

塗木炭粉。保持高溫多濕,約1個月可以生根。亦可高壓
繁殖,以7月高溫季節為好。中國極少見到變葉木結實,
故一般不用種子繁殖。

【盆栽管理】盆土可用腐葉土、腐熟牛欄肥、黏質壤
土配製,亦可用培養土、腐葉土和粗砂相配製。除寒冷季
節置溫暖室內向陽處培養外,幼株宜置於室外蔭棚下,成
長的植株宜置於露地陽光充足處。生長季節應給予充足的
水分,盆土不可過乾,葉面經常噴水,並注意追肥。但氮
肥不可太多,否則葉片變綠,暗淡而不豔麗。成年植株可
兩年換盆1次,於4月上旬進行。

【用途】變葉木株形繁茂,葉形多姿,葉色斑斕,是
觀葉植物中最惹人喜愛的一種。華南一帶常地栽於庭園,
華東、華北則作盆栽,佈置於廳堂、會場等處。變葉木還
是插花、花環、花籃的良好配葉材料。

## 紅背桂花(青紫木)(圖130)

*Excoecaria cochinchinensis*(Cochinchinese excoecaria)

【形態特徵】大戟科常
綠灌木,全體無毛。葉近對
生,長橢圓形或矩圓形,邊
緣具疏細鋸齒,上面深綠
色,下面深紫紅色或淺綠色
(綠背桂花 var. *viridis*)。
花小,單性異株;花序穗
狀,雄花序較長而雌花序極
短。花期6～7月。蒴果球

圖130　紅背桂花

盆栽花卉栽培與裝飾

形。

【生態習性】原產越南。喜溫暖，不耐寒。較耐陰，忌強光曝曬。不耐水濕。喜疏鬆、排水和透氣良好的土壤。

【繁殖方法】扦插。春季剪取1～2年生枝條，長約10公分，插於粗砂或蛭石中，保持20～25℃，1個月左右即可生根。

【盆栽管理】盆土可用普通培養土加少量基肥。盆栽紅背桂花在家庭中可常年放在明亮室內向陽的窗臺附近，或夏季移放室外半陰處。越冬宜放在溫度在12℃以上的室內。生長期常施稀薄液肥，保持盆土濕潤，並經常向植株周圍及葉面噴水以增加空氣濕度。越冬期間保持盆土不乾即可。每2～3年換盆1次，通常在春季進行。

【用途】紅背桂花株形矮小，雙色葉片極為別致，冬季倍覺可愛，適於盆栽，用來點綴室內環境，佈置廳堂、會場。

## 橡皮樹（印度橡皮樹）（圖131）

*Ficus elastica*（rubber-plant）

【形態特徵】桑科常綠喬木，樹皮平滑，有乳汁。單葉互生，厚革質，長橢圓形或矩圓形，側脈多而平行；托葉淡紅色，包被頂芽，脫落後留下環狀痕跡。花小，單性，生於中空的肉質花序托內，形成隱頭花序。花托果成對生，內具小瘦果。

常見栽培品種有美葉橡皮樹 cv. Decora（葉綠色，極亮澤）、小葉橡皮樹 cv. La France（葉較小，尖端扭曲）、寬

葉橡皮樹 cv. Robusta（葉特寬，著生較密，外形緊湊）、白邊橡皮樹 cv. Doescheri（葉具白邊，中脈及葉柄帶紅色）、點彩橡皮樹 cv. Schryveriana（葉較狹，具深淺綠色及黃白色斑紋，淺色邊帶上有點彩）、三色橡皮樹 cv. Tricolor（葉具不規則奶油色、青白色和暗綠色斑塊）。

圖131　橡皮樹

【生態習性】原產印度和馬來西亞。喜暖濕，不耐寒。喜強陽光，稍能耐陰。對乾旱環境有較強的抗性，喜肥。要求肥沃土壤。

【繁殖方法】扦插或高壓。5月份剪取1～2年生枝條，每3節為1插穗，也可單芽插，僅留上端1個葉片，捲合紮起，插後在中間立支棍用來固定。溫度在25℃左右，1個多月可以生根。高壓宜選擇2年生枝條，6月份進行，7～8月生根後剪下盆栽。

【盆栽管理】盆土最好用腐葉土為主配製。生長季節宜放在室外陽光下，若放在室內觀賞，兩週即應更換。冬季亦應放在室內陽光最強的地方，室溫宜在10℃以上。生長旺盛期必須保證充足的肥料和水分，並常向葉面噴水。秋、冬減少澆水。冬季長期低溫和盆土潮濕易造成根部腐爛。

【用途】橡皮樹是極美麗的盆栽觀葉植物，尤以花葉品種更美，可供室外佈置，亦可佈置室內、廳堂及大型會

---

場。乳汁可製作硬性橡膠。

## 桃葉珊瑚（東瀛珊瑚）（圖132）

*Aucuba japonica*（Japanese aucuba）

【形態特徵】山茱萸科常綠灌木。小枝綠色，光滑無毛。單葉對生，革質，橢圓狀卵形至橢圓狀披針形，先端尖而鈍頭，兩面油綠有光澤。花單性異株，小而呈紫色；圓錐花序密生剛毛。花期4月。漿果狀核果熟時鮮紅色。庭園中廣泛栽培它的1個品種，即灑金桃葉珊瑚cv. Variegata，其葉面有黃色斑點。

同屬植物華珊瑚 *A. chinensis* 亦稱桃葉珊瑚，外形與上種酷似，但小枝有毛，葉薄革質而先端尾尖，圓錐花序疏生剛毛，可以區別。

【生態習性】原產日本及中國臺灣。喜溫暖、濕潤及半陰的環境，不甚耐寒。要求排水良好的肥沃土壤。

【繁殖方法】主要用扦插，於9～10月進行為好，翌年春季即可移植。也可播種或嫁接。種子採後即播，但實生苗多為原種。嫁接用實生苗作砧木。

【盆栽管理】上盆、換盆應施基肥。生長期常施追肥，注意保持盆土潮潤，並置放於半陰處。入冬置10℃以上室溫條件下越冬，停肥控水。栽培中還應注意修剪

圖132　桃葉珊瑚

和防治介殼蟲危害，使保持良好株形和正常生長；可2～3年換盆1次。

【用途】桃葉珊瑚葉美而耐陰，是優良的園林觀葉植物，也適盆栽觀賞，供室內綠化及佈置會場、廳堂等用。

## 八角金盤（圖133）

*Fatsia japonica*（Japan fatsia）

【形態特徵】五加科常綠灌木。葉互生，大形，掌狀7～9深裂，表面光亮，緣有齒牙；葉柄長，基部肥厚。傘形花序再集成大型頂生圓錐花序；花小，白色。花期10月。果近球形，肉質，熟時黑色。

栽培品種有白邊八角金盤cv. Albomarginata（葉片邊緣白色）、黃紋八角金盤cv. Aureoreticulata（葉面有黃條紋）、黃斑八角金盤cv. Aureovariegata（葉面有黃色斑塊）、裂葉八角金盤cv. Lobulata（葉掌狀深裂，各裂片又再分裂）、波緣八角金盤cv. Undulata（葉緣波狀且皺縮）、白斑八角金盤cv. Albovarie-gata（葉面有白色斑點）。

【生態習性】原產日本。極耐陰，除冬季可不遮光外，其他季節均應庇蔭，夏季短時間的陽光直射也可能發生日灼病。喜溫暖，但也有一定耐寒力。較耐濕，不耐乾旱。宜疏鬆肥沃土壤。

圖133　八角金盤

【繁殖方法】扦插或分株。扦插容易成活，春、夏、秋都能進行。分株在4月換盆時將原株叢切分數叢另行栽植即可。亦可播種，5月果熟時採種後即播，在10～13℃時種子發芽；苗高8公分時移植。

【盆栽管理】盆土宜用腐葉土加河沙配製。盆栽八角金盤可常年放在明亮的室內觀賞。生長旺盛期，盆土必須有充足的水分，可每半個月施1次液肥。乾旱季節宜經常向葉面及植株周圍噴水，保持較高的空氣濕度。開花後，不供採種的應及時剪除花梗，減少養分消耗。

室內越冬，室溫宜在5℃以上。每年或隔年在4月新梢生出之前換盆，施用基肥應以磷肥為主。在通風不良時易生介殼蟲為害，要注意通風，並及時除治。

【用途】八角金盤葉叢美大，四季青翠，斑葉品種更增觀賞價值。可在園林中地栽，更是十分理想的室內盆栽觀葉植物。

## 鵝掌柴（八葉五加）（圖134）

*Schefflera octophylla*（ivy tree, common schefflera）

【形態特徵】五加科常綠小喬木或灌木。葉互生，掌狀複葉，小葉6～9枚，小葉柄不等長。花序為由傘形花序聚生成大型圓錐花序，頂生，長達25公分；花小，白色，芳香。花期冬季。肉質果球形。

栽培的同屬植物還有澳洲鵝掌柴 *S. actinophylla*，小葉5～10枚，較長大；花序長45公分，花綠白色。

【生態習性】原產中國及日本。喜溫暖和半陰，不耐寒。喜濕潤、肥沃土壤，在空氣濕度高、土壤水分足的環

境下生長良好。

【繁殖方法】扦插或播種。扦插在梅雨季，剪取當年生枝或在春季新梢生長之前剪取一年生枝作插穗（帶1片複葉），均易生根成活。種子春播，在溫度20～25℃的條件下，2～3週出苗。苗高8公分左右時分苗移植1次。

圖134　鵝掌柴

【盆栽管理】盆土可用腐葉土與園土混合。生長季節常施追肥，盆土不能缺水，並要常噴葉水。盛夏切要避免烈日直曬，其他季節應適當給予光照。

平時需經常注意整形和修剪。每年春季新芽萌發之前換1次盆，並可結合進行重修剪。冬季可放在一般室內向陽處，最低溫度宜保持在5℃左右，0℃以下葉片脫落。

【用途】鵝掌柴株形豐滿，葉形美觀，適應力強，是優良的盆栽觀葉植物，適於佈置會場、廳堂及家庭居室。

## 發財樹（瓜栗）（圖135）

*Pachira macrocarpa*（largefruit pachira）

【形態特徵】木棉科常綠小喬木。掌狀複葉互生；小葉7枚左右，近無柄。花單生於葉腋，長可達22.8公分；花瓣條形，白色或粉紅色，外被短柔毛。花期6月。蒴果球形。有栽培品種花葉發財樹 cv. Variegata，觀賞效果更好。

【生態習性】原產墨西哥到哥斯達黎加一帶。強陽性

圖135　發財樹

植物，但有一定的耐陰能力。不耐寒，低溫對其有致命的危害，冬季應放在16～18℃以上的環境中，10℃以下容易死亡。耐旱能力較強，乾燥往往容易造成落葉，但不易因乾旱而致死。要求肥沃土壤。

【繁殖方法】大批量繁殖是採用播種，種子多從國外進口，在海南島等地繁殖實生苗銷往他處。花葉發財樹用嫁接法繁殖，砧木用普通的發財樹；於8～9月用嫩枝接，當年即可成苗。少量繁殖可用大枝條扦插，在底溫高、空氣濕度大的條件下也可以生根。

【盆栽管理】盆土可用腐葉土加河沙配製。栽植時宜施基肥。每年春季換盆，結合進行修剪。對株形較鬆散的植株，可在分枝點之下將其剪斷，只留主幹，使其重新萌芽。生長旺盛期需要較充足的肥料，需有充足的水分。冬季室溫低時，不可施肥，保持盆土適當的乾燥，直到盆土大部分變乾時再澆水。盆栽發財樹夏季置室外宜避免中午的烈日直曬，冬季最好能放在高溫溫室內有直射光線的地方。在室內光線比較弱的地方可以連續觀賞3週左右，時間過久不僅會影響生長，還會引起老葉脫落。

【用途】發財樹名稱吉祥（該名稱是Pachira的廣東話諧音），株形優美，葉片茂密，樹幹呈紡錘形，深受商家及一般市民的歡迎，是極優良的盆栽觀葉植物。

## （五）觀果植物

### 代代（回青橙）（圖136）

*Citrus aurantium var. amara*（daidai）

【形態特徵】芸香科常綠灌木或小喬木，為酸橙的變種。枝具刺，無毛。單身複葉互生；葉片卵狀橢圓形，有透明油腺點；葉柄具闊翼。花白色，極芳香，單生或數朵簇生於葉腋。花期5～6月。柑果扁球形，萼與果梗基部顯著肥厚，瓤囊約10個，成熟後果皮濃橙色，不易落果，第2年的果至夏季能回青，回青橙之名即由此而得，故在同一樹上有能見到3代的果者。

常見栽培的橘桔屬植物還有佛手 *C. medica var. sarcodactylis*（另作編寫）、香黎檬（北京檸檬）*C.×mey-eri*（檸檬與甜橙的雜種）、柚 *C. grandis*、香圓 *C.×wilsonii*（宜昌橙與柚子的雜種）、甜橙 *C. sinensis*、柑橘 *C. reticulata*、四季橘（金橘）*C. reticulata var. austera×Fortunella margarita*（酸橘與羅浮的屬間雜種）。它們的區別如下：

單葉，葉柄頂端無關節，兩側無翼葉，果長形，皮極厚，分裂如拳或張開如指的為佛手。其他種為單身複葉，葉柄頂端有關節，兩

圖136　代代

側顯有翼葉或狹窄而不明顯。翼葉不明顯，花蕾和花瓣帶紫色，果皮薄，果肉酸的為香黎檬。

翼葉明顯或不明顯，花蕾和花瓣均白色的有：小枝有毛，翼葉寬大，果極大，徑在10公分以上的為柚。小枝無毛，果中等大小者中，同是翼葉大，果肉酸，果皮不易剝離，而果熟時濃橙色，萼與果梗基部顯著肥厚的為代代；果熟時檸檬黃色，萼與果梗不顯肥厚的為香圓。同是翼葉狹窄至僅具痕跡，而果肉酸、果皮有如金柑的甜味，葉背脈不明顯的為四季橘；果肉甜或甜過於酸，葉背脈明顯：果常為球形，果皮不易剝離，果心充實的為甜橙；果扁圓或近球形，果皮易剝離，果心中空的為柑橘。

【生態習性】原產印度，自古傳入中國。宜溫暖濕潤氣候，喜光，好肥，稍耐寒。在濕潤、肥沃的沙壤土中生長良好。

【繁殖方法】以扦插為主，亦可高壓、嫁接和播種。嫁接以枸橘 *Poncirus trifoliata* 作砧木，方法費事且生花不盛，已較少採用。播種繁殖後代易變異，且劣者多，結果晚，一般不採用。扦插，據蘇州的經驗，必須在6月下旬至7月中旬進行。插穗選用長10公分的當年生嫩枝，要求枝圓、節密、帶踵（長的扁的嫩枝難以插活），除去下部葉子而後盆插。插壤用篩細的稻田土加1/3的礱糠灰。插後浸盆吸水澆透插壤，庇蔭，保濕，60～70天生根。今年扦插，明年分栽。扦插成活後3～4年可開花。代代的扦插生根較難，成活率一般只有40％。如果用生長素處理，成活率可以提高到80％。生長素最好用吲哚丁酸（IBA），用50％的酒精配成$1000 \times 10^{-6}$濃度，將插穗基部浸入數秒

鐘取出，任其蒸發5分鐘，然後扦插即可。

【盆栽管理】盆土常用稻田土加1/3的礱糠灰。每年（幼苗）或隔年（成長樹）換盆1次，通常於早春進行，結合進行修根、整枝、施基肥。除冬季及開花時外，注意施用追肥。生長期施速效氮肥為主，開花前及結果期施磷、鉀肥。夏季每隔1天施1次稀薄液肥，梅雨季可適當施用乾肥，秋季減少施肥以避免促發新梢。施肥中宜酌施礬肥水，可使葉色濃綠。澆水必須間乾間濕，不可過乾或過濕。每期花後要讓盆土乾一乾。冬季可放在不結冰的室內向陽處越冬，盆土宜乾不宜潮。室溫不可過高，否則影響代代的半休眠，對第2年生長發育不利。

代代的修剪與開花結果有密切關係。修剪時期主要是在春季。晚春或秋季為設置更新母枝可進行必要的輔助修剪。結果母枝是直接在當年抽新梢並於新梢上開花結果的枝，即從結果母枝上發生結果枝。預留使生新的結果母枝的枝稱為更新母枝。新梢有春梢、夏梢和秋梢之分，花亦有春花、梅季花和秋花3期。結果枝分為有葉單花枝、有葉花序枝、無葉單花枝、無葉花序枝4種。有葉單花枝結果最可靠。無葉結果枝坐果率低，一般較弱，可剪除。

正常結果的樹，每年既有充足的優良結果母枝（過於長大者可以剪去先端約全長的1/3），又有優良的果蒂枝（採果後的有葉結果枝，留作更新母枝用的不要短截）可以利用作為更新母枝，其所發生的夏、秋梢一般不會多，大部分應予疏去。個別生在適當部位的夏、秋梢包括徒長枝，擬予保留的，宜適度剪短，善為利用。弱小的果蒂枝以完全剪去為宜。其他無用枝條如乾枯枝、病蟲枝、交叉

枝、下垂枝、密生枝、隱蔽枝、細弱枝，應全部疏去；除換盆時修剪外，隨時都可進行。

　　為了促花保果，除了對過多的結果母枝進行疏刪外，在花開前後必須供應充足的肥、水，摘除春梢上萌發的夏梢，合理疏花疏果，對粗度大於0.8公分的掛果枝條進行環割，並注意防治吹綿介殼蟲、煤污病等病蟲害。

　　【用途】代代葉常綠而花白果紅，果實歷2～3年而不落，觀花、觀果均佳，適於盆栽，暖地地栽亦宜。花可供薰茶和藥用。薰茶用的花宜已開而未開足者，通常在清晨日出前採收。花蕾烘製成乾即中藥材代代花，能治胸腹脹滿等症，亦可入茶中同飲。果實亦供藥用，選採成長適度的果實，橫剖切開，曬之成乾，即中藥材蘇枳殼，為枳殼的一種，功能破氣，消積，化痰。花、葉、果皮、果柄都可提取芳香油，用於化妝品和醫藥。

## 佛手（佛手柑）（圖137）

*Citrus medica var. sarcodactylis*（finger citron）

圖137　佛手

　　【形態特徵】芸香科常綠灌木，為枸櫞的變種。枝具短硬棘刺。單葉互生，葉片先端鈍，有時有凹缺，有透明油腺點；葉柄頂端無關節，兩側無翼葉。花序短總狀；花淡紫色，兩性或因雌蕊退化而成雄性花。在浙江金華有白花品種，稱南京佛

手。花期春、秋，夏季不開花或開花少，一年開花2～3次。果長大，幾無果肉及種子，果皮厚，分裂如拳（拳佛手）或張開如指（開佛手），極芳香。

【生態習性】原產亞洲熱帶。六喜六怕：喜溫暖，喜陽光，喜潮潤，喜通風，喜肥，喜微酸性沙壤土；怕霜凍，怕悶熱，怕煤煙，怕乾旱，怕盆澇，怕黏結土。越冬室溫以5～15℃為宜。

【繁殖方法】扦插、嫁接或高壓。扦插宜在夏至前後進行，插壤用細沙及礱糠灰適量拌和，插穗選剪上年的春梢、秋梢或當年的春梢，每段長10～12公分，剪去葉片和刺，盆插入土6.5～10公分。插後澆透水，置陰涼處，並保持盆土濕潤。約1個月後可生根，兩個月後可發芽。嫁接一般在夏至前後梅雨季進行。砧木宜用枸橼或枳橙 *Poncirus trifoliata* × *Citrus sinensis*（枸橘與甜橙的雜種，同一枝條上雜生有1片、2片或3片小葉的複葉），比用枸橘作砧木好。嫁接方法用靠接，易於成活。亦可於3月上中旬進行切腹接，將砧木從土面以上3.3～6.5公分處剪平削光，在邊緣稍帶木質處切一斜向切口，深1～1.7公分，接穗要留有2～3個芽，並將下端削成與切口等長的楔形，然後將接穗插入砧木切口內，綁好，培土，僅使接穗頂芽露出土面，半月後就癒合並抽芽生長。佛手亦可高壓繁殖，在初春進行，兩個月後就會生根，根長足後再將其剪下盆栽。

【盆栽管理】盆土可用肥沃的培養土或肥沙土。盆栽時墊加約占盆深1/3的排水層。對盆栽佛手，澆水要合理，不乾不澆，澆則澆透。夏天常向葉面噴水，地面灑水。開花結果初期要控制澆水。坐果以後，澆水須勤。冬

季要稍偏乾。施肥宜分4個階段進行：3～6月春梢生長期，每週施薄肥1次；6～7月生長旺盛期，也是盛花期和結果期，每3～5天可施稍濃的液肥1次，最好多施磷、鉀肥；7～9月果實生長期，每10天施薄肥1次，立秋前15～20天不宜施肥，以免推遲成熟、掉落小果或引起肥害；10月採果後，要控制澆水和氮肥的施用，增施磷、鉀肥，以恢復樹勢，促進花芽分化，有利第2年結果。冬季最好移放低溫溫室越冬。若無溫室，可放在向陽暖和的房間裏，室溫低於5℃，要注意防寒害。

佛手的整形修剪很重要。盆栽佛手當幹高30公分左右時，留3～5個主枝構成骨架，達到理想高度，進行摘心。修剪宜在半休眠期進行，剪去衰老弱枝、病蟲枝和枯枝。佛手的短枝大多為結果母枝，應儘量保留。夏季生長的徒長枝可剪去2/5，讓它抽生結果母枝。6～7月生長的夏梢，宜適當抹芽。秋天生出的新梢，須適當留養，以備第2年結果。佛手樹上硬刺很多，也應剪去，以減少養分消耗和方便操作。在開花結果期內，應疏花疏果，及時抹去主幹及枝條上的新芽。疏花首要疏去雄性花及子房發育不健全的兩性花，每一短枝也只要留1～2朵子房發育健全的兩性花、結1～2個佛手即行。疏果是當結果太多時，疏去一部分果實，宜在果實長到紐扣大小時進行。

佛手的常見病蟲害有紅蜘蛛、吹綿介殼蟲、煤污病、炭疽病等，尤以結果期間容易發生病蟲害，要注意防治。

【用途】佛手花、果芳香，果形奇特，常作盆栽，用來佈置室內，南方亦常地栽。花、果均可藥用，佛手花能治肝胃氣痛，佛手治胸悶氣鬱，胃痛嘔吐，食慾不振。

## 金橘（金柑）（圖138）

*Fortunella spp.*（kumquat）

【形態特徵】金橘屬與柑橘屬 *Citrus* 是芸香科中極為相近的兩個屬。其共同特點是：常綠木本，單身複葉，柑果。其不同特點是：金橘屬子房3～7室，每室有2個胚珠，果小而皮甜可食，葉背淡綠色，葉脈不明顯，有多數小形深綠色腺點；柑橘屬子房8～18室，每室有4～12個胚珠，果大而皮帶苦味，葉背濃綠色，葉脈明顯。例如在講代代時提到的四季橘，亦有金橘之名，但其果實瓣囊數7～10個，故當屬柑橘而非金橘。中國金橘屬有5個種和兩個雜種：金橘（羅浮、長金柑）*F. margarita*、圓金柑 *F. japonica*、長葉金橘 *F. polyandra*、山金橘 *F. hindsii*、金豆 *F. chinto*、金彈（金柑、金橘）*F. × crassifolia*（圓金柑與羅浮的雜種）、長壽金柑（四季橘）（*Citrus reticulata var. austera×Fortunella margarita*）×*F. margarita*（四季橘與羅浮的雜種）。栽培中最為常見的是金橘、金彈和長壽金柑。它們的區別如下：

果較大，直徑在1.5公分以上，4～7室，熟時橙黃色的有5種：葉片較大，長10～15公分，先端微凹，果球形的為長葉金橘。葉片較小，長5～10公分，先端尖或鈍者中，果倒卵圓形，油

圖138　金彈

胞較小的有2種，果頂深凹，果皮薄而甜，果肉酸的為長壽金柑；果頂不下凹，果皮厚而甜，果肉亦具甜味的為金彈；果長圓形、長卵圓形或球形，油胞大而突起的有2種：果長圓形或長卵圓形，葉片先端鈍的為金橘；果球形，葉片先端尖的為圓金柑。5以上5種不同，果小，徑約1公分，3～4室，熟時橙紅色的有2種：單葉，葉柄長不超過5毫米的為金豆；單身複葉，葉柄長5毫米以上而不超過1公分的為山金橘。

　　金橘中存在著嚴重的同名異物現象。例如金橘、金彈、四季橘同稱金橘，四季橘、長壽金柑同稱四季橘，而金橘別名金柑。使用上面的檢索表，應先確定是金橘屬植物。區分柑橘屬和金橘屬的簡單有效辦法，可以記住「七上八下」的標準。果實瓤囊數在7個以上的是柑橘，在8個以下的是金橘，超此範圍的是雜種。

　　【生態習性】原產中國。喜溫暖，比柑橘屬較耐寒，冬季半休眠期亦較長。日均溫在12.5℃以上（長壽金柑在9.5℃以上），春梢開始萌發。日均溫達24℃（長壽金柑28℃）左右，生長最快。越冬溫度以不低於0℃為安全。

　　喜光而略耐陰，但忌紊亂光照，故不宜頻繁搬動，搬動後仍需保持固定生長方向。對水分要求較高，宜濕怕澇。喜肥。土壤以富含腐殖質、通氣而肥沃的微酸性沙壤土為最佳。

　　【繁殖方法】常用嫁接繁殖。砧木多用枸橘（播種繁殖），在廣東用枸櫞（高壓繁殖）。嫁接方法有切接、芽接和靠接。切接在3月上旬至4月上旬，以萌芽前1～3週為適宜。長壽金柑春梢萌發早，嫁接應早於金橘。接穗宜

選取一年生枝條的中段，留雙芽或單芽均可。芽接以9月中旬至10月初為最適期。靠接在4~7月進行，砧木應提前1年盆栽，接穗選二年生健壯枝條。

【盆栽管理】盆土常用塘泥或稻田土加礱糠灰配製。盆栽金橘要求肥、水供應充足，但應防水多爛根，肥多傷根。從全年來講，抽梢期、開花期、坐果期和果實膨大期需肥水量較多，而在果實成熟期則相對減少。全年水分的供應趨勢是兩頭小，中間大。澆水宜間乾間濕，平時盆土以保持表土不見乾為宜。施肥宜薄肥勤施，從全年看，也是兩頭少，中間多，對長壽金柑比金橘多施一些。入冬停肥控水，放在一般室內就可安全越冬。越冬室溫不必過高，過高了反招致生長衰落。冬季觀果者，可於春節後將果全部摘除，於春分至清明發芽前換盆。結合換盆進行1次強度修剪。盆栽金橘的樹形，多培養成圓頭形。一般主幹上分生3~4個主枝（第1級分枝），每一主枝再抽生2~3個副主枝（第2級分枝）。冬春重剪，多數枝條要短截至第2或第3級分枝。同時，纖弱枝、下垂枝、交叉枝、內向枝、病蟲枝也都予剪除。金橘1年中可抽枝3次即春梢、夏梢、秋梢。每次新梢都能轉變而成結果母枝，於其葉腋發生退化短縮的無葉結果枝而行開花結果。夏梢開的花正好到春節觀果。對每次梢在其轉綠以後接近老熟時的輕剪，花農叫「齊尾」。春梢的齊尾對於當年結果的植株是一定要進行的，使其上再發夏梢。對希望春梢結果的不用修剪。將每個梢的頂段3~5個節剪去，樹冠頂部修剪後，大體是平的（長梢可多剪1~2個節，短梢可少剪1~2個節）。齊尾後從不適合的位置上長出的芽，最好除

掉。對徒長枝，凡能補充空缺位置者可以留，但要及時摘心，否則，萌芽後要及早除去。

開花結果靠夏梢，秋梢宜予抹除。金橘從末級梢（留備開花結果）萌發到花開約要1個半月，從開花到果熟約要5個月，成熟前1個半月果皮開始轉色，成熟後停留在樹上不脫落的時間為1個月左右。長壽金柑從末級梢萌發到花開約要兩個月，從開花到果熟約要半年，也是成熟前1個半月果皮開始轉色，成熟後相當長一段時間內不會自然脫落。花期遲早的控制，實際是對夏梢萌發和停止生長時期的控制。可通過調整春梢齊尾時間（齊尾後約1週萌發）、摘心、降溫、控水來解決。把春梢齊尾時間提前，夏梢的萌發就相應提前，反之則推遲。摘心可促使下一次梢提早萌發5～10天。降溫可延遲開花。對生長過旺、不形成花芽的金橘，控制水分能有效地促進成花。控水在新梢轉綠而尚未木質化時進行。每天控水以達到葉片捲曲為度，並應適當向葉面灑水。控水不可過分，以保持白天葉片萎蔫而晚間能自然復原為宜。金橘在1週後，長壽金柑經20天左右，觀察腋芽，如腋芽已突起變圓就達到了目的。為了保果，留果應有合理的葉果比（即葉片數與結果數的比例）。長壽金柑和金橘的葉果比，一般為7.1與10.1左右。除了疏花疏果外，還要除芽，及時抹除幼果期樹冠萌發的新芽，可減少落果。金橘枝葉常遭介殼蟲、紅蜘蛛、鳳蝶幼蟲等危害，可用人工或藥劑除殺。

【用途】金橘樹姿優美，花香襲人，秋冬金果累累，點綴於綠葉叢中，為中國特產的著名的冬日觀果植物，可供園林綠化之用，更常盆栽觀賞。金橘、金彈的果實可供

鮮食，並可用於泡酒、蜜餞。長壽金柑的果實除可糖漬，還可用食鹽醃製。

## 金彈子（烏柿、丁香柿）（圖139）

*Diospyros cathayensis*（Chinese persimmon）

【形態特徵】柿樹科常綠或半常綠灌木或小喬木。幼枝被短柔毛。單葉互生，長圓披針形，先端圓鈍，兩面光滑無毛。花單性，雌花單生，花梗長3～6公分。花期夏初。漿果近球形，橙黃色，宿存花萼4裂，具網狀脈紋，果柄長3～6公分。掛果期長，至翌春3月始皺縮脫落。

同屬植物瓶蘭花（刺柿）*D. armata* 和老鴉柿 *D. rhombi-folia* 亦適盆栽觀果。瓶蘭花產於江蘇、浙江、湖北等省（湖北有野生，江蘇、浙江多系栽培），形態與金彈子極相似，但枝有刺，幼時被絨毛；葉片橢圓形或倒卵形至長圓形，上面光亮，下面被細短柔毛；漿果橙紅色，有毛，果柄長約1公分。常被誤認作金彈子。按金彈子為四川地方名，四川的金彈子原植物為烏柿，故不宜將金彈子隨便寫作瓶蘭花。

老鴉柿產於浙江、安徽、江蘇、江西、福建5省，為落葉灌木，枝有刺，僅嫩時有柔毛；葉片卵狀菱形至倒卵形，上面初有柔毛，後漸脫落，下面疏生長柔毛；果卵球形，橘紅色並

圖139　金彈子

有黑色斑點，具長柔毛，果柄長1.5～2公分，宿萼裂片較狹長，有顯著的平行脈紋。

【生態習性】原產中國中部、南部及西南部。中性樹種，喜溫暖濕潤，宜肥沃而排水良好的沙壤土。

【繁殖方法】主要用播種繁殖。一般於秋季果熟後採種，濕沙層積貯藏，至翌年春播。

【盆栽管理】盆土常用腐葉土、園土加礱糠灰配製。盆栽金彈子在夏季宜稍加庇蔭，冬季放入室內。生長期保持盆土濕潤，常向葉面噴水，勤施薄肥，夏秋增施磷肥。每2～3年於早春換盆1次。結合換盆進行修剪，剪去雜亂枝及過密枝，以保持一定的樹形。

栽培中注意通風透光，合理配施氮、磷、鉀肥料，使植物器官生長老健，可以減少和預防介殼蟲等病蟲危害。

【用途】金彈子彈果懸金，鮮豔奪目，為秋冬增色，惹人喜愛。不僅是盆栽觀果的佳品，更是極好的盆景材料。四川的金彈子盆景最有特色，受到國內外園藝界歡迎。

### 葡萄（歐洲葡萄）（圖140）

*Vitis vinifera*（European grape）

【形態特徵】葡萄科落葉木質藤本，有間歇性捲鬚（每隔兩節，第3節上無捲鬚）。單葉互生，掌狀裂葉，邊緣有粗齒，兩面無毛或下面有短柔毛。稀在幼嫩時具少數絨毛。密錐花序（thyrsus為一收縮或卵形的圓錐花序，其主軸無限生長，但第2次分軸和末軸則為聚傘花序）；花瓣5枚，頂部連合，花後整個成帽狀脫落。花期5～6月。漿

果含2～4個種子，有無籽
品種，成熟果實的果肉黏皮
離核。

　　歐洲葡萄是栽培最多也
最久的葡萄。此外有美洲葡
萄 *V. labrusca* 和歐美雜交種
葡萄。美洲葡萄品種不多，
栽培較少，其捲鬚為連續性
（各節都生捲鬚），葉片下
面常被白色或棕色絨毛，果

圖140　葡萄

肉離皮黏核，具有特殊香味或草莓香味。歐美雜交種葡萄
係用歐洲葡萄與美洲種群葡萄（美洲葡萄、夏葡萄 *V. aesti-*
*valis*、沙地葡萄 *V. rupestris* 等）雜交育成，其捲鬚則依品種
有間歇性的，也有連續性的。在適合盆栽的葡萄優良品種
中，紅玫瑰、黑罕、黃金後、玫瑰香、保爾加爾等屬於歐
洲葡萄系統，巨峰、紅富士、黑奧林、大寶、大粒康拜
爾、玫瑰露、蓓蕾玫瑰等屬於歐美葡萄雜交種系統。

　　【生態習性】歐洲葡萄原產歐洲、西亞及北非。忌潮
濕氣候，喜光，冬季需要一定低溫（一般是在氣溫0～5℃
時，經30～45天就可以滿足生理休眠要求），但抗寒力較
弱，根系較之休眠的地上部更不耐低溫，冬季特別要注意
保護根系，如玫瑰香、龍眼的根系在-4℃即受凍害。能耐
旱，但怕澇。土壤以肥沃的沙壤土最為適宜。

　　美洲葡萄樹性強健，風土適應性強。歐美雜交種葡萄
適合於在南方暖濕氣候條件下栽培。

　　【繁殖方法】以扦插為主。硬枝插常結合冬季修剪選

剪成熟良好的一年生枝作插穗，穗長20公分左右，留約3個芽，上端在節上2公分處平剪，下端在近節1公分處斜剪（芽側較長），甚至可稍稍剪在節上。將插穗成捆倒放進行沙藏，沙土濕度以「握手成團，鬆手團散」為宜，貯藏溫度要求保持在1~4℃。當地溫達10~12℃時即可進行扦插（安徽省0~10公分，旬平均地溫≥10℃，開始日期大致在3月中旬）。插前將插穗放清水中浸泡24~48小時，使吸足水分而後扦插。可盆插或箱插，基質用沙或蛭石。斜插入土約為穗長的1/2。插後澆透水，罩塑料袋保濕，上角稍留小孔通氣，待新梢萌發後，逐漸擴大袋口，使之適應環境而後去袋。亦可嫁接和壓條。嫁接常用嫩枝接，以選用野生葡萄的幼苗作砧木為好，可以增強嫁接苗的抗性。適作砧木的野生葡萄，北方有山葡萄 *V. amurensis*，南方有葛藟葡萄 *V. flexuosa* 等多種。接穗只留1個芽，以冬芽形成發白或略呈紅色為好，芽上留條1.5公分長，芽下留條不超過3公分，打掉全部葉片，留下小部分葉柄。隨剪隨用，並注意保濕。砧苗盆土要保持有一定濕度。壓條在晚秋落葉後或春季萌芽前進行，亦可於夏季用副梢嫩枝（中、下部達半木質化）壓條。

【盆栽管理】盆栽葡萄須用大容器和培養土。培養土可用腐爛樹葉4份、腐熟的禽糞、碎骨2份、10年內未栽過葡萄的園土4份配製，再混入少量過磷酸鈣、磷酸二氫銨等。亦可用風化黏土（粒狀山紅土）拌入40％的鍋爐煤渣（或礱糠灰）及適量廄肥。還需設立支架，可立單柱、立三柱（將主蔓圈繞縛於柱上）或紮拍子。如於盆外搭架令其攀緣，則須將盆的位置固定。澆水要間乾間濕，盆土

不可過乾或過濕。不乾不澆，澆則澆透，不澆半截水。追肥主要施用液肥，早春追施以氮為主的促芽肥；開花盛期噴施0.1％硼砂，能提高坐果率；花後追施含磷、鉀較多的肥料。每年秋季落葉後換盆或換去上層盆土，換用新配製的加有肥料的培養土。

修剪是保證葡萄結果的必要措施，有冬季修剪和夏季修剪。葡萄的老枝不結果，一年生枝是結果母枝，由其上的冬芽抽生結果枝而開花結果，形成結果枝組。枝組中最下面的1個結果枝常不讓它結果（及早摘除花序）而培養作更新枝。故結果枝組中包括有結果母枝、結果枝和更新枝。冬剪的目的就是枝組更新，剪去枝組中更新枝以上的部分（已結過果的結果枝及其連帶的結果母枝），將更新枝短剪留兩至數芽作新的結果母枝。如在枝組中沒有專門培養更新枝，則用枝組中最下面的1個結果枝代替，剪留兩芽作為結果母枝。結果母枝每年都要更新。如上所述，冬剪時只留1個結果母枝，叫做單枝更新。也可雙枝更新，即除留較長的結果母枝外，另留較短的更新母枝（通常剪留兩芽）。結果母枝生結果枝而行結果，至冬季將整個結果枝組剪去（其中無更新枝）；更新母枝生新梢兩個而成更新枝組，其中在上部的1個至冬季剪留作結果母枝，在下部的1個剪留作更新母枝。每年同樣處理。留作結果母枝的一年生枝條，粗度不能低於0.7公分。粗度不夠的，可以剪留1～2個芽培養作生長枝，待明冬作結果母枝用。剪截可在芽上3～5公分或在上面節上，以防乾枝。修剪長度分為短梢修剪（留1～3個芽）、中梢修剪（留4～6個芽）和長梢修剪（留7個芽以上）。盆栽葡萄以短

梢修剪為主，通常剪留兩芽，或留芽較多而只定留兩個新梢；亦可採用中、短梢混合修剪。只適於長梢修剪的品種如龍眼、無核白，不適於盆栽。冬剪宜在落葉後2～3週至傷流前1～2週進行。傷流是地上部新傷口引起的樹液外流。傷流期是從根系在土壤中吸收水分開始到展葉後為止。歐洲葡萄在地溫7～8℃時、歐美雜交種在地溫6～7℃時根系開始吸收水分，而地溫稍高於氣溫，故冬剪時間不可太遲，以春節前後為好。萬一錯過冬剪時間，必待發芽展葉才能補剪。修剪一定要防傷流。冬剪時對主蔓延長枝要加以修剪。主蔓是分段長成的，夏季摘心，冬季短剪。留蔓粗度須大於0.8公分。主蔓延伸如龍身，側生結果母枝似龍爪，有獨龍式（單主蔓）、雙龍式（雙主蔓）、蟠龍式（單主蔓圈繞柱式架上）等。盆栽葡萄的樹形，除龍形外，亦可整成椿形。如垂枝式在較短的單主蔓上端分佈著結果母枝，新梢自然下垂，這是用頭狀整枝方法造成的。當枝蔓生長衰退、結果狀態不佳時，則應縮剪主蔓以抑前促後，刺激隱芽萌生。有了代替枝條，至冬剪時即可將衰老的枝蔓全部剪掉，完成復壯更新。整個冬剪大致可用四句話來概括：截留單、雙一年梢，剪除結果二年條。母枝側生沿主蔓，回縮復壯養新條。夏季修剪也可概括成四句話：抹芽、疏枝定枝條，摘心、除鬚、打副梢。按枝按土留花穗，副穗、穗尖都去掉。抹芽、疏枝要留疏去密，留優去劣，使新梢分佈均勻，長得粗壯。新梢摘心，留葉宜不少於10片，主蔓延長枝留葉宜在15片以上。結果枝可在花序以上留葉7片左右摘心（在開花前約1週進行）。捲鬚為無用之物，宜早除去。副梢是新梢的分枝。

新梢上有兩種腋芽並生；冬芽為鱗芽，一般越冬至翌春始萌發；夏芽為裸芽，在新梢生長的同時就發芽伸長而為副梢。副梢一般無用，除頂端第1個副梢作為延長枝留4～5片葉摘心外，其餘的均留1～2片葉反覆摘心。盆栽葡萄亦有的將副梢全部不留葉而摘除之。選留花穗，要按枝按土靈活掌握。更新枝上的花穗應早摘除。結果枝上的花穗則宜強枝留兩穗，中庸枝留1穗，弱枝不留穗。盆土的多少及性質，影響結果。每500克果需腐殖質土（1000立方公分土的質量1.75公斤）3公斤，需一般沙壤土（1000立方公分土的質量2.5公斤）7公斤。如盆土量少，不要過多留果。有的品種果穗鬆散，基部生有個別分散的小形果穗，稱為副穗。在開花前約1週即應將副穗疏除，同時對所留花穗掐去1/5～1/4的穗尖，以便增進果實品質。

葡萄的常見病害有黑痘病、霜黴病（這兩種病宜用波爾多液防治）、白粉病（可用石硫合劑防治）、白腐病、黑腐病、炭疽病（這3種病可用托布津防治）。常見蟲害有兩種：蛀幹害蟲透翅蛾與虎天牛。透翅蛾的蟲糞排出蛀孔外；虎天牛的蟲糞不排出枝外，但落葉後在節的附近被害部的表皮常變黑色。冬剪時要剪除藏有透翅蛾幼蟲的瘤狀枝蔓，剪除節部變黑色有虎天牛為害的枝條，並將蟲枝集中燒掉。還有二星葉蟬等其他害蟲，均應注意及時防治。

【用途】葡萄是一種經濟價值極高的果樹，在全世界的果品生產中占第1位，除生食外，尚可釀酒、製汁、製乾等。盆栽葡萄不僅能產果，觀賞價值亦高，其果實晶瑩，色澤鮮豔，其枝蔓柔軟，便於綁紮，是很受人們歡迎的盆栽果樹。

## 南天竹（圖141）

*Nandina domestica*（nandina）

【形態特徵】小檗科常綠灌木。幹叢生而少分枝。葉互生，三回或二回羽狀複葉；小葉橢圓狀披針形，全緣，無毛。圓錐花序頂生；花小，白色。花期5～6月。漿果球形，鮮紅色，稀為黃白色（玉果南天竹 cv. Leucocarpa）、淡紫色（紫果南天竹 cv. Porphyrocarpa）。

【生態習性】原產中國及日本。喜溫暖，略耐寒。喜半陰，在強光下葉色常發紅，難以結實。喜肥沃濕潤而排水良好的鈣質土。

【繁殖方法】播種、分株或扦插。播種在秋季果熟時隨採隨播。分株在春季芽萌動前或秋季10～11月均可。扦插宜在梅雨季進行嫩枝插，注意庇蔭、噴水，易生根成活。

【盆栽管理】盆土可用塘泥加沙配製。栽植時盆底要墊空並施基肥。生長期澆水要適當，以保持盆土濕潤為好，秋後宜稍偏乾。夏季須防曝曬，除正常澆水外，要向附近地面灑水以增加空氣濕度。追肥可半月左右施1次薄肥，最好施含磷較多的肥料。修剪隨時可以進行，剪去根部萌生的枝條及過密的枝條，使株叢保持一定的形態。若秋後截去其幹，翌春萌發新枝再行結果，有矮

圖141　南天竹

化和復壯作用。冬季置一般室內即可。每2～3年換盆1次，常於早春進行，結合進行分株繁殖。

【用途】南天竹枝葉扶疏，紅果累累，是冬季觀葉、觀果佳品。除園林應用外，常作盆栽觀賞，並適製作盆景。果實入藥名天竹子，能止咳化痰。果穗可供冬季插瓶用。

## 火棘（火把果）（圖142）

*Pyracantha fortuneana*（Fortune firethorn）

【形態特徵】薔薇科半常綠灌木。短枝先端成為枝刺。單葉互生，倒卵形至倒卵狀長橢圓形，緣有圓鈍鋸齒，齒尖內彎，近基部全緣，兩面無毛。花白色，成複傘房花序。花期5月。梨果扁球形，熟時紅色，經久不落。

同屬植物細圓齒火棘*P. crenulata*和窄葉火刺*P. angustifolia*，用途同於火棘。3者區別如下：

花萼及葉背密被灰色絨毛，葉狹長而全緣的為窄葉火棘。花萼及葉背無毛或近無毛，葉緣有細齒者中，葉倒卵形至倒卵狀長橢圓形，先端常圓鈍或微凹的為火棘；葉長橢圓形至倒披針形，先端尖而常有小刺頭的為細圓齒火棘。

【生態習性】原產中國。喜溫暖濕潤氣候，不甚耐寒。喜陽光，夏季宜適當庇蔭。宜肥沃而排水良好的土壤。萌芽力強，耐修剪。

圖142　火棘

【繁殖方法】播種或扦插。播種在10月果熟時採種後即播。扦插可在春季萌芽前用硬枝插或在梅雨季用嫩枝插，成活容易。

【盆栽管理】盆栽可用普通培養土，盆底部施基肥。每3～4年換盆1次。平時保持盆土濕潤，花、果期不可偏乾，秋、冬季不可偏濕。生長旺盛期及果實膨大期要勤施薄肥，並注意補充磷、鉀肥料。還要注意摘心，適當修剪徒長枝。如於秋後摘1次葉，等新葉長出後，葉碧綠，果鮮紅，十分美麗。冬季放在室內即可。

【用途】火棘枝葉茂盛，結果量多而色豔，且掛果期長，既適園林栽培，又適盆栽觀賞，更是製作盆景的極佳材料。果可釀酒。

## 枸骨冬青（枸骨）（圖143）

*Ilex cornuta*（Chinese holly）

【形態特徵】冬青科常綠灌木或小喬木。枝開展而密生。單葉互生，革質堅硬，長方形，四角及頂端具尖硬刺齒。花黃綠色，簇生於二年生枝上。花期4～5月。漿果狀核果球形，熟時鮮紅色。

【生態習性】原產中國及朝鮮。喜溫暖氣候，耐寒性差。喜陽光，較耐陰。宜肥沃而排水良好的微酸性土

圖143　枸骨冬青

壤。

【繁殖方法】播種或扦插，秋季採下成熟種子，沙藏至翌春播種。扦插宜在梅雨季進行嫩枝插。因鬚根少，移苗時須特別注意勿散土球，以免影響成活。

【盆栽管理】盆土可用稻田土加礱糠灰配製。盆底墊加排水層。澆水勿過濕，追肥要多施磷、鉀肥。夏季宜置於半陰處，冬季可置於室外越冬。在寒冷地區冬季應移入室內。由於枝葉稠密，影響了內部光照與通風，故易發生介殼蟲和煤污病，須注意防治。

【用途】枸骨冬青葉形奇特而光亮，紅果散點滿樹，久留樹上，是觀葉和觀果兩結合的樹種，除園林栽培外，可盆栽觀賞、製作盆景及作插花的材料。葉、果、根入藥，即中藥材功勞葉、功勞子和功勞根。功勞葉能滋陰益腎。功勞子能補肝腎，止瀉。功勞根能祛風，清熱。

順帶要說明的是，小檗科的十大功勞（*Mahonia*）不是中藥材功勞葉、功勞子、功勞根的原植物。

## 冬珊瑚（珊瑚櫻）（圖144）

*Solanum pseudocapsicum*（Jerusalemcherry）

【形態特徵】茄科常綠小灌木，可作一年生栽培。單葉互生，狹矩圓形或披針形，全緣或波狀。花常單生或稀成蠍尾狀花序，腋外生或近對葉生；花冠白色，簷部5裂。花期夏秋。漿果球形，熟時橙紅色，稀為黃色，能留枝經久不落。

【生態習性】原產歐亞熱帶。不耐寒，喜水、肥和陽光，怕夏季日中雷陣雨。宜肥沃而排水良好的沙壤土。

盆栽花卉栽培與裝飾

圖144　冬珊瑚

【繁殖方法】播種。清明盆播，發芽迅速整齊。

【盆栽管理】幼苗經過1次移植而後上盆。生長期保證足夠的水、肥和陽光，9月秋花盛開時暫停追肥，水也適當少澆，待果大如綠豆時再勤施肥水。栽培中注意摘心，使多分枝，形成勻稱株形。夏季高溫陣雨時，易發生炭疽病（地栽苗一般不受影響）。宜儘量避免雷陣雨侵襲。10月下旬移入冷室，不受凍害即不致落果。採種可不先自果中取出種子，待播種時再行取出最好。冬珊瑚的病蟲害較少，嫩枝上偶有蚜蟲，須及時消滅。

【用途】冬珊瑚紅果浮立枝頭，點綴在綠葉之上，十分美觀。適宜盆栽觀賞，冬季陳列室內，使人有滿室生春之感。全株有毒。

## 枸杞（圖145）

*Lycium chinense*（Chinese wolfberry）

【形態特徵】茄科落葉灌木。枝細長，柔弱，常彎曲下垂，有棘刺。單葉互生或簇生，卵形、長圓形至卵狀披針形，寬0.5～2.5公分。花單生或2～8朵簇生於葉腋；花冠淡紫色，漏斗形，筒部稍寬但短於簷部裂片。花期5～6月及9～10月。漿果卵圓形至長圓形，熟時紅色。花後1個月果熟。

同屬植物寧夏枸杞 *L. barbarum* 葉較狹，披針形或橢圓狀披針形，寬4～6毫米；花冠淺紫紅色，花冠筒部向下漸狹細且較花冠裂片稍長；漿果稍大。產於寧夏、甘肅等地，其他地方見有栽培。

圖145　枸杞

【生態習性】原產中國。喜光，耐陰，耐寒，耐旱，耐瘠。喜排水良好的鈣質沙壤土，忌黏質土。

【繁殖方法】播種、扦插、分株或壓條。種子不休眠，一般春季播種。早春壓條。春季或梅雨季扦插，除用枝插外，還可根插。分株在休眠期進行。

【盆栽管理】管理可較粗放。澆水以保持盆土濕潤為好。萌芽前和結果後可適當追肥。注意剪除過密枝和乾枯枝，伸長的枝條可剪留2～3個芽以控制枝條蔓生。初夏初秋各摘1次葉，並結合施用追肥以促其生出新葉及花蕾，使紅果、新葉相互輝映，更增美觀。越冬可置室外，最好連盆埋於土中。換盆宜在早春，可2～3年換盆1次。枸杞在秋季易發生白粉病，可用石硫合劑或可濕性硫黃粉防治。

【用途】枸杞秋實紅透後掛滿枝頭，盆栽觀果甚佳，更適製作盆景，還可地栽培育成獨幹的「枸杞樹」。果、根皮、葉均入藥。果叫枸杞子（津枸杞），能滋養肝腎，益精明目，一般認為質量不如寧夏枸杞（西枸杞）好。根皮叫地骨皮，能清熱涼血。葉叫天精草，能清熱止渴，並

可代替茶葉飲用。嫩葉是很好的蔬菜,叫枸杞頭。

### 看辣椒(圖146)

*Capsicum frutescens cvv.*(bush redpepper)

【形態特徵】茄科灌木,北方栽培成為一年生。單葉互生,常為卵狀披針形。花小而白色。花期6～7月。漿果有球形、卵形、圓錐形、長圓形、尖長形等各種形狀;著生情況亦有很大不同,或直伸,或斜垂,或簇生,或散生;青熟果皮呈深淺不同的綠色,有的品種為白色、黃色或絳紫,老熟果皮色轉為橙黃、紅色或紫紅。由於果實轉色期不同,常有同株果實形成幾種不同顏色的。

看辣椒包括不同的品種。常見栽培的有:

1)**五色椒** *cv. Cerasiforme*　果實向上或斜生,球形、扁球形或卵形,果色多樣。

2)**圓錐椒** *cv. Conoides*　果似五色椒,但果圓錐形或長圓狀圓柱形。著生向上或下垂。

3)**簇生椒** *cv. Fasciculatum*　葉常集生近頂部,葉柄特長;果實簇生向上,形長而尖,長約7.5公分。

4)**小朝天椒** *cv. Parvo-acuminatum*　果實特細小而端尖,簇生向上。

【生態習性】原產美洲熱帶。喜溫暖和陽光充足的環境,耐乾熱氣候,不耐

圖146　看辣椒

寒。要求肥沃的沙壤土或壤土。

【繁殖方法】播種。3月下旬可於室內盆播，發芽適溫為25℃。

【盆栽管理】幼苗真葉出現後就可移植，到6月上旬上盆。生長期保證水、肥供應，注意追施磷、鉀肥。但用肥尤以氮肥不要過多，以免徒長。開花時澆水不宜多，以免落花。採種宜待果實老熟，刈取帶果植株，乾後掛於通風乾燥處，播前再取出種子。

【用途】看辣椒果色、果形及著生狀況富於變化，盆栽觀果極佳。其果實用途一如食用辣椒，有促進食慾、幫助消化及作為醫藥等效用。

## （六）仙人掌類

### 黃毛掌（圖147）

*Opuntia microdasys*（rabbit's ears）

【形態特徵】仙人掌科多肉植物。莖節扁平，橢圓形或長圓形，淡綠色。刺座排列緊密，具金黃色鉤毛，無刺。花著生在莖節邊緣的刺座上，黃色。果長圓形，紫色。

常見栽培的還有白毛掌 *O. microdasys var. albispina*，是黃毛掌的變種。植株比黃

圖147　黃毛掌

盆栽花卉栽培與裝飾

毛掌矮，莖節也小，刺座較稀，鉤毛白色；花黃白色；果深紫紅色。

【生態習性】原產墨西哥北部。喜陽光，喜溫暖，耐乾燥。要求排水良好的沙壤土。

【繁殖方法】以扦插為主。在夏季剪取生長充實的莖節，切口晾空氣中風乾，皮層略向內收縮時淺插入素沙土或粗砂中，保持插壤稍有潮潤，很容易生根。生根後及時上盆，但不要急於施肥。

【盆栽管理】盆土可用園土2份，腐葉土、粗砂、碎磚石礫各1份混合配成。每年換盆換土。夏季宜置室外培養，澆水要適當，不可使盆土過濕。冬季放在有陽光的室內，保持盆土乾燥可耐0℃低溫。

【用途】黃毛掌植株美麗，大小中等，栽培容易，盆栽觀賞效果很好。

## 長盛球（圖148）

*Echinopsis multiplex*（barrel cactus）

圖148　長盛球

【形態特徵】仙人掌科多肉植物。植株呈倒圓錐形，淺綠至黃綠色，具13～15棱；刺座較大，周刺8～10枚，中刺2～4枚，刺細，新刺黃白色或淺褐色，老刺灰色。花冠漏斗形，大形，淡粉色，有香味。花期7～9月。

　　同屬植物花盛球（草球）*E. tubiflora* 亦是常見種。其植株單生或成叢，幼株球形，老株長成柱狀，暗綠色，具11～12稜，刺錐狀，黑色；花著生於球體側方，花冠白色。

　　【生態習性】原產巴西南部。喜陽光，耐寒。耐乾旱，宜中等肥沃、排水良好的沙壤土。

　　【繁殖方法】分栽子球。本種特別易出子球而且子球都帶根，取下即可直接栽植。

　　【盆栽管理】盆土可用園土2份，腐葉土、粗砂各1份配成。栽植子球時在盆土中可略多加粗砂或礱糠灰。子球宜幾個栽於一盆，生長會更快些。生長季節宜放室外培養，充分供水並多施含磷較多的肥料，但應防水多尤其雨後成澇。冬季要求多見陽光，溫度越低越要保持盆土乾燥。在長江流域放在一般居室內能安全越冬。幼株宜勤換盆。成年植株可2～3年換盆1次。

　　【用途】長盛球植株基部環生子球，有組合觀賞效果，一般家庭都能在無特殊設備的條件下養好並開花，花大而香，是大眾化的盆花，也常用作嫁接其他仙人掌類植物的砧木。

## 緋牡丹（紅球）（圖149）

*Gymnocalycium mihanovichii var. friedrichii cv. Hibotan*（hibotan）

　　【形態特徵】仙人掌科多肉植物，是牡丹玉 *G. mihanovichii* var. *friedrichii* 的一個斑錦變異品種。斑錦變異是指球體或莖節的局部或全部沒有葉綠素而呈白、紅、黃色或

盆栽花卉栽培與裝飾

圖149　緋牡丹

不規則的塊狀色斑。緋牡丹植株鮮紅色，小球形，具8棱，棱上有突出橫脊。花生於球頂部刺座上，淡紅色，常數朵同時開放。花期夏季。

由緋牡丹又選育出帶化變異的園藝品種緋牡丹冠 *G. mihanovichii* var. *friedrichii* cv. Cristate Hib-otan，其植株呈扁平狀，色澤鮮紅，非常美麗。帶化是植株頂部的生長錐不斷分生加倍而成許多生長點，並且橫向發展連續成一條線，因而長成一個扁平扇形的帶狀體如雞冠狀。

【生態習性】為日本園藝家育成的園藝品種。喜溫暖乾燥和陽光充足的環境。球體越曬越紅，但夏季仍應稍庇蔭。不耐寒，越冬室溫不宜低於8℃。土壤要求肥沃和排水良好。

【繁殖方法】嫁接。由於球體沒有葉綠素，無法進行光合作用，必須嫁接才能生長良好。砧木宜用量天尺或山影拳返祖長出的柱狀莖。盛夏高溫期，量天尺生長不良，嫁接時間以在5～6月為好。嫁接方法用平接法。

【盆栽管理】盆栽用土應考慮砧木的要求。生長期每1～2天對球體噴水1次，使球體更加清新鮮豔；每10天施肥1次，宜施多含磷、鉀的肥料。砧木量天尺為附生仙人掌類植物，耐寒性差，易凍死或乾癟。冬季應保持盆土乾燥，白天多見陽光，夜晚注意防寒。光照不足時最好增加

輔助光照，以免球體變得暗淡失色。夏季則應防球體灼傷，予以適當庇蔭。每年5月換盆。3～4年後長勢趨弱，重行嫁接更新。紅蜘蛛對緋牡丹危害很大，應注意預防，著重改善栽培條件，加強通風，適當降溫，經常噴水以增加空氣濕度，同時定期噴灑適當濃度的樂果或敵敵畏進行防治。

【用途】緋牡丹球體紅豔，小巧秀美，惹人喜愛，為室內小型盆栽佳品。

## 雪光（圖150）

*Notocactus haselbergii*（scarlet ball cactus）

【形態特徵】仙人掌科多肉植物。植株單生，扁球形至球形，具30棱；小的疣狀突起螺旋狀排列；周刺20枚或更多，絲狀，初為黃色後變白色，中刺3～5枚，白色。花漏斗形，橙紅色至紅色。

【生態習性】原產巴西南部。宜溫暖濕潤氣候，較耐寒；較喜陽光，但不宜在室外栽培。喜排水良好而肥沃的沙壤土。

【繁殖方法】多用播種繁殖。本種易結籽，播種易出苗，實生苗生長快。亦可嫁接繁殖。嫁接在量天尺上，毛狀刺過長顯得較亂，因此不宜長期栽培嫁接苗，要適時將接穗切下，蹲盆發根。

【盆栽管理】盆土可用

圖150　雪光

盆栽花卉栽培與裝飾

園土、腐葉土、粗砂各1份配製，再加適量礱糠灰。生長期注意澆水，施肥時不要弄髒白毛。盛夏時應適當庇蔭，並注意通風和增加空氣濕度，預防紅蜘蛛蔓延為害。冬季保持盆土乾燥，室溫宜不低於3℃。

【用途】雪光白刺紅花，花期長而栽培容易，是非常美麗的盆栽觀賞植物，點綴室內效果極佳。

## 山吹（圖151）

*Chamaecereus silvestrii cv. Luteus*（yellow peanut cactus）

【形態特徵】仙人掌科多肉植物，是白檀 *C. silvestrii* 的1個斑錦變異品種。肉質莖細圓筒狀，黃色，縱棱上刺叢密生；刺短，毛狀。花小，紅色。

【生態習性】原種產阿根廷西部。喜溫暖及光照充足的環境，耐半陰。土壤要求排水良好。

【繁殖方法】必須嫁接，依靠砧木的營養才能生長良好。在4～10月進行嫁接，砧木用量天尺。嫁接時用斜接法比用平接法好。斜接時，將砧木和接穗的切口，分別削成60°的斜面，然後將上下兩個斜削面對放好並貼緊，再用仙人掌長刺加以固定即可。

圖151　山吹

【盆栽管理】盆栽用土宜參照量天尺的要求。已經成活的嫁接苗即可進行正常水肥管理。夏季高溫乾燥

時，要注意庇蔭、噴水與通風，以預防紅蜘蛛為害。受紅蜘蛛危害時，被害部分呈紅褐色，觀賞價值喪失殆盡，只有切頂另生子球，重新嫁接培養新株。冬季保持盆土乾燥，越冬室溫宜不低於7℃。

【用途】山吹黃色肉質莖與紅花相映，非常美麗，盆栽觀賞很受人們的喜愛。

## 山影拳（山影、仙人山）（圖152）

*Cereus sp. cv. Monstrosus*（curiosity plant）

【形態特徵】仙人掌科多肉植物，是天輪柱屬Cereus幾個柱形種類的畸形石化變異品種。石化變異是因植株芽上的生長錐分生不規則，而使整個植株肋棱錯亂、不規則增殖而成參差不齊的岩石狀。不同種類的山影拳在刺座排列的疏密及刺和毛的顏色、長短上都不相同。根據石化程度的高低，也可將山影拳分為粗碼、細碼和密碼。

【生態習性】原種產南美洲。喜陽光，耐半陰。低溫、高溫均不利生長，故冬、夏均可有休眠。耐乾旱，土壤以通透性好、含石灰質而又不太肥沃的沙壤土為好。

【繁殖方法】多用扦插。除冬季及高溫潮濕季節外，其他時間都可進行扦插。插穗切後抹木炭粉或晾乾後再插。插後不要澆水（插壤太乾時可噴一點

圖152　山影拳

水），保持稍有潮潤就很容易生根。

【盆栽管理】栽培中保持盆土稍乾燥，不必施肥，只要每年換1～2次土即可。肥、水過大，不僅容易腐爛而且還會使變態莖返祖，長成原種的柱狀，從而破壞了山形。故此要求植株生長得慢一點，切不要讓它生長得快。夏季高溫季節，要特別注意保持通風良好，並經常噴水以增加空氣濕度，這樣可以減少紅蜘蛛的發生和危害。如有紅蜘蛛為害，應即噴藥除殺。受害嚴重時，可用利刀將受害部分莖段的頂部切除，促生新莖，以後再切下扦插而長成新株。越冬置室內向陽處，室溫宜維持5℃即可，不可過高，盆土保持乾燥能增強植株抗寒能力。

【用途】山影拳植株鬱鬱蔥蔥，起伏層疊，似山石盆景而具生命，是一種非常受歡迎的室內盆栽植物。

## 曇花（月下美人）（圖153）

*Epiphyllum oxypetalum*（queen of the night）

圖153　曇花

【形態特徵】仙人掌科附生多肉植物，半灌木狀。主莖圓柱狀，木質；葉狀枝肉質，扁平，綠色，邊緣呈鈍齒狀波浪形，無刺。花生於葉狀枝緣凹內，大形，白色，筒部甚長，開放時由下垂而翹起。花期夏秋。夜晚開放，經4～5個小時而凋謝，故有曇花一現之說。

【生態習性】原產墨西哥及中美、南美。喜溫暖，不耐霜凍。喜半陰和空氣濕度較高，忌陽光暴曬。宜富含腐殖質的微酸性土壤。

【繁殖方法】扦插。在4～5月，選取隔年稍老的葉狀枝（過嫩的易腐爛）進行扦插，3～4週即可生根成活。

【盆栽管理】盆栽宜用大盆。生長季節可充分澆水並噴水以增加空氣濕度，施肥以施用礬肥水為好。但肥、水不可過量。夏季可放在室內見光的通風良好處或室外樹陰、屋簷下，不可曝曬，也不可過度蔭蔽。在花蕾形成後應少搬動植株並防大風吹搖。花後植株有短期休眠，管理上須加注意。冬季置室內，室溫宜在10℃以上，盆土保持不太乾即可。換盆宜在初秋或早春進行，一般並不年年換盆。

曇花夜晚開花的習性並非不可改變的。當花蕾膨大時，白天移入暗室或嚴密遮光，不要有一點透光，晚上用日光給以10小時光照，用這種晝夜顛倒的辦法處理7～10天，就能在白天開花，花朵開放時間還可延長到8個小時。

【用途】曇花開花只知有今宵，不知有明天，一株上幾十朵大花同時開放，香氣四溢，光彩奪目，常博得愛花者的濃厚興趣。花、莖還可供藥用，花能治肺熱咳嗽；莖能清熱消炎，外敷治跌打損傷、癰腫等。

## 令箭荷花（圖154）

*Heliochia* cv. Akermannii = *Heliocereus speciosus* × *Nopalxochia phyllanthoides*
（orchid cactus）

【形態特徵】仙人掌科附生多肉植物，多年生草本。

圖154　令箭荷花

長期栽培的令箭荷花是紅杯 *Heliocereus speciosus* 與小朵令箭荷花 *Nopalxochia phyllanthoides* 屬間雜種的栽培品種。其主莖和葉狀枝均呈鮮綠色，為其與曇花的主要區別。嫩葉狀枝邊緣略帶紅色，呈波狀粗鋸齒形，刺座生波狀齒缺處，無刺或具短細刺。花大形，筒部極短，有紫紅、粉紅、黃、白等色。花期春夏，白天開放。

【生態習性】原產墨西哥。喜溫暖多霧，不耐寒。喜陽光，夏季宜稍庇蔭。耐旱。喜肥。土壤要求疏鬆肥沃、排水良好，呈微酸性。

【繁殖方法】扦插或嫁接。春季將葉狀枝剪成10～15公分長一段，晾乾插面後再插，在半陰的條件下約1個月生根。嫁接用劈接法，取令箭荷花的嫩枝嫁接於葉仙人掌 *Pereskia aculeata*、仙人掌或量天尺上。嫁接苗長勢較旺。

【盆栽管理】盆栽宜用大盆。夏季放在通風良好的半陰處，春、秋季多曬太陽，冬季置於朝南窗口，室溫在8℃左右即可安全越冬。生長季節可早、晚往植株上噴霧，但盆土不可過濕，以免爛根。現蕾期宜少澆水，花期適當多澆水，花後也少澆水。

施肥用礬肥水為好，避免施用過量氮肥，現蕾後要加施磷、鉀肥。只要肥、水不過大，放置地點不過分蔭蔽，及時並經常地剪除過多的側芽和基部的枝芽以減少養分消

耗，就不難孕蕾開花。其莖枝柔軟，應及時立支架，適當綁縛。栽培中特別要注意保持通風良好，否則易受蚜蟲及介殼蟲的危害。

【用途】令箭荷花花大色豔，是一種色彩、姿態、香氣兼備的夏季室內盆花，觀賞價值高，深受人們喜愛。

## 蟹爪蘭（蟹爪）（圖155）

*Zygocactus truncatus*（crab cactus）

【形態特徵】仙人掌科附生多肉植物。莖多節，常鋪散下垂；每一莖節扁平而短小，長圓形，綠色或帶暈，先端截形，但兩端各具尖齒（此為與仙人指區別的最重要點），邊緣亦具尖齒。花著生於莖節頂端，兩側對稱，粉紅、深紅、紫紅、淡紫、橙黃或白色。花期冬季或早春。漿果長圓形，暗紅色。

同科不同屬植物仙人指*Schlumbergera bridgesii*，形態與蟹爪蘭極相似，容易混淆。但仙人指的莖節邊緣沒有尖齒而呈淺波狀，花為整齊花，可以區別。

【生態習性】原產巴西。喜溫暖、通風、空氣濕度大及半陰的環境，不耐寒。土壤要求肥沃而排水透氣良好。

【繁殖方法】可用扦插和嫁接繁殖。扦插於春季進行，很容易生根。嫁接苗比

圖155　蟹爪蘭

扦插苗生長勢旺,開花早。嫁接以春、秋季最好,高溫及雨季不適於嫁接。砧木多用量天尺或厚的仙人掌。在量天尺頂部3個棱上或仙人掌頂部兩邊,分別切一楔形裂口,將蟹爪蘭接穗(取3～5節)下部兩面用利刀削成鴨嘴形,隨即插入楔形裂口,深達砧木莖中的木質部,用仙人掌長刺插入固定。如仙人掌上只接1個接穗,楔形裂口要切在邊上一點,以免把接穗插在正中髓部。凡側面切口,可切在刺座部位,更有利成活。如嫁接後的10天內接穗保持新鮮硬挺,即已癒合成活。1個多月後即可逐漸正常管理。

【盆栽管理】夏季宜放室外通風涼爽的半陰避雨處。溫度過高、通風不良、空氣乾燥,不僅生長差,又易遭受紅蜘蛛危害,嚴重時萎縮或脫落。生長期澆水要適當,常施稀薄液肥,7～8月高溫季節宜減少施肥次數,開花前增施1次磷肥。冬季移放室內向陽處,室溫以維持15℃為適(不低於5℃即能安全越冬)。對花蕾過多的植株,可將弱蕾帶一莖節剪去。開花時宜放到溫度略低(10～15℃)的房間裏,可以延長花期。花期不要隨便搬動,以免斷莖落花。花後進行疏剪短截,則長出來的新莖節嫩綠茁壯,開花繁茂。蟹爪蘭開花後有一段短期休眠,此時應控水停肥。待莖節長出新芽後,再行正常水肥管理。

如進行每天光照8小時的遮光處理,2～3個月就可開花。因為蟹爪蘭是短日性植物,家庭蒔養常有因燈光延長了光照而影響開花的現象。對此宜加注意。

【用途】蟹爪蘭株形優美,花朵豔麗,開花正逢聖誕節期間,故又以「聖誕仙人掌」著稱,是一種非常理想的冬季觀賞盆花。

# 量天尺（仙人三角、三棱箭）（圖156）

*Hylocereus undatus*（common nightblooming-cereus）

【形態特徵】仙人掌科附生多肉植物，攀緣性灌木，莖上常有氣生根。莖節三棱形，棱寬而薄，棱緣無角質，波狀，刺很小。花白色，大形，筒部較長。花期夏季，夜晚開放，時間極短。果紅色且大，果肉白色，可食。在家庭盆栽條件下不易開花。

【生態習性】原產墨西哥及西印度群島。喜溫暖及空氣濕潤，耐半陰。冬季要求陽光充足，在盆土保持乾燥的條件下能耐5℃的低溫。宜富含腐殖質的沙壤土。

【繁殖方法】常用扦插，於春、夏季進行。扦插基質用礱糠灰和不含新鮮肥料的腐葉土比用黃沙效果好。室溫過高時（超過35℃）不適扦插。扦插生根容易。根長3~4公分時移栽上盆。

【盆栽管理】盆土可用等份的腐葉土、粗砂及腐熟雞糞或牛糞配成。夏季宜置室外培養，可充分澆水和噴水。生長期光照不能太弱，每半個月追肥1次。冬季減少澆水量並停止施肥，越冬室溫以保持10℃以上為宜。換盆、換土宜常進行，可使量天尺生長健壯。

【用途】量天尺主要用作砧木，它生長快，與很多

圖156　量天尺

種類親和力強。唯耐寒性差且易木質化，作砧木只宜選用當年生或隔年生的莖節。

有條件的溫暖地區可在露地栽培作為籬笆植物，人們還常用它的花和瘦肉一起煮湯吃。

## （七）多肉植物

### 蘆薈（納塔耳蘆薈）（圖157）

*Aloë cf. arborescens var. natalensis*（Natal aloe）

【形態特徵】百合科常綠肉質草本。莖顯有具葉枝。葉旋生，排列較疏散，綠色，條狀披針形，邊緣疏生齒狀刺。花橙紅色，成總狀花序。花期多在冬春。

同屬植物草蘆薈 *A. vera var. chinensis*、什錦蘆薈 *A. variegata*、花葉蘆薈 *A. saponaria* 亦常見栽培。它們的區別如下：

莖顯有具葉枝，葉綠色，疏散旋生的為蘆薈。莖極短，葉有白色斑紋，密集基生的有3種：葉成三列，三角形略長，橫切面呈Ｖ字形，深綠色，有不甚規則及不甚清楚的白色橫斑紋的為什錦蘆薈；葉不成三列者中，葉密集成蓮座葉叢，葉片較寬，具多數不整齊白斑，緣具角質刺的為花葉蘆薈。葉在幼苗期呈二列狀，

圖157　蘆薈

植株長大後呈蓮座狀，葉片較狹，淡綠色而有近長矩圓形的白色斑紋，緣疏生軟刺的為草蘆薈。

【生態習性】原產南非。喜溫暖和空氣春夏濕潤而秋冬略乾的環境，不耐寒。宜排水良好、疏鬆肥沃的沙壤土。

【繁殖方法】分株或扦插。分株在早春結合換盆分植側蘗。如幼株帶根過少，可先行沙插，生根後再上盆。扦插多在春季花後進行。

【盆栽管理】上盆幼苗在緩苗期間應控制澆水。越冬及盛夏高溫期也都要控制澆水。春、秋季正常水肥管理。夏季置室外通風良好的半陰處。冬季置室內向陽處，室溫不低於5℃。蘆薈生長較快，宜每年春季換盆分植。

換盆時可淘汰老株，另選大小適中的幼株栽植。栽植深度不要超過原先的深度。

【用途】蘆薈葉花兼美，適合盆栽觀賞。

【注】藥品蘆薈是庫拉索蘆薈 *A. vera* 及好望角蘆薈 *A. ferox* 的植物液汁經濃縮的乾燥物。

## 虎尾蘭（圖158）

*Sansevieria trifasciata*（snake sansevieria）

【形態特徵】百合科常綠肉質草本，具匍匐根狀莖。葉簇生，質厚實，挺直如劍，基部有凹溝，從基部到頂端兩面有白色與深綠色相間的橫帶狀斑紋，似虎尾而有虎尾蘭之名。花白色至淡綠色，3～8朵1束，1～3束1簇在花序軸上疏離地散生。

常見栽培的虎尾蘭品種有：

1）**金邊虎尾蘭** *cv. Laurentii*　葉具黃色鑲邊。

盆栽花卉栽培與裝飾

圖158　虎尾蘭

2）短葉虎尾蘭 *cv. Hah-nii*　葉短而寬，呈低矮蓮座狀。

3）金邊短葉虎尾蘭 *cv. Golden Hahnii*　葉形與短葉虎尾蘭相似，而沿葉邊有較寬的黃色帶。

【生態習性】原產非洲熱帶。喜溫暖、濕度大而通風良好，不耐寒。喜陽光，耐半陰。耐旱。要求排水良好的沙壤土。

【繁殖方法】分株或扦插。金邊品種只可用分株，才能保持品種的金邊特性。分株多在春季換盆時進行，每叢要有3～4枚成熟的葉片，分後即栽。扦插以5～6月為好，將葉片橫切長約8公分進行葉插，上下不可倒置，切面須先晾乾，在20℃溫度條件下極易生根並長出新芽。待新芽出土10公分時即可移入小盆。

【盆栽管理】幼苗階段不宜澆水過多，以免引起根莖腐爛。春、秋季盆土乾燥時澆透水。夏季稍加庇蔭，噴霧，適當澆水。冬季需陽光充足，盆土寧可乾些而不可過濕，室溫5℃左右就能安全越冬。

生長期半個月施肥1次，11月至翌年3月停止施肥。一般每3～4年換盆1次，多在春季亦可在秋季進行。

【用途】虎尾蘭葉劍形而葉面斑紋奇特，適於盆栽供四季觀賞，又是極好的纖維作物。

## 龍舌蘭（圖159）

*Agave americana*（American agave）

【形態特徵】石蒜科常綠肉質草本，1次開花植物（在一生中只開1次花後就死亡）。莖短。葉基生，灰綠色，匙狀倒披針形，端具硬刺尖，緣有鉤刺。圓錐花序頂生；花黃綠色。蒴果近球形。國內栽培除華南地區外多不開花。

常見栽培品種有：

1）**金邊龍舌蘭** *cv. Marginata*　葉緣淡黃至金黃色。

2）**銀邊龍舌蘭** *cv. Marginata Alba*　葉緣白色，幼株為淡粉紅色。

3）**金心龍舌蘭** *cv. Mediopicta*　葉中心有奶油色帶條。

【生態習性】原產墨西哥。喜溫暖，較耐寒，冬季氣溫不低於5℃即能正常生長。喜光。耐旱。耐瘠。宜排水良好的沙壤土。

【繁殖方法】多用分株，在早春換盆時分割側蘗另行栽植。

【盆栽管理】分株盆栽的幼苗需置半陰處，成活後再放到通風向陽處。盆土以用腐葉土加粗砂為好。生長期盆土乾燥時澆透水，冬季澆水僅使其葉不皺縮即可。越冬要多見陽光，保持盆土乾燥即能在一般室內安全越冬。夏季適當庇蔭，注意通

圖159　龍舌蘭

風。施肥可視需要進行，但宜每年春季施 1 次骨粉於盆土。因其生長緩慢，除結合分株繁殖進行換盆外，通常很少換盆而於每年春季添換新土。

【用途】龍舌蘭葉片堅挺，複色美觀，為著名觀葉植物，又可生產優質纖維，還可供藥用，能治癥腫、瘡瘍等症。

### 燕子掌（圖160）

*Crassula portulacea*（baby jade）

【形態特徵】景天科多肉植物，常綠灌木。葉對生，倒卵形，先端略尖，綠色而較暗，上部葉緣常具紅邊。花粉紅色。少見開花。

同屬植物斜葉燕子掌 *C. obliqua*（*C. argentea*）和景天樹 *C. arborescens*，與燕子掌常相混淆。斜葉燕子掌葉綠色有光澤並常略有扭轉，先端具尖頭，葉緣不帶紅色。景天樹葉廣橢圓形而稍圓，先端鈍，具灰白色蠟被，上面有細小暗色點，葉緣具紅邊。

圖160　燕子掌

【生態習性】原產南非南部。喜陽光，耐半陰。喜溫暖，不耐寒，夏季高溫時半休眠。耐乾旱。宜排水良好的疏鬆土壤。

【繁殖方法】扦插，於春、秋兩季進行，生根快，成活率高。扦插適溫為16～21℃，用嫩枝插後 3 週生

根。根長2～3公分時上盆。

【盆栽管理】盆栽時鋪墊排水層。夏季宜放室外培養，適當庇蔭，注意通風，避開大雨沖淋。梅雨季及盛夏半休眠期間應控制澆水。高溫炎熱加上通風不良，可使葉片脫落。栽培中注意整形修剪，肥、水不要太大，每年早春換盆或換土。冬季置室內，保持盆土稍乾燥，室溫以維持7～10℃為好，較高或較低均不相宜。

【用途】燕子掌樹形端整，極似樹椿盆景，終年綠色，盆栽點綴廳堂非常適宜。

## 長壽花（圖161）

*Kalanchoë blossfeldiana*（Christmas kalanchoe）

【形態特徵】景天科常綠肉質草本，全株光滑。莖直立。葉交互對生，長圓形，具圓齒或近全緣，深綠色，有光澤，邊緣略帶紅色。圓錐狀聚傘花序，單株有花序6～7個，著花80～290朵；花冠常4裂，紅色至橙紅色。栽培的長壽花都是雜種，花色有紅、黃、橙、淡紫等色。花期在新年與春節前後。

同屬植物大葉落地生根 *K. daigremontiana*，葉長三角形，具不規則的褐紫斑紋，邊緣有粗齒，缺刻處長出不定芽。此不定芽容易落地生根而長成新的植株，從而使該種植物成為一種進行

圖161　長壽花

園藝學科普教育的良好材料。

【生態習性】原產馬達加斯加。喜光，但在室內散射光的條件下也生長良好。耐寒、耐熱性都不強，生長適溫15～25℃。夏季高溫炎熱時（30℃以上）生長遲緩；冬季室溫偏低時（5～8℃）葉片發紅，花期推遲，0℃以下受害。耐乾旱。對土壤要求不嚴，一般沙壤土即可。

【繁殖方法】多用扦插。初夏或初秋剪取長6～8公分的莖段盆插，保持盆土潮潤，在20～30℃的條件下，插後10～15天即可生根。亦可葉插，剪取帶柄的葉片作插穗，插後3～4週可在葉柄的切口處生根長芽，待新芽稍長大便可帶老葉片一起盆栽。

【盆栽管理】用盆不宜太大。常年宜見直射陽光。盆土不可過濕，必待土乾才澆透水。夏季高溫季節控制澆水。定期施肥，施肥不會改變品種的矮生性狀。缺肥時葉片顯著變小，葉色變淡。室內越冬溫度以保持12～15℃為好。花後剪去殘花，適當修剪，進行換盆。栽培中常有介殼蟲為害。長壽花為短日性植物，經短日照處理（每天光照8～9小時）3～4週後即可有花蕾出現；晚秋和冬天如每天光照時間超過9小時，就可能影響開花。

【用途】長壽花枝繁葉茂，株形緊湊，整體觀賞效果極佳，花期又在冬季少花季節，是很受人們喜愛的冬季室內盆花。

## 寶石花（粉葉石蓮花）（圖162）

*Graptopetalum paraguayense*（mother of pearl plant）

【形態特徵】景天科常綠肉質草本。成年植株枝條具

匍匐性，節處易生不定根。
葉在莖及分枝頂端排列成鬆
散的蓮座狀，長圓匙形，具
短鈍尖，質厚多肉，灰白帶
綠色。花白色具褐紅斑點。
花期春季。

【生態習性】原產墨西
哥。喜光，較耐寒。耐旱，
怕澇。喜排水良好的沙壤土。

【繁殖方法】扦插或分

圖162　寶石花

株。春、夏扦插，莖插、葉插均可。葉插時將完整的成熟
葉片平鋪在潮潤（不可太潮濕）的沙土上，葉面朝上，葉
背朝下，不必覆土，放置陰涼處，10天左右從葉片基部可
長出小葉叢及新根。分株最好在春天進行。

【盆栽管理】管理中不可大肥大水。如栽盆時已施基
肥，平時可不追肥。要多曬太陽。如長期放蔭蔽處，植株
易徒長而葉片稀疏。越冬置室內向陽處，室溫保持5℃左
右，控制澆水，只要不使植株皺縮即可。換盆按需要進
行，除寒冷的冬季外，其他季節都可換盆。

【用途】寶石花的小蓮座葉叢似玉石工藝品，一如其
名，適於盆栽點綴室內。在暖地亦適地栽或作假山綠化材
料。

### 洋馬齒莧（半支蓮、太陽花）（圖163）

*Portulaca grandiflora*（largeflower purslane）

【形態特徵】馬齒莧科一年生肉質草本，株高10～20

圖163　洋馬齒莧

公分。葉互生，圓柱形。花單生或數朵簇生枝端，基部有輪生的葉狀苞片，單瓣、複瓣或重瓣，花色紫紅、鮮紅、粉紅、橙黃、黃、白等。花期6月下旬至8月。蒴果蓋裂。種子細小，多數。

【生態習性】原產巴西。喜溫暖，不耐寒。要求陽光充足的環境。花在中午前後開放，清晨和傍晚陽光不足時關閉。耐旱，耐燥。耐瘠。喜沙質土壤。能自播繁衍。

【繁殖方法】播種或扦插。春季盆播育苗，在苗具3對葉片時移栽，極易成活。扦插在生長期進行，極易生根。插穗即使在陽光下曬至萎蔫，用來扦插還能成活。

【盆栽管理】盆栽宜用淺盆。栽培中注意多曬太陽，適當施肥，盆土宜偏乾而不可太濕。7～9月果熟後會開裂而散落種子，故採種須在果實呈黃褐色尚未完全成熟時採收。種子生命力強，保存3～4年仍能發芽。

【用途】洋馬齒莧花色豔麗，花期較長，盆栽可以培養成細緻而精美的小型盆花。全草藥用，治感冒和燒燙傷。

## 虎刺梅（鐵海棠）（圖164）

*Euphorbia milii*（crown of thorns）

【形態特徵】大戟科多肉植物，常綠灌木，常作落葉木本栽培，體內有白色漿汁。莖和枝有棱，多刺。葉通常

生於嫩枝上，倒卵形至矩圓狀匙形，綠色。杯狀花序宛如一完全花，外有杯狀總苞，中間有一裸出雌花，繞以僅具單雄蕊的雄花，2～4個杯狀花序生於枝端，排列成具長總梗的二歧聚傘花序，每杯狀體下有兩枚紅色總苞片。花期全年（溫室），主要在冬春。

圖164　虎刺梅

同屬植物霸王鞭 *E. neriifolia*，莖幹肉質，具棱，後變圓，具刺；葉倒卵狀長圓形，多集生枝端處；花序總苞片綠色。霸王鞭像仙人掌類，但莖、葉含白漿為別。霸王鞭有一帶化變異品種麒麟角 *E. neriifolia* cv. Cristata，具棱的肉質莖變態成雞冠狀或扁平扇形。其觀賞價值較原種霸王鞭為高，但在過分蔭蔽與肥、水過大的條件下，變態莖容易徒長而返祖長成柱狀。

【生態習性】原產馬達加斯加。喜陽光，陽光越充足越好。如長期放庇蔭處，則不開花。不耐寒。冬季室溫如保持15℃以上，可整個冬季開花不斷。冬季溫度太低時，則會落葉而進入休眠。不甚耐旱，亦怕過濕。宜肥沃濕潤的沙壤土。

【繁殖方法】扦插繁殖在整個生長季節都可進行，而以5～6月扦插成活最好。剪取帶頂嫩枝作插穗，剪口塗抹木炭粉並放置幾天，待剪口充分乾燥後再插。保持插壤稍潮潤，極易生根。

盆栽花卉栽培與裝飾

【盆栽管理】盆土可用腐葉土、園土、粗砂等份配製。冬天在室內培養，如落葉休眠，在休眠期間要控制澆水，保持盆土乾燥。天暖後移置室外，澆水一般不要太多，但須防乾旱。開花期防水多過濕，以免引起落花與爛根。施肥可每月1次，但高溫期及梅雨季例外。因是新枝開花，故必須修剪促發新枝；否則開花少且株形紊亂。

為使株形美觀，宜設立支架將莖均勻引紮到支架上。因其刺多而硬，家庭養花不宜培養太大的植株。栽培中還須注意，其莖、葉所含白色漿汁有毒，可使眼睛發炎和皮膚發疹，要謹防受害。

【用途】虎刺梅花序的總苞片非常美麗，花期特長，莖枝可以紮架整形，是有趣而惹人喜愛的盆栽植物。有條件露地栽培時可植為刺籬。入藥治跌打及癰腫；葉子外用可拔除紮入皮肉的竹木刺。

# 三、盆花裝飾

## （一）盆花裝飾原理

　　盆花裝飾的主要目的是創造美。這美，按《盆景技藝入門》（李真、魏耘，安徽科學技術出版社）書中關於美有形象美和價值美的說法，指的是形象美。創造形象美，必須按照「美的規律」，即合規律性與合目的性的統一。在盆花裝飾中，合規律性體現在合乎藝術規律、自然規律和社會生活規律。這裏主要談談形式規律和構成感性形象所需要依靠的感性質料。盆花的形狀、色彩等，只有合乎規律地組合在一起，才能成為美的感性形象。

### 1. 盆花的形狀

　　形狀是事物存在的一種空間形式，它包括一般所說的點、線、面、體。在形狀方面存在一些不同的特性，即包含著不同的意味。一般說來，圓形柔和，方形剛勁，立三角有安定感，倒三角有傾危感，三角頂端轉向側面則有前進感，高而窄的形體有險峻感，寬而平的形體有平穩感；直線表現剛勁，曲線表現柔和，波狀線表現輕快流暢，輻狀放射線表現奔放，交錯線表現激蕩，平行線表現安穩。

　　在盆花裝飾中，既要考慮組合整體之形狀以便提高群體的觀賞效果，又須重視個體盆花之形狀以便利用和發揮某些單株的突出作用。如盆花的葉、花、果、莖即有各種形狀：

1）**葉** 銀杏的葉為扇形，枸骨冬青的葉為長方形，五針松的葉為針形，君子蘭的葉為寬帶形，旱金蓮的葉為盾形，綠串珠的葉為球形，八角金盤的葉為掌狀裂葉，鵝掌柴的葉為掌狀複葉，春羽的葉為羽狀裂葉，九里香的葉為羽狀複葉。

2）**花** 錦雞兒的花為蝶形，絡石的花為風車形，牽牛的花為喇叭形，桔梗的花為寬鐘形，一串紅的花為二唇形，金魚草的花為假面形，雞冠花的花序為雞冠形，八仙花的花序為繡球形。

3）**果** 木瓜的果為瓜形，無花果的果為饅頭形，佛手的果為手指形，葡萄的果為珍珠形。

4）**莖** 金琥的莖為球形，山影的莖為山石形，佛肚竹竿部節間短縮而膨大如瓶，竹節蓼幼莖扁平如葉。

盆花的株形，或為自然株形，或為人工整形，亦有各種形狀，並按照體量而有大、中、小型不同規格。習見栽培之盆花，以中型最為多見。在審美活動中，形狀本身也可以成為獨立的審美對象，從而引起人們的審美感受。

## 2. 盆花的色彩

色是因光而起的視覺。光的三基色是紅、綠、藍，其補色（與原色光按一定比例混合失去彩色）分別為青、品紅、黃。色光（非顏料）的混合結果如下：

紅＋綠＝黃　　　紅（多）＋綠（少）＝橙

綠＋藍＝青　　　綠（多）＋藍（少）＝綠青

藍＋紅＝品紅　　藍（多）＋紅（少）＝紫

紅＋綠＋藍＝白

盆花的顏色是白光經其吸收後所反射出來的顏色。如

綠葉吸收紅光和藍光而反射綠光,故呈綠色;黃花吸收藍光而反射紅光和綠光,故呈黃色。盆花不僅花、果有各種色彩,葉、莖亦可有不同顏色。盆花裝飾必須注意盆花色彩的配置。

1)**花色** 白色如梔子花、白茶花、茉莉、晚香玉;紅色如重瓣紅石榴、虎刺梅、一串紅、夜落金錢;黃色如迎春、蠟梅、金絲桃、花毛茛;藍色如「海藍」補血草、「藍艦隊」香雪蘭、桔梗、藍花瓜葉菊;複色如瑪瑙石榴、三色菫;雙色如「帥旗」菊花、「金背大紅」月季;變色如金銀花、海仙花。

2)**果色** 紅色如南天竹、枸骨冬青、火棘、枸杞;黃色如木瓜、海棠花、金橘、佛手;紫色如紫珠、紫李;藍色如桂花、闊葉十大功勞;白色如紅端木、湖北花楸。

3)**葉色** 樹木的嫩葉及霜葉常有不同顏色,即所謂春色葉樹、秋色葉樹。嫩葉紅色者如山麻杆、石楠;秋葉紅色者如雞爪槭、黃櫨;秋葉黃色者如銀杏、金錢松。有的植物,其葉常年均呈異色。紫紅色的如紅楓、紅羽毛楓、紅葉李;斑駁色彩的如變葉木、斑葉大葉黃楊、彩葉草;雙色的如紅背桂花、胡頹子。梢葉常亦有變成異色者。如一品紅梢葉鮮紅色,雁來黃梢葉亮黃色。

4)**莖色** 幹色灰白的如白皮松;綠色的如淡竹;紫黑色的如紫竹;斑駁色彩的如斑竹、碧玉間黃金竹、黃金間碧玉竹。枝條紅色的如紅端木;綠色的如梅、迎春、棣棠。

### 3.形式規律

形式規律是形狀、色彩等感性質料的組合規律。主要

盆栽花卉栽培與裝飾

有整齊一律、平衡對稱、對比調和、比例、節奏、和諧等。

**1）整齊一律** 或者叫單純齊一，其特點是一致和重複。重複也屬於整齊的範疇，就局部的連續再現來說是重複，但就各個局部所構成的整體看仍屬整齊的美。習見在建築物前列擺同品種、同形態、同體量的盆花，即是運用整齊一律規律。

**2）平衡對稱** 平衡又稱均衡。在造型藝術中指同一藝術作品畫面的不同部分和因素之間既對立又統一的空間關係。平衡表現為對應的雙方在分量上相當。若對應的雙方既等量又等形，則為對稱，這是平衡規律的特殊形式。例如，在客廳長沙發兩頭，一頭擺一高大的盆花，另一頭擺高腳几架，上放盆花，即可構成平衡。若兩頭各放一盆同樣的盆花，則屬對稱擺法。

**3）對比調和** 對比是把兩種極不相同的東西並列在一起，使人感到鮮明、醒目、振奮、活躍。調和是把兩個相接近的東西相並列，使人感到融合、諧調，在變化中保持一致。對比是變化的重要因素。但對比不能過分強烈，必須正確處理對比的關係，使之能夠調和。例如，在盆花陳設中將水生花卉與多肉植物擺放在一起即不調和，而如將水生花卉與濕生花卉相配置，則能對比調和。主次也是一種對比。盆花裝飾佈景應做到主次分明、中心突出，在同一方位內的空間有主景和配景之分。可選用珍稀植物或形態奇特、姿色優美、色彩絢麗、體形大、有別於常見花卉的品種作主景，以突出主景的中心效果。

配景起著陪襯主景的作用，與主景相輔相成，相得益

彰。在任何時候，配景都不可喧賓奪主。

4）比例　指事物各部分之間的度量關係。最令人喜歡的比例是「黃金分割」。所謂黃金分割，即大小（長寬）的比例相當於大小兩者之和與大者之間的比例。列為公式是 a：b＝（a＋b）：a。實際大約為 8：5。比如一個客廳只有 12 平方公尺，高 2.6 公尺，即使其他裝飾很優美，但如果擺上一盆超過 2 公尺高的大體量盆花，反而會弄巧成拙，把一個原來很優美的客廳變得矮小擁擠。放過小的盆花也不適宜。如按照黃金分割的要求改放 1 公尺高的盆花，就能使人感到比例適度。

黃金分割的比例裏面確實包含了一定合理的因素，但不可把這種比例到處硬搬。人們在美的創造活動中都是按照事物的內在尺度（合規律性與合目的性的統一）來確定比例關係的，故比例必須適用和美觀。

5）節奏　指運動過程中有規律的、有秩序的連續。寒暑相推，四時代序；陵谷相間，嶺脈蜿蜒；勞動張弛，工作急緩，自然和生活中都存在著節奏。節奏廣泛地表現在藝術中，盆花裝飾亦不例外。例如列擺盆花龍柏樹和黃楊球，按一樹一球地排下去，就像「樹、球，樹、球，……」的 2/4 的拍子。若是一樹兩球地排下去，就有點像「樹、球、球，樹、球、球，……」的圓舞曲。

除了這種交替形成的節奏，還有重複形成的節奏、漸變形成的節奏、輻射形成的節奏。在節奏的基礎上賦予一定情調的色彩便形成韻律。韻律意味著節奏的變化，表示著節奏的不同速度。這種充滿情感的節奏，更能給人以情趣，滿足人的精神享受。

盆栽花卉栽培與裝飾

**6）和諧** 這是形式規律的高級形式，也叫多樣統一。「事物本身的形具有大小、方圓、高低、長短、曲直、正斜；質具有剛柔、粗細、強弱、潤燥、輕重；勢具有疾徐、動靜、聚散、抑揚、進退、升沉。這些對立的因素統一在具體事物上面，形成了和諧。」在盆花裝飾中，花、盆、几架三者要和諧；盆花與盆花的組合配置要和諧；盆花裝飾與場所和其他陳設物的格調也要和諧。

比如室內傢具陳設物是西式格調，客廳的盆花裝飾應選用棕櫚科植物或立柱式攀緣一類的植物，再配乳白色塑料鋼套盆，使其呈現出一派熱帶異國情調。如果是中式客廳，宜選用略加造型的垂枝榕等，並配以蘭花或盆景，置於同等高度的几架，使之帶有古樸典雅的氣氛。

### 4. 裝飾色彩理論在盆花裝飾中的應用

**1）顏料色與光色的同名異色現象** 顏料的混合不同於色光的混合。用紅、綠、藍（光的三基色）顏料來調色，其混合的結果皆得黑色。調色是用品紅、黃、青（色光補色）顏料作原色以調出其他彩色，而被稱之為紅、黃、藍三原色。故〔顏料原色〕紅＝〔色光補色〕品紅；〔顏料原色〕黃＝〔色光補色〕黃；〔顏料原色〕藍＝〔色光補色〕青。盆花的色彩雖是決定於其反射光的顏色，但在盆花裝飾中，通常都是採用顏料色名。

例如天藍色，習稱之為藍而不稱之為青。原色顏料（非色光）的混合結果如下：

紅＋黃＝橙　　黃＋藍＝綠　　藍＋紅＝紫

橙、綠、紫稱為間色。三原色和三間色，是為六標準色。六標準色紅、橙、黃、綠、藍、紫，排成色環，位於

相距180°位置的兩個標準色即紅與綠、黃與紫、藍與橙，互為補色。互補色相混合得到的是灰色。紅、黃、藍三原色相混合亦得到灰色。

**2）色彩的三要素**　色彩的三要素是色相、明度和純度。色相代表色彩的相貌，指的就是色彩的名稱。六個標準色即屬於六個色相。明度指色彩的明暗程度。在上述六個色相中，黃色明度最高，紅色明度居中，紫色明度最低。在同一色相中，亦具有深淺明度，如淺紅的明度高於深紅。純度指某一個顏色含標準色的多少，即含紅、橙、黃、綠、藍、紫成分的多少。標準色是最純的色。如紅色純度最高，若在紅色內加入白色，紅即變淺，加入黑色，紅即變深，兩者都是純度降低。

**3）色彩的聯覺**　一種感覺引起另一種感覺，聯合成為較完整的知覺，這就是聯覺。視知覺往往是各種聯覺中的主要成分。由於聯覺的作用，色彩還能給人以溫度、重量、質地、面積、距離、運動等感覺。

（1）冷暖感。紅、橙、黃為暖色，綠、藍、紫為冷色，黑、白、灰、金、銀為中性色。

（2）輕重感。明度高的色輕，明度低的色重。

（3）軟硬感。含有白、灰的色柔軟，純色或暗清色則感到硬。

（4）脹縮感。面積同大的兩種色彩，明度高而色淺的有脹大的感覺；反之，則有縮小的感覺。

（5）遠近感。明度較高、純度較高、色性較暖的色，具有近距離感；反之，則具有遠距離感。六個標準色按由近而遠的順序排列為：黃、橙、紅、綠、藍、紫。

（6）動靜感。暖色是動態色，會使人興奮和活躍，以橙紅（緋色）為最。冷色則使人沉靜，以藍色為最。

**4）色彩的象徵意義**　紅色象徵熱情、危險、革命；橙色象徵溫和、莊嚴、卑俗；黃色象徵希望、高貴、病態；綠色象徵平安、豐饒、新鮮；藍色象徵寧靜、幸福、悲哀；紫色象徵優雅、華貴、不安；白色象徵純潔、神聖、不吉；灰色象徵平靜、樸素、消極；黑色象徵嚴肅、死亡、剛健。

色彩的象徵意義，因民族文化傳統、風俗習慣和使用場合而有不同，亦與欣賞的人有關。例如同是紅色的楓葉，在心情閒適的人看來，「霜葉紅於二月花」；而在離人傷感的眼中，「曉來誰染霜林醉？總是離人淚。」

**5）盆花裝飾的配色方法**　盆花裝飾的配色要能調和，也就是要正確處理色彩間的對比關係，使色彩的配合達到和諧統一。配色時，過分對比的配色需要加強共性來調和，過分接近的配色需要加強對比來調和。色彩的對比包括色相、明度、純度、冷暖、面積的對比。配色必須有一個主色調，並要有主色。

（1）**主色調和主色**。色彩的主色調就是色彩的總的傾向、基調。從色性上分，有暖調、冷調、中性調。從明度上分，有明調、暗調、中間調。從色相上分，有紅色調、黃色調、綠色調等。如國慶擺花，為表現節日氣氛，應以紅色作暖色主調。色有主從。通常主要盆花之色為主色。主色的總面積不一定最大（主色不等於主色調），可是它發揮著關鍵作用，大片深色包圍中的淺色，大片淺色包圍中的深色，大片調和色中的對比色，都能列為主色。

接近中心部位的色，也易成為主色。在盆花裝飾中，賓色必須從屬於主色。

（2）**對比色配合**。對比色指性質相反的色相。互補色都是對比色。黑與白也是對比色。對比色的配合，色彩鮮明，對比性強，是極為常用的配色方法。例如一片一串紅盆花，以綠色盆樹作背景，紅綠相配，分外鮮豔。對比色的配合，如明度、面積、純度相等，會使人感到對比過分強烈。為了取得對比色的調和，往往採取減弱其中一個顏色的純度或增大顏色間明度的距離以及減小其中一個顏色的面積。「萬綠叢中一點紅」之所以成為美的配色，道理即在於此。對比色的配合不限於兩種顏色，也可有幾組對比色。

（3）**鄰補色配合**。指一種顏色與其補色的鄰近色（即該補色在色環中左右相鄰的色）相配合。如蠟梅與南天竹配置並賞，黃花紅果相映成趣，即是一種鄰補色配合。鄰補色配合對比性亦較強，需注意調和。

（4）**鄰近色配合**。色環中相鄰的色含有相同的色素，如紅與橙都含有紅、黃與綠都含有黃，所以鄰近色的配合容易取得調和的效果。人們喜用「姹紫嫣紅」來形容花色之美，欣賞的正是鄰近色配合。鄰近色配合須注意色彩明度的對比，如明度太相近，則不醒目，顯得平淡，缺乏生氣。

（5）**同類色配合**。這是指同一種顏色不同明度的配合，如深紫與淺紫、深綠與淺綠。杜甫的詩句「桃花一簇開無主，可愛深紅間淺紅」（江畔獨步尋花七絕句），說的就是同類色配合。配色時，無論主色、賓色，都可用同

盆栽花卉栽培與裝飾

類色組代替一色以增加變化。

（6）**三種顏色的配合**。同時有三種顏色時，可用兩個對比色，一個鄰近色或中性色。中性色能與任何一種顏色相調和，具有緩衝和諧調的作用。例如在蘇鐵周圍擺放白（或黃）、紅菊花，色彩既有對比又能調和。如果採用兩個純度大的顏色，一個純度小的顏色，也可以達到色彩的對比調和。

（7）**花色、容器、背景的顏色配合**。容器顏色與花色的配合要注重對比，如白梅不可用白盆，宜用較深色的盆。背景顏色與花色亦應有適當對比，與容器顏色則應注重調和。如紅楓用暗綠色盆，以天藍色或白色為背景來襯托，配色就比較理想。

## （二）盆花裝飾技法

### 1. 盆花裝飾的特點

盆花即盆栽花卉。盆花裝飾是花卉裝飾的一種。花卉裝飾指用盆花和切花製作插花、花籃、花圈、花環、花束和串花造型等來美化室內及建築物近旁，創造優美舒適的勞動、生活、休息環境；或應用花卉專為各種集會、展覽場所進行美化佈置，以突出主題，烘托或調和氣氛。平常所說的擺花即是盆花裝飾。盆花便於挪動和更換，種類多樣，形態各異，觀賞期較長，所以是最常用的花卉裝飾品。公園、街道、廣場、車站、醫院、賓館、商店、學校、機關、廠礦以及庭院、陽臺、門前、室內等處，均可擺花。合理的擺花能使人們身心愉快，故盆花裝飾是一項有益於人們精神生活與物質生活的活動。

## 2.盆花裝飾的構成要素

盆花裝飾的構成要素包括花卉、盆缽、几架和場所。

1）花卉　在盆花裝飾中，花卉應作廣義理解。而盆花的含義更廣於花卉，任何植物，例如經濟果樹，一經盆栽兼供觀賞，便為盆花。連盆景（必經藝術加工，不同於盆花）也視同盆花，一起用於擺花。有時在盆花中間擺放一盆盆景，更能起到畫龍點睛的作用。

盆花裝飾所使用的花卉種類非常廣泛，但都必須是適合盆栽並已經盆栽了的。

2）盆缽　在盆花裝飾中，盆缽不僅是栽花的容器，同時也是一種必要的裝飾品。盆缽有不同的質地、形狀、大小、深淺和色澤，一般底部都有排水孔，如瓦盆、陶盆（砂盆）、釉盆、瓷盆、木盆、塑料盆。也有盆底無排水孔，用來栽培水生花卉的水盆，如水仙盆、荷花缸。

瓦盆價格低廉，排水、通氣良好，最適養花；唯質地粗糙，不夠美觀。除密集擺花外，多不用之；用時，常在瓦盆外加用套盆，使其變得美觀。

3）几架　盆花裝飾中的盆花，除戶外擺花可置於地面外，一般都置於几架或桌案之上。几架常用紫檀木、香紅木、黃楊木、楠木、花梨木、竹子、樹根等製作。

好的几架本身，也是一種藝術品。集中擺放盆花的花架，則常用木料、金屬製成。博古架也是一種花架，專門用來擺放很小的盆花。

4）場所　場所不同，對盆花裝飾的要求也不同。盆花裝飾的形式以及花和盆的大小、形狀、色彩等，都必須與擺花場所環境的具體條件相適應，使氣氛協調一致。

　　例如，在商店門口對擺兩株較大的發財樹，不僅象徵吉利，而且顯得亮麗氣派，給顧客以好感。

### 3. 盆花裝飾的做法

　　**1）空中懸吊**　這是將盆花懸吊在空中進行空間裝飾的做法。適作「吊花」的盆花，大多具有枝蔓下垂的特點，如花葉常春藤、天門冬、吊蘭、吊竹梅、巴西水竹草、垂盆草、綠串珠、吊金錢。盆花的懸吊方法不一（圖165），但都要求牢固，高度以不妨礙日常生活活動為原則。其固定部位常在窗楹處、廊簷下或天花板上。盆缽宜用輕型，常用塑料盆，亦可選用某些帶有耳環的日用陶瓷盛器。對懸吊的盆花，最要注意經常檢查盆土的水分狀況，當盆土乾燥時即將盆花取下，浸盆吸水飽和後再瀝盡滴水，以免污染他物。為了澆水方便，最好採用間接吊盆，澆水時將盆花取下，澆水後再將盆花送回原處。為了減少盆土的水分蒸發，可在土表覆以苔蘚。

　　**2）垂直攀爬**　空間裝飾常利用較大容器栽培藤本植

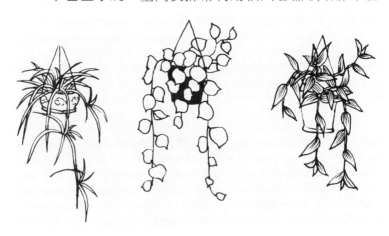

圖165　空中懸吊

物,使其上部枝葉沿著牆壁或攀緣架伸展,從而形成獨特的立面景觀。牆壁綠化裝飾常利用爬牆虎、薜荔、洋常春藤、常春藤等攀附於牆壁之上形成「貼綠」。設有攀緣架的,常利用薔薇、牽牛、小葫蘆、金銀花、絡石等攀繞架上形成「綠架」(圖166)。攀緣架的材料及式樣,可精緻,可粗簡。常見有利用廢電線、鐵絲或塑料繩垂掛陽臺側面,上下拉直,多根平行,即做成簡便攀緣架。此外,可利用綠蘿、喜林芋類栽成「綠柱」,方法是在盆的正中立一根大小合宜的棕柱,使植株繞柱生長(圖167)。

所謂棕柱,即是在竹竿或木棍上包紮棕片,根據需要還可在棕片與竹竿之間墊上一層苔蘚及腐殖質土。如無棕柱,也可在竹竿或木棍外面包一層尼龍圓筒網,並可在其間填入培養基質。所栽植物,既可以順栽即栽植在棕柱下方的盆中,也可以倒栽,即栽植於棕柱上方的培養基質中。順栽者在盆內澆水施肥,倒栽者則往柱頂的培養基質內澆水施肥。此外,還應經常向葉面噴水及澆濕棕柱。

圖166　綠架　　　　　　　圖167　綠柱

3）**壁掛栽培**　這種盆花裝飾方法是專門用來美化牆壁或柱壁的。選用一種便於在牆壁或柱壁掛置的特殊容器，其形狀猶如筷筒或做成其他精美造型，在其中栽植或水養花卉即成「壁花」。也可採用半圓形鐵絲網或塑料籃，內墊棕衣，盛質輕而疏鬆的土壤，將小型盆花脫盆種在籃內。壁花點綴於壁面空間，使單調的牆面仿佛鑲嵌了一幅天然生動的立體圖畫。常用壁花種類有花葉常春藤、花葉綠蘿、吊蘭、文竹、天門冬、廣東萬年青等。

壁掛栽培要注意澆水，並常向葉面噴灑水霧。水養者在夏季高溫季節應每天換水1次。

4）**組合盆栽**　組合盆栽是選取幾種生長習性基本相似的花卉，運用藝術配植手法，合理地栽植在1個容器內，既發揮每種花卉的觀賞特點，又使花卉之間色彩調和，構成新穎的整體，從而取得單一盆栽所難以達到的裝飾效果。組合盆栽所用容器，要求樸素大方，從屬於花卉並與之相協調。切不可過分華麗，以免喧賓奪主。組合搭配的花卉種類數目應適宜，小型容器宜3～4種，中等容器4～5種，大型容器5～7種。常見選用美人蕉、大麗花、瓶兒花、吊蘭、蕨類等組合盆栽，效果很好。選用多種色彩的花卉組合盆栽（圖168），效果亦佳。

栽培仙人掌類及多肉植物，更宜採用組合盆栽，以增

圖168　多色花卉組合盆栽

加觀賞效果。因不同的種類能體現出不同的個性：強刺球屬種類剛勁雄健，景天科多肉植物嫵媚多姿，星球屬種類莊重典雅，生石花屬種類晶瑩可愛。把這些種類適當地組合栽培在一起，可達到和諧統一、相得益彰的效果。此外，吊花亦可採用組合盆栽。

5）**套盆** 瓦盆栽培的盆花，觀賞時常加用套盆。套盆可用紫砂盆、釉盆、瓷盆、編織盆。尤以瓷盆最常用作套盆。因瓷盆色澤華麗，且不透水不透氣，不適養花，只宜作套盆用。將瓦盆盆花放在套盆之內，待更換時，只要取出瓦盆另換一盆放入即可。

如套盆過深，可用磚瓦墊高，亦可將套盆吊置，將盆花置放其中，成為間接吊盆。間接吊盆兼有套盆和吊盆的好處，在養護管理時取放盆花亦較方便。

6）**花架擺花** 花架擺花可以打破平面裝飾的單調劃一，是盆花裝飾中常用的做法。有臨時性的，如在花展及節日擺花中見到的。有持久性的，如展覽溫室及陽臺上的花架擺花。陽臺是養花之處，也是隨時賞花之地，擺花必須兼顧觀賞和便於管理。可在陽臺的窗下或靠牆角處，設置兩層花架，架上放喜光花卉，架下放耐陰花卉，較大的盆花可放地上。還可設置牆角花架（圖169）、角柱花架，也能較多

圖169　牆角花架

圖170　博右架擺花

利用陽臺空間。

花架一般為梯級形，有單面梯形和雙面梯形，多為木料製成，擺花時宜有主次，在色彩搭配方面宜以一（組）色為主，另一（組）色為輔，再加少量顏色作為點綴，主色、輔色、點綴色三者之比，一般以5：3：1為佳。同時有地面擺花時，花架擺花須與地面擺花在整體上協調統一，才能保證和提高觀賞效果。現今流行的不規則自然式花架，多用鋼筋焊接而成，其上放置的盆花可以多種多樣，形成自由飄逸的風格。

7）博古架擺花　博古架主要是在室內擺花用。適合擺放小型和微型盆花（圖170）。

其形式無固定格式，可根據要放的盆花大小而定，但必須堅固穩定，懸挑部分不宜太長。在較小房間內，單獨的博古架或嫌占地過多，可將博古架裝在組合櫃內或用在牆上代窗，也可用做室內分隔用。博古架擺花要注意處理好空間的利用和形態的協調配合。

8）便宜式擺花　家庭室內擺花，既可就便，更要得宜。凡廳室擺花，不可密集一處，也不宜在同一個平面

上。盆花的數量和大小，需與廳堂的式樣、房間的大小及室內傢具和其他物品的多少相稱。盆花要擺在室內適宜的地方（圖171），從裝飾上看要適宜，從花卉的生態習性看也要適宜。一般前面的宜低，後面的宜高；靠

圖171　便宜式擺花

窗的宜低，室內四角的宜高；安置桌案上的宜低，靠牆壁的宜高；較亮處擺放耐陰性弱的花卉，較暗處擺放耐陰性強的花卉。務使各得其所，整體協調。

　　9）規整式擺花　規則整齊的擺花是公共場所擺花經常採用的做法。具體擺花方式有多種，多呈對稱的幾何圖形；常見的有對擺、列擺及盆花花壇。

　　（1）對擺：對擺一般指兩盆盆花在一定軸線關係下相對應的擺花方式。在建築物門口左右對擺，要用同品種和體量大小也一樣的盆花，使其對稱，方顯整齊美觀。對擺有時用非對稱平衡擺法，兩側近等量而不同形。對擺的盆花，形體上要注意與鄰近建築設施的幾何圖形和色彩有所變化。在圓門的左右不宜對擺圓球形盆樹；在柱式公共建築正門前不宜再應用柱狀盆樹對擺；在灰色牆體的進門兩旁，若用蒼綠色的觀葉植物對擺，便起不到陪襯烘托的作用。對擺常用盆花有蘇鐵、南洋杉、千頭柏、黃楊、大

盆栽花卉栽培與裝飾

葉黃楊、發財樹、杜鵑、菊花等。

（２）列擺：列擺是指沿直線或曲線以等距離或在一定變化規律下的擺花方式。列擺的盆花可以是單一的，也可以是兩種以上間擺。在後一種情況下，可以把木本與草本、常綠與落葉適當組合搭配。還須注意，盆花在形態、體量及色彩上要與建築物協調一致，以能構成一個完美的藝術整體為好。如在建築物前方、道路兩旁以及盆花花壇的外緣等處，都可應用列擺。列擺而成環形的，稱為環擺。列擺而成植株冠部連接的，稱為靠擺。環擺和靠擺是列擺的兩個特殊形式。列擺常用盆花有南洋杉、龍柏、散尾葵、雀舌黃楊、扶桑、菊花、瓜葉菊等。

（３）盆花花壇：利用同一時期開放的色彩豐富的花卉，栽植在具有一定幾何輪廓的床地內，構成一定的圖案，稱為花壇。利用盆花擺設成活動花壇的形狀，即成盆花花壇。其形狀有長條形、方形、圓形、多邊形等，應根據周圍環境的位置而定。擺設盆花花壇應注意：

①圖案設計要求簡潔大方，線條明確，易於用盆花擺出。

②色彩要鮮明協調。門前和廣場的花壇應多用紅、黃等暖色，以造成隆重、熱烈的氣氛。幽靜的休息環境應多用淡藍、紫、白、黃等色，以形成典雅、清新的氣氛。

③同一品種要求盆的大小規格統一，植株高矮、冠幅基本一致；不同品種要求高度相差適當，以顯露出花頭為標準。

④同一花壇各種盆花的生長習性大體一致，特別是對光照和水分的要求要大體相同，這樣便於確定位置和澆水

管理。

　⑤選用的盆花宜是冠叢緊密、不易倒伏、花期較長的品種。

　盆花花壇的中心，可以選擺較高大而整齊的草、木本盆花如南洋杉、蘇鐵、黃楊球、美人蕉，作為中心盆花（或稱之為中心擺）。盆花花壇的邊緣，可以用矮小盆花靠擺作鑲邊，使花壇的輪廓線更加清晰。下面的花壇圖案及花卉配置方案（圖172），是秋季盆花花壇的一個例子。

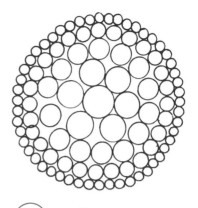

1.桂花　　2.紅雞冠　　3.白早菊
4.黃早菊　5.荷蘭菊
**圖172　盆花花壇平面示意圖**

　10）**組盆紮景**　組盆紮景是用多盆盆花共同紮成一景。菊展中體量大的紮菊造型，即採用組盆紮景。其做法是在臨菊展時選擇小菊連盆紮在用竹篾或金屬物等做成的各種動物、亭、閣、船、籃等形式的花架上，使花朵布於表面，花盆處於隱蔽，即成紮菊造型。紮景要求形象生動，體態精美。紮時帶盆有利於植株生機旺盛，但需將花盆擺紮固定牢靠。亦可脫盆，用棕皮或蒲包包裹根部。對組盆紮景，特別要注意澆水管理。

　**4. 擺花場所及環境**

　瞭解和分析擺花場所的生態因子和小氣候特徵，才可進行恰當的盆花裝飾。

盆栽花卉栽培與裝飾

**1）陽臺** 陽臺因形式、朝向、封閉程度等的不同而產生不同的光照條件、溫度條件、濕度條件以及風向等。陽臺大多位於樓房高處一側，用水泥鋪裝，其形式有凹入陽臺、挑出陽臺、半凹半挑陽臺、轉角陽臺。陽臺的欄杆形式有空花欄杆、實體欄杆（用實體欄板圈圍陽臺）、半虛半實欄杆。陽臺的朝向有南向陽臺、北向陽臺、東向陽臺、西向陽臺。以南向挑出陽臺最為多見。還有封閉陽臺，多是用玻璃窗封閉，亦有用紗窗封閉的。

但即使就同一個陽臺來說，其兩端、上下、前後的光照時數和強度也有所不同。對陽臺各處光照條件的差異，應合理地善加利用。

| | |
|---|---|
| 南陽臺 | 南向陽臺具有日照時數長、太陽輻射強、光照強烈的特點，適宜於茉莉、小石榴、月季、夜香樹、菊花、洋馬齒莧、一串紅、金魚草、五色椒、蔦蘿、牽牛等陽性花卉的生長。 |
| 北陽臺 | 北向陽臺光照時數一般較少，常年日照時數僅等於南向陽臺的一半左右，且多以清晨和傍晚偏弱的散射光為主，適宜於蘭花、四季秋海棠、吊蘭、萬年青、珠蘭、山茶等陰性花卉的生長。 |
| 東陽臺 | 東向陽臺性質較近於陽。 |
| 西陽臺 | 西向陽臺性質較近於陰。 |

陽臺上晝夜的溫差較大。其晝夜溫差一般都在8～10℃，這對花芽分化、果實著色是比較有利的。南向陽臺由於日曬時間長，又有北牆阻隔冷風南下，與北向陽臺相比，日平均氣溫常偏高1～2℃，適宜於茉莉、金橘、仙人掌類等耐高溫花卉的生長。北向陽臺則適宜於夏季休眠花

卉如仙客來、馬蹄蓮及怕高溫花卉如君子蘭、倒掛金鐘的避暑度夏。不同層高的陽臺，其熱量條件不同，風量風力不同。高層樓房的陽臺風多風大，夜間溫度下降較為明顯。北向陽臺冬季多偏北風，特別寒冷。低層樓房的南向陽臺，花卉受寒、凍害遠不如北向陽臺突出和嚴重。陽臺上空氣比較乾燥。陽臺內的通風受欄杆形式的影響。空花欄杆通風好，實體欄杆通風差，半虛半實欄杆在空花欄杆處通風好，在實體欄杆處通風差。一般來說，對陽臺花卉株形應加控制，不使其植冠過大，植株過高。凡冠大株高的盆花宜加修剪，或增加安全措施，或置避風口以避免遭受風害。

在陽臺上，盆花可擺放於陽臺地面、窗臺和水泥欄杆扶手上。最好能在扶手外側加做一道護欄以護住花盆，這樣在澆水時可防有水滴落到下面一層的陽臺上，颱風時亦可防小盆被吹落而造成事故。

為擴大擺放，可在陽臺一端欄杆外用鋼筋架或再加板塊做成托架，用來擺放盆花。托架一定要牢固安全，還不能向外伸展太遠。否則，不便承重，亦不便管理。陽臺上還可設置便宜的花架及懸吊設施，以擴大陽臺空間的利用，增加擺花。

2）**窗口**　窗戶分隔和連通著室內外。在窗口，光照較強於室內，通風較好，空氣較乾燥。對擺養盆花來說，南窗口比較有利，許多觀花觀果植物如天竺葵、石竹、山茶、三角花、五色椒、冬珊瑚都可以擺養。西窗口光照強、日曬時間長、溫度高、空氣乾燥，宜擺養喜光耐熱的花卉如茉莉、金橘、小石榴、夜香樹、仙人掌類及多肉植物。東窗口光照較弱，北窗口光照最弱，都只宜擺養陰性花卉，可將最

盆栽花卉栽培與裝飾

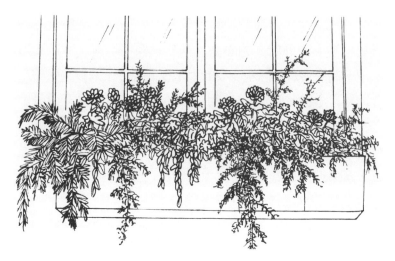

圖173　窗箱

耐陰的花卉如蕨類、一葉蘭、石菖蒲置放於北窗口。

　　窗臺有室內窗臺和室外窗臺之分，前者較後者更方便擺養盆花。窗口上有的裝了遮陽設備，可使光照減弱，溫度降低。國外流行一種窗箱（圖173），設置於沒有陽臺的窗戶外，在窗箱內種植矮牽牛、天竺葵、天門冬、常春藤等花卉，等同擴大的組合盆栽，色彩搭配鮮豔，蔓條垂枝飄拂，可給城市景觀增添生氣和活力。

　　在窗臺上擺養盆花，不可太多、太大、太高、太擠。否則，不僅影響採光和通風，觀賞起來亦不好看。還應經常轉盆，防止由於向光性而使株形歪斜。

　　3）室內　室內的光照大都較弱，離窗口越遠，光照越弱，加上通風不良，常有灰塵，故室內並不適於養花。但室內擺花可以改善環境、美化環境。在冬季，室內可供作盆花越冬的冷室，太陽光能從南窗照入室內距窗頗遠處；如室內有暖氣，可直接作溫室使用。室內擺花，一般

都不宜在室內久放。觀花植物只宜在開花後搬入室內觀賞，且可延長花期。但是最好白天搬入，夜晚搬出，這樣有利盆花生長。所謂室內觀葉植物，並非都可常年在室內擺養。一般在室內擺放2～4週後即宜調換，將盆花移至室外培養以恢復長勢。只有一些很耐陰的花卉如綠蘿、春羽、龜背竹、廣東萬年青、一葉蘭、銀星秋海棠、虎耳草、珠蘭、鳥巢蕨，可常年擺放在室內較明亮處培養觀賞。在室內，通常多將盆花擺放於茶几、書桌、櫥櫃頂部、地面及高腳花架上，盆花體量亦須與具體擺放地點相適應。高者擺放在牆角，垂者擺放在高處，大者擺放在地面，小者擺放在桌案。適地擺放，還須注意轉盆。防止向光性生長使株形不正，影響觀賞。

4）庭院　在城市中住一樓的多有庭院。庭院一般不大，不宜全鋪成水泥地面，可就地栽花，亦可擺養盆花。庭院內夏天光照強，陰性花卉須擺放在蔭棚下，陽性花卉宜擺放在日曬處。不要把花盆直接擺放在土地上，盆下需墊磚。墊磚時應把盆底孔露空，以利通氣排水，且可防螞蟻等蟲子由盆底孔爬進花盆土中。庭院中最好設置花架，更便擺花、管理、觀賞。還宜設一水池，貯水澆花。蔭棚最好做成永久性，上覆竹簾或遮陽網，晨夕及晚間捲起。亦可利用樹陰、藤架庇蔭。到冬天，將畏寒的盆花搬入室內，將耐寒的落葉盆花埋盆於土中以利休眠和越冬。

5）溫室　根據用途分類，溫室有展覽溫室、栽培溫室和生產溫室之分。展覽溫室建築在植物園、公園或其他公共場所，專供陳列各種盆花，供廣大遊人參觀。機關單位通常只建一個栽培溫室，兼顧栽管和觀賞。溫室一般只

盆栽花卉栽培與裝飾

在冬季使用。仙人掌類及多肉植物則可常年在溫室內擺養，但夏天庇蔭。其他盆花在生長季節擺放在蔭棚、露地的花架或地上（墊磚）。故蔭棚、水池等為溫室附建的外

| | |
|---|---|
| 保溫 | 溫室的溫度有高有低，較高的溫度是透過加溫得到的。加溫的方法可利用工廠的廢熱廢氣、接引溫泉、燒火炕或利用暖氣或暖水。不加溫的溫室稱為冷室，其冬季極端最低溫不低於0℃。在建築物中，嚴密門窗接縫，加厚牆壁厚度，能增強溫室的保溫性能。而白天溫室內光照和溫度條件的好壞主要決定於溫室玻璃面傾斜度。一般以太陽投向玻璃面的投射角不小於60°為宜。以合肥地區為例，地處北緯31.85°冬至（12月21日或22日）中午太陽高度角為34.75°。因此，南向溫室的玻璃面傾斜度以30°為宜，其冬至中午太陽投射角為30°＋34.75°＝64.75°。 |
| 採光 | 溫室多採用玻璃建造，採用單層3毫米玻璃即可。玻璃鋼比普通玻璃紫外光透過率較好，又不易破碎，是建築溫室的好材料，但價格較高。塑料薄膜透光最好，是生產性栽培理想的溫室覆蓋材料。縮小結構用料尺寸可減少其對遮光的影響，在溫室內塗以白色油飾可增加反射光量，均可使溫室的光照條件變好。就溫室的採光方向來說，採光面向南的雙窗面溫室的光線強度較採光面向東西的鞍形溫室為高。擺養陽性花卉應採用雙窗面溫室；擺養陰性花卉宜採用鞍形溫室，並加強庇蔭設備。 |
| 保濕 | 在溫室內增加空氣濕度，可以採用地面灑水、室內多修水池、裝置機動噴霧設備等辦法。 |
| 通風 | 溫室必須能夠通風。這與溫室的保溫、保濕有矛盾，故要求「通風面積小，通風時間少，通風效果好」。一般在溫室最低部位開進風口，在最高部位開出氣口。溫室的後牆也應留有窗戶。 |

部設備。在溫室內部的主要設備有花架、水池、栽植池（溫室地栽用）、繁殖床等。溫室的要求有四，即保溫、採光、保濕和通風。

在同一溫室內，不同地點的生態條件尤以光照條件並不相同。可把陽性花卉擺放在溫室前部和頂部，中性的擺放在中部，陰性的擺放在花架下面和靠後牆地方以及其他高大植株的下面。這樣既照顧了花卉的不同需求，也提高了溫室利用率。

6）**露天水泥地** 露天水泥地常是大型擺花的場所。露地環境具有光照強、風速大、溫度高、濕度低的特點，而水泥地面更增加了乾熱的程度。露天擺花只宜擺放陽性花卉，而如將耐陰性強、怕陽光曝曬的花卉如龜背竹、君子蘭、一葉蘭、蕨類、珠蘭、八角金盤擺於露天，則不合適。同時必須注意經常在地面灑水，向空中噴水霧，澆水宜在早晚，切不可在烈日下進行。

7）**整形式水池** 整形式水池不僅駁岸，池底亦是砌成。因池中無土，需要借助擺放盆栽水生花卉來進行水體綠化（圖174）。通常將荷花、睡蓮等缸栽後擺放池底，

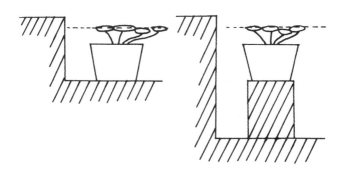

**圖174　水池擺花**

使其葉群在水面上呈自然片狀分佈。各種水生花卉對水位的深度有不同的要求，如荷花、睡蓮要求水深30～100公分。如水偏深，可根據需要在池底築墩（磚墩、混凝土墩），將盆栽容器擺放在築墩上。水生花卉大都喜光，整形式水池多有比較開闊的空間，有利水生花卉生長。

### 5. 盆花的選擇

盆花的種類、習性、觀賞特點、體量等不同，其適合擺花應用的範圍自有差別。盆花裝飾對盆花的選擇，會因地、因時、因事、因人而異。

**1）因地選花** 擺花地點在空間大小（如會客室與接待大廳）、利用性質（如書房與餐廳）、環境條件（如室外與室內）等方面是不一樣的，應按「適地適花」的原則選擺盆花。

尤以光照條件的不同，更是因地選花首要考慮的因素。室內的光照條件差，需光程度小的盆花對室內環境適應能力強。擺花時還須注意掌握在室內擺放時間的適當長短，不要違反其習性需求而隨意延期擺放。

| | |
|---|---|
| 宜擺放於明亮而無直射光的室內的花卉 | 這類花卉有蘇鐵、雪松、雲杉、龍柏、黃楊、枸骨冬青、海桐、八角金盤、東瀛珊瑚、珊瑚樹、棕櫚、蒲葵、刺葵、棕竹、龜背竹、君子蘭、一葉蘭、萬年青、沿階草、土麥冬。它們可在上述室內擺放1個月左右，如在休眠期，可延長1～2個月。 |
| 宜擺放在明亮並有一定量直射光的室內的花卉 | 這類花卉有南洋杉、日本五針松、印度橡皮樹、廣玉蘭、含笑、山茶、柑橘類、金橘類、南天竹、夾竹桃、八仙花、散尾葵、朱蕉、玉簪類、 |

| | |
|---|---|
| | 天門冬類、吊蘭、蘭花、廣東萬年青、花葉萬年青、鳳梨類、竹芋類、蕨類。這些盆花在休眠期可擺放兩個月，在生長季3～4週便應更換。 |
| 宜擺放在室內陽光充足處供短期觀賞、1～2週應更換的花卉 | 這類花卉有白蘭花、葉子花、蠟梅、貼梗海棠、海棠花、梅花、月季、一品紅、扶桑、石楠、杜鵑花類、變葉木、雲南黃素馨、茉莉、龍吐珠、天竺葵類、仙客來、報春花類、秋海棠類、瓜葉菊、曇花、令箭荷花、蟹爪蘭。 |
| 僅供室內短期(3～7天)觀賞、宜作建築近旁及庭院佈置的花卉 | 這類花卉有地膚、荷花、睡蓮類、千屈菜、荷蘭菊、菊花、大麗花、宿根向日葵、蕉藕、大花美人蕉。 |

2）**因時選花**　盆花的開花結果有一定時期，賞花只能在其適賞時。故擺花必須根據季節「適時適花」地選擺盆花，才能符合觀賞要求。各個季節適賞供擺的盆花如下：

| | |
|---|---|
| 春季 | 觀花：梅花、迎春、金鐘花、貼梗海棠、笑靨花、含笑、桃花、榆葉梅、紫藤、牡丹、月季、海桐、山梅花、山茶、杜鵑、瑞香、金盞菊、雛菊、瓜葉菊、非洲菊、金魚草、荷包花、旱金蓮、仙客來、松葉菊、令箭荷花、芍藥、水仙、朱頂紅、君子蘭、春蘭、鬱金香、風信子、鳶尾、小菖蘭、馬蹄蓮。觀葉：山麻杆、紅楓、彩葉草。觀果：代代。 |
| 夏季 | 觀花：石榴、月季、紫薇、木槿、扶桑、夾竹桃、金絲桃、白蘭、茉莉、米蘭、梔子、金銀花、絡石、荷花、睡蓮、鳳仙花、雞冠花、千日紅、洋馬齒莧、長春花、金魚草、蔦蘿、牽牛、矮牽牛、小萬壽菊、翠菊、百日草、大麗花、美人蕉、唐菖蒲、萱草、玉簪、文殊蘭。觀葉：彩葉草、花葉芋、紅楓。 |

| | |
|---|---|
| 秋季 | 觀花：桂花、月季、木芙蓉、茉莉、九里香、一串紅、千日紅、菊花、翠菊、非洲菊、大麗花、美人蕉、唐菖蒲、晚香玉、建蘭。觀葉：雞爪槭、紅楓、黃櫨、銀杏、雁來紅、彩葉草、花葉芋。觀果：石榴、枸骨冬青、火棘、南天竹、枸杞、五色椒。 |
| 冬季 | 觀花：蠟梅、茶梅、山茶、瓜葉菊、四季櫻草、長壽花、蟹爪蘭、水仙、墨蘭。觀葉：一品紅、羽衣甘藍。觀果：南天竹、枸骨冬青、火棘、冬珊瑚、代代、金橘、佛手、萬年青。 |

此外，一些常綠觀葉植物可供常年觀賞，如蘇鐵、南洋杉、五針松、發財樹、鵝掌柴、八角金盤、常春藤、燕子掌、香龍血樹、廣東萬年青、花葉萬年青、龜背竹、紫竹梅、吊竹梅、文竹、吊蘭、一葉蘭、腎蕨。

3）因事選花　逢事不同，擺花要求亦異。「適事適花」擺放，才能營造所需要的相應的氣氛。例如，國慶節集中擺放一串紅、早菊花、千日紅等色彩濃豔的暖色花卉，可以烘托出熱烈歡快的節日氣氛。開會則常擺南洋杉、蘇鐵、杜鵑、瓜葉菊。婚禮擺紅牡丹、紅月季、紅色香石竹、常春藤。祝壽擺萬年青、長壽花、虎刺、南天竹，春節擺金橘、佛手、萬年青。耶誕節擺一品紅、枸骨冬青、蟹爪蘭。復活節擺麝香百合。母親節擺粉色香石竹。葬禮上擺松柏類、白菊花、垂笑君子蘭。這都是很常見而適當的做法。

4）因人選花　審美情趣人各有異，擺花應滿足欣賞者的需求。賞花四字標準是色、香、姿、韻。就花色來說，有單色（花瓣只有1種顏色，如梔子花為白色），雙色（花瓣正背兩面色彩不同，如「金背大紅」菊花），喬

色（以1種單色花瓣為主而具不同色彩之花瓣，如「二喬」菊花），奇色（色彩稀見，如「綠菊」、「墨菊」），變色（開花過程中花色有變，如金銀花初白後黃，同株上的花黃白相映，故名金銀花）。不同花卉並不能以花色定高低。但一般說來，多色較單色為貴，奇色尤為珍貴。花色亦有濃烈淡雅之分。過去富貴人家喜愛富貴華麗的牡丹、芍藥，文人則多喜愛「花草四雅」——蘭花（淡雅）、菊花（高雅）、水仙（素雅）、菖蒲（清雅）。就花香來說，花之色香常不兩全，但亦有色香兼備之花，如牡丹被稱為「國色天香」。香花中，蘭（宋代以前所稱之蘭為菊科植物，非現今所稱之常綠地生蘭）的香味極為醇正，被贊為「香祖」。品賞花香的四字標準是濃（如木本夜來香）、清（如米蘭）、遠（如桂花）、久（如玫瑰）。茉莉花的香兼有濃、清、遠、久四字，被譽為「人間第一香」。花的姿，指其容貌神態。花形、株形均屬姿的範疇。花形如鶴望蘭花序似鶴首，牡丹花朵碩大，八仙花花序如繡球。株形在樹樁盆景中是主要的欣賞方面。有的花卉，花形、株形均美，如水仙花形似金盞銀台，株形亭亭玉立。花的韻，指花卉的象徵美。如萬年青象徵常榮，菊花象徵不屈，蘭花象徵正義，牡丹象徵富貴。花之色、香、姿、韻不同，而人賞花之著眼點亦各有不同，從而形成人們對花卉的不同愛好。文人以花會友，不為祈福，主要講求情趣，常常借花明志，以松、竹、梅為「歲寒三友」，蓮、菊、蘭為「風月三昆」，梅、蘭、竹、菊為「四君子」，白梅、蠟梅、山茶、水仙為「雪中四友」。擺花供人觀賞或自用，都要「適人適花」擺放。

## 6. 常用盆花簡介

| 類別 | 中名（別名） | 學名 | 科名 | 主要性狀 | 觀賞部位 | 觀賞季節 |
|---|---|---|---|---|---|---|
| 一、二年生草花 | 雞冠花 | *Celosia cristata* | 莧科 | 一年生。花序扁平雞冠狀，呈紫、紅、橙、黃、白等色。 | 花 | 夏季 |
| | 雁來紅 | *Amaranthus tricolor* cv. Splendens | 莧科 | 一年生。葉片暗紫色或綠間紅色，梢葉亮紅色。 | 葉 | 秋季 |
| | 千日紅 | *Gomphrena globosa* | 莧科 | 一年生。花序球形，小苞片紫紅色，乾膜質。 | 花 | 夏、秋季 |
| | 鳳仙花（指甲花） | *Impatiens balsamina* | 鳳仙花科 | 一年生。花有距，粉紅、白、紫或紅白相嵌。 | 花 | 夏季 |
| | 小萬壽菊（紅黃草） | *Tagetes patula* | 菊科 | 一年生。頭狀花序梗頂端稍增粗，舌狀花金黃色或暗橙黃色，無紅色斑。 | 花 | 夏、秋季 |
| | 萬壽菊（臭芙蓉） | *Tagetes erecta* | 菊科 | 一年生。頭狀花序梗頂端膨大，舌狀花黃色或暗橙黃色，無紅色班。 | 花 | 秋季 |
| | 蔦蘿（羽葉蔦蘿） | *Quamoclit pennata* | 旋花科 | 一年生草質藤本。葉羽狀細裂。花冠高腳碟形，深紅色或白色。 | 花葉 | 夏、秋季 |
| | 五色椒 | *Capsicum frutescensc* v. Cerasiforme | 茄科 | 灌木，栽作一年生。漿果卵形、球形或扁球形，初時綠色，因成熟過程而變白、黃、橙、紫、藍、紅等色。 | 果 | 秋季 |
| | 一串紅 | *Salvia splendens* | 唇形科 | 多年生草本，栽作一年生。花萼與花冠同為紅色，花冠唇形，下唇比上唇短。 | 花 | 秋季 |
| | 彩葉草（錦紫蘇） | *Coleus blumei* | 唇形科 | 多年生草本，栽作一年生。葉面有黃、紅、紫等不同色彩。 | 葉 | 夏、秋季 |
| | 長春花 | *Catharanthus roseus* | 夾竹桃科 | 多年生草本或半灌木，栽作一年生。花冠高腳碟形，有紅、白、黃色及白花紅心。 | 花 | 夏、秋季 |

續表

| 類別 | 中名（別名） | 學名 | 科名 | 主要性狀 | 觀賞部位 | 觀賞季節 |
|------|------|------|------|---------|---------|---------|
| 一、二年生草花 | 旱金蓮（金蓮花） | *Tropaeolum majus* | 旱金蓮科 | 多年生草本，栽作一年生。莖蔓性。葉盾狀。花有距，花色有黃、橙、紅、紫、乳白和雜色。 | 花 | 夏季及冬季 |
| | 雛菊 | *Bellis perennis* | 菊科 | 多年生草本，栽作二年生。葉基生。頭狀花序，舌狀花白色或淡紅色，筒狀花黃色。 | 花 | 春季 |
| | 瓜葉菊 | *Cineraria cruenta* | 菊科 | 多年生草本，栽作二年生。葉形似黃瓜葉。頭狀花序多數，花色有墨紅、紅、淡紅、白、紫、藍和複色。 | 花 | 冬、春季 |
| | 四季櫻草（鄂報春） | *Primula obconica* | 報春花科 | 多年生草本，常栽作二年生，傘形花序，花冠高腳碟形，有白、粉紅、洋紅、紫紅、藍、淡紫等色。 | 花 | 冬、春季 |
| | 鬚苞石竹（美國石竹） | *Dianthus barbatus* | 石竹科 | 多年生草本，常栽作二年生。花多數，苞片先端鬚狀，花瓣有紅、紫、白、粉紅等色，並常呈複色。 | 花 | 春夏 |
| | 翠菊 | *Callistephus chinensis* | 菊科 | 一或二年生。頭狀花序外層總苞片葉狀，舌狀花有藍、紫、紅、白等色。 | 花 | 春夏（秋播）夏秋（春播） |
| | 金盞菊 | *Calendula officinalis* | 菊科 | 一或二年生。葉互生。頭狀花序具同色舌狀花與筒狀花，黃色或橙色。 | 花 | 春季 |
| | 金魚草（龍頭花） | *Antirrhimum majus* | 玄參科 | 多年生草本，栽作一或二年生。花冠假面形，除藍色外其他各色都有。 | 花 | 春、夏季（促成類可在冬季開花） |

續表

| 類別 | 中名（別名） | 學名 | 科名 | 主要性狀 | 觀賞部位 | 觀賞季節 |
|---|---|---|---|---|---|---|
| 一、二年生草花 | 三色堇（貓兒臉） | *Viola tricolor hybrids* | 菫菜科 | 多年生草本，栽作一或二年生。花有距，花通常為黃、白、紫3色，對稱地分佈在5個花瓣上。 | 花 | 春夏 |
| | 矮牽牛 | *petumia hybrids* | 茄科 | 多年生草本，栽作一或二年生。花冠漏斗形，有紫紅、鮮紅具白色條紋、淡藍具濃紅色脈紋、桃紅、純白、桃紅具白斑紋等色及肉色等。 | 花 | 春、夏、秋季 |
| 球根花卉 | 大麗花（大麗菊） | *Dahlia pimata hybrids* | 菊科 | 冬季休眠球根植物，具塊根。頭狀花序外層總苞片小葉狀，舌狀花有粉紅、紅、紫、白等色。 | 花 | 春夏、夏秋 |
| | 大花美人蕉（法國美人蕉） | *Cama generalis* | 美人蕉科 | 冬季休眠球根植物，具粗壯肉質根莖。花瓣直伸，具4枚瓣化雄蕊，有乳白、黃、橘紅、粉紅、大紅、紅、紫等色。 | 花 | 夏、秋季 |
| | 唐菖蒲（菖蘭） | *Gladiolus hybridus* | 鳶尾科 | 冬季休眠球根植物，具球莖。葉劍形，花有白、黃、橙、紅、藍、紫等色及複色。 | 花 | 夏、秋季 |
| | 晚香玉（夜來香） | *Polianthes tuberosa* | 石蒜科 | 冬季休眠球根植物。球根鱗塊莖狀。花白色，具濃香，夜晚香更濃，花被筒細長。 | 花 | 夏、秋季 |
| | 雜種朱頂紅（雜種朱頂蘭） | *Hippeastrum hortorum* | 石蒜科 | 冬季休眠球根植物，具鱗莖。傘形花序，有花2~4朵，花色有白、粉、紅，紅花具白條紋、白花具紅條紋，白花紅邊等。 | 花 | 春末夏初 |
| | 百合（龍牙百合） | *Lilium brownii var. viridulum* | 百合科 | 冬季休眠球根植物，具無皮鱗莖。花被漏斗形，乳白色，背面中肋帶紫褐色縱條紋，極芳香。 | 花 | 初夏 |

續表

| 類別 | 中名<br>（別名） | 學名 | 科名 | 主要性狀 | 觀賞部位 | 觀賞季節 |
|---|---|---|---|---|---|---|
| 球根花卉 | 花葉芋 | *Caladium bicolor* | 天南星科 | 冬季休眠球根植物，具塊莖。葉片盾狀箭形，具紅或白色斑點，並有白葉綠脈、白葉紅脈、綠葉白脈等品種。 | 葉 | 夏、秋季 |
| | 荷花<br>（蓮） | *Nelumbo nucifera* | 睡蓮科 | 冬季休眠球根植物，水生，具肥大根莖。葉片盾狀圓形。花有白、粉紅、紫等色。花托與果實合稱蓮蓬。 | 花 | 夏季 |
| | 大瓣睡蓮 | *Nymphaea alba* cvv. | 睡蓮科 | 冬季休眠球根植物，水生，具橫生的塊狀根莖。花近全日開放，有白、淺黃、淺粉紅等色。 | 花 | 夏季 |
| | 仙客來<br>（兔耳花） | *Cyclamen persicum* | 報春花科 | 夏季休眠球根植物，具塊莖。花單生，下垂，花冠裂片向上翻捲似兔耳。 | 花 | 春季 |
| | 馬蹄蓮 | *Zantedeschia aethiopica* | 天南星科 | 夏季休眠球根植物。根莖塊莖狀。肉穗花序，佛焰苞白色似馬蹄。 | 花 | 春季 |
| | 小菖蘭<br>（香雪蘭） | *Freesia refracta* | 鳶尾科 | 夏季休眠球根植物，具球莖。鐮狀聚傘花序，花芳香，有黃、白、粉、紫紅、藍等色。 | 花 | 冬、春季 |
| | 鬱金香<br>（洋荷花） | *Tulipa gesneriana* | 百合科 | 夏季休眠球根植物，具鱗莖。花似荷花，有紅、橙、黃、紫、黑、白色和複色。 | 花 | 春季 |
| | 水仙（中國水仙、凌波仙子） | *Narcissus tazetta* var. chinensis | 石蒜科 | 夏季休眠球根植物，具鱗莖。傘形花序，花白色，具金黃色淺杯狀副冠，或為重瓣。 | 花 | 冬季 |
| | 文殊蘭（十八學士） | *Crimum asiaticum* var. sinicum | 石蒜科 | 常綠球根植物。鱗莖長柱形。傘形花序，花白色，芳香，花被筒細長，裂片線形。 | 花 | 夏秋 |

盆栽花卉栽培與裝飾

| 類別 | 中名（別名） | 學名 | 科名 | 主要性狀 | 觀賞部位 | 觀賞季節 |
|---|---|---|---|---|---|---|
| 多年生草花 | 菊花 | *Dendranthema grandiflorum* | 菊科 | 宿根草本。頭狀花序，花形不一，花色除藍色及真正的藍色外，各色具備，並有複色、雙色、喬色、奇色。 | 花 | 秋季（秋菊） |
| | 芍藥 | *Paeonia lactiflora* | 芍藥科 | 宿根草本。葉表面有光澤。花有紫、紅、粉、白、黃等色。蓇葖果無毛。 | 花 | 春末 |
| | 鳶尾（藍蝴蝶） | *Iris tectorum* | 鳶尾科 | 宿根草本。葉劍形。花被藍紫色，雄蕊3枚，被擴大為花瓣狀的分歧花柱所覆蓋。 | 花 | 春末 |
| | 玉簪（白玉簪） | *Hosta plantaginea* | 百合科 | 宿根草本。葉基生。花白色，形似簪，夜間開放，具芳香。 | 花 | 夏秋 |
| | 萱草 | *Hemerocallis fulva* | 百合科 | 宿根草本，具塊根。花被闊漏斗形，橘紅色。 | 花 | 夏季 |
| | 春蘭（草蘭） | *Cymbidium goeringii* | 蘭科 | 常綠草本。葉簇生假鱗莖上，邊緣有細鋸齒。花常單生，黃綠色，芳香。 | 花 | 早春 |
| | 蕙蘭（夏蘭） | *Cymbidium faberi* | 蘭科 | 常綠草本。葉中脈明顯，邊緣邊緣有較粗鋸齒。總狀花序，花淡黃綠色，香氣不及春蘭。 | 花 | 初夏 |
| | 建蘭（秋蘭） | *Cymbidium ensifolium* | 蘭科 | 常綠草本。葉中脈不明顯，邊緣光滑。總狀花序，花黃綠色而有暗紫色條紋，香氣甚濃。 | 花 | 秋季 |
| | 墨蘭（報歲蘭） | *Cymbidium sinense* | 蘭科 | 常綠草本。葉較寬，在1.5公分以上，全緣，光滑。總狀花序，花瓣多具紫褐條紋，香氣較淡。 | 花 | 冬春 |
| | 君子蘭（大花君子蘭） | *Clivia miniata* | 石蒜科 | 常綠草本。葉二列疊生，寬帶形，基部成假鱗莖。傘形花序，花直立，花被外面橘紅色，內面黃色。 | 花葉 | 春季全年 |

續表

| 類別 | 中名（別名） | 學名 | 科名 | 主要性狀 | 觀賞部位 | 觀賞季節 |
|---|---|---|---|---|---|---|
| 多年生草花 | 錢蒲 | *Acorus gramineus* var. *pusillus* | 天南星科 | 常綠草本，全株具香氣。與原種石菖蒲不同處在於：葉特細狹，株高不及15公分。 | 葉 | 全年 |
| | 花燭（火鶴花、燈台花） | *Anthurium scherzerianum* | 天南星科 | 常綠草本。佛焰苞深紅色，有光澤，肉穗花序深黃色。 | 花葉 | 夏季全年 |
| | 廣東萬年青（亮絲草） | *Aglaonema modestum* | 天南星科 | 常綠草本。莖不分枝，節間明顯。葉片頂端漸尖至尾狀漸尖。特別耐陰。 | 葉 | 全年 |
| | 萬年青 | *Rohdea japonica* | 百合科 | 常綠草本。葉基生。穗狀花序。漿果紅色。 | 葉果 | 全年秋冬 |
| | 吊蘭 | *Chlorophytum capense* | 百合科 | 常綠草本。葉綠色或具銀邊、金邊、金心。花葶有時成纖匐枝而在總狀花序上部的節上滋生帶氣根的小植株。 | 葉 | 全年 |
| | 一葉蘭（蜘蛛抱蛋） | *Aspidistra elatior* | 百合科 | 常綠草本。葉單生，柄硬挺、有槽，基部有3～4枚葉鞘，極耐陰。 | 葉 | 全年 |
| | 紫葉草（紫竹梅） | *Setcreasea purpurea* | 鴨跖草科 | 常綠草本，全株紫色。花帶紫色，苞片殼狀。 | 葉 | 全年 |
| | 四色吊竹梅 | *Zebrina pendula* cv.Quadricolor | 鴨跖草科 | 常綠草本。莖匐匍。葉身底色為具金屬光澤的綠色，而具綠色、紅色和白色的條紋。 | 葉 | 全年 |
| | 巴西水竹草（白花紫露草） | *Tradescantia fluminensis* | 鴨跖草科 | 常綠草本，體內汁液帶紫色。莖匐匍。葉長為葉寬的2～3倍。花白色。 | 葉 | 全年 |
| | 傘莎草（傘草、風車草） | *Cyperus alternifolius ssp. flabelliformis* | 莎草科 | 常綠草本。無葉片。頂傘狀著生葉狀總苞片約20枚。大型複花序，小穗扁。 | 總苞片 | 全年 |
| | 鶴望蘭（極樂鳥之花） | *Strelitzia reginae* | 芭蕉科 | 常綠草本。葉柄比葉片長2～3倍。蠍尾狀聚傘花序生於一舟形的佛焰苞中，似仙鶴翹首遠望，萼片橙黃色，花瓣藍色。 | 花 | 秋、春季 |

| 類別 | 中名<br>（別名） | 學名 | 科名 | 主要性狀 | 觀賞部位 | 觀賞季節 |
|---|---|---|---|---|---|---|
| 多年生草花 | 四季鳳仙（何氏鳳仙、蘇丹鳳仙） | *Impatiens walleriana* | 鳳仙花科 | 常綠草本。莖基部葉互生，有時上部對生，綠色或紅綠色。花有距，有各種紅色及白色等。 | 花 | 春、夏、秋季或全年 |
| | 四季秋海棠 | *Begomia semperflorens hybrids* | 秋海棠科 | 常綠草本。具鬚根。莖稍肉質。雌雄同株異花，花色紅、粉紅及白。 | 花 | 春、夏、秋季或全年 |
| | 天竺葵（入臘紅、洋繡球） | *Pelargonium hortorum* | 牻牛兒苗科 | 常綠草本。葉圓腎形，上面有暗紅色馬蹄形環紋。花序傘形，花萼有距，花色紅、白及粉紅。 | 花 | 春、夏季（盛夏除外）及冬季 |
| | 非洲菊（扶郎花） | *Gebera jamesonii* | 菊科 | 常綠草本。葉基生。頭狀花序，花有橙紅、黃紅、淡紅至黃白等色，筒狀花常與舌狀花同色。 | 花 | 春、秋季或全年 |
| | 腎蕨 | *Nephrolepis cordifolia* | 骨碎補科 | 常綠草本，地下部分具塊莖。一回羽狀複葉，孢子囊群背生，囊群蓋腎形。 | 葉 | 全年 |
| 仙人掌類 | 蟹爪蘭（蟹爪） | *Zygocactus truncatus* | 仙人掌科 | 附生仙人掌類植物，多年生肉質草本。莖節短小而扁平，先端截形，但兩端各具尖齒如蟹爪，邊緣亦具尖齒。花紫紅色。 | 花 | 冬季及早春 |
| | 令箭荷花 | *Heliochia* cv. Akermannii | 仙人掌科 | 附生仙人掌類植物，多年生肉質草本。莖、葉狀枝全株鮮綠。花白天開放，有紫、紅、粉紅、黃、白等色，筒部極短。 | 花 | 春夏 |
| | 燕子掌 | *Crassula portulacea* | 景天科 | 常綠灌木，莖、葉肉質。葉片倒卵形，先端略尖，上部邊緣常具紅邊。 | 葉 | 全年 |

續表

| 類別 | 中名（別名） | 學名 | 科名 | 主要性狀 | 觀賞部位 | 觀賞季節 |
|---|---|---|---|---|---|---|
| 多肉植物 | 長壽花（十字海棠） | *Kalanchoë portulacea* | 景天科 | 常綠草本。葉肉質，邊緣略帶紅色。聚傘花序，花冠常具4裂片，有紅、黃、橙、淡紫等色。 | 花 | 冬季 |
| | 洋馬齒莧（太陽花、半支蓮） | *Portulaca grandiflora* | 馬齒莧科 | 一年生草本，莖、葉肉質。花有紫紅、鮮紅、粉紅、橙黃、黃、白等色，基部有輪生的葉狀苞片。蒴果，蓋裂。 | 花 | 夏季 |
| | 虎刺梅（鐵海棠） | *Euphorbia milii* | 大戟科 | 常綠灌木，體內有白色漿汁。莖和枝有棱，多刺。杯狀花序宛如一完全花，2～4個杯狀花序生於枝端，排成二歧聚傘花序，每杯狀體下有兩枚紅色總苞片。 | 花 | 春、夏、秋季或全年 |
| 落葉木本花 | 梅花 | *Prunus mume* | 薔薇科 | 落葉小喬木。枝直伸（普通梅）或彎垂（垂枝梅）或自然扭曲（曲枝梅），小枝綠色或紅褐色（杏梅）。花冠白、粉紅、深紅或紅白複色，花萼除綠萼梅外，均為絳紫色。 | 花 | 冬末春初 |
| | 臘梅（黃梅） | *Chimonanthus praecox* | 臘梅科 | 落葉灌木。葉對生，葉面粗糙。花芳香，花被臘黃色。 | 花 | 冬季 |
| | 迎春 | *Jasminum nudiflorum* | 木犀科 | 落葉灌木。小枝綠色，四棱形。葉對生，掌狀三小葉復葉。花黃色。 | 花 | 春季 |
| | 桃花 | *Prumus persica* | 薔薇科 | 落葉小喬木。腋芽2～3個，併生。葉披針形。花粉紅、深紅、白或紅白複色。 | 花 | 春季 |
| | 貼梗海棠（皺皮木瓜、宣木瓜） | *Chaenomeles speciosa* | 薔薇科 | 落葉灌木，有刺。托葉大。花簇生，猩紅、淡紅或白色。果芳香，乾燥後果皮皺縮。 | 花 | 春季 |

盆栽花卉栽培與裝飾

| 類別 | 中名（別名） | 學名 | 科名 | 主要性狀 | 觀賞部位 | 觀賞季節 |
|---|---|---|---|---|---|---|
| 落葉木本花 | 牡丹（木芍藥、富貴花） | *Paeonia suffruticosa* | 芍藥科 | 落葉灌木或半灌木。葉表面無光澤。花大，有紫、深紅、粉紅、白、黃、豆綠等色。 | 花 | 春季 |
| | 月季 | *Rosa hybrida* | 薔薇科 | 落葉或半常綠灌木，有皮刺。羽狀複葉有小葉3～5枚，無毛，托葉附生在葉柄上。花有白、粉、黃、橙、紅、紫、複色、雙色、綠色及變色等。 | 花 | 春、夏、秋季 |
| | 石榴 | *Punica granatum* | 石榴科 | 落葉灌木或小喬木，枝端常有刺。花有紅、白、黃、粉紅或瑪瑙色。果為一困皮革質的特殊漿果。 | 花果 | 夏、秋季 |
| | 紫薇（癢癢樹） | *Lagerstroemia indica* | 千屈菜科 | 落葉小喬木或灌木，樹皮光滑。圓錐花序，花瓣紅、粉紅、白或藍紫，邊緣皺縮。 | 花 | 夏季 |
| | 金銀花（忍冬） | *Lonicera ja ponica* | 忍冬科 | 落葉或半常綠木質藤本。葉對生。花成對生於葉腋，苞片葉狀，花冠二唇形，初白後黃，富含清香。 | 花 | 夏季 |
| | 火棘（火把果） | *Pyracantha fortuneana* | 薔薇科 | 落葉或半常綠灌木，有枝刺。複傘房花序，花白色。果紅色，經久不落。 | 花果 | 春季秋季 |
| | 枸杞 | *Lycium chinense* | 茄科 | 落葉灌木，常有刺。花淡紫色，果紅色。 | 果 | 秋季 |
| | 紅楓（紫紅雞爪槭） | *Acer palmatum* cv. Atropurpureum | 槭樹科 | 落葉喬木。葉對生，7～9掌狀深裂，常年紅色或紫紅色。 | 葉 | 全年 |
| | 山麻杆（桂圓樹） | *Alchornea davidii* | 大戟科 | 落葉灌木。嫩葉濃染胭紅，為春色葉樹。 | （紅）葉 | 春季 |
| | 銀杏（白果樹） | *Ginrgo biloba* | 銀杏科 | 落葉喬木。葉扇形，先端常2裂，在長枝上互生，在短枝上簇生。為秋色葉樹，秋季葉色金黃。 | （黃）葉 | 秋季 |

| 類別 | 中名<br>（別名） | 學名 | 科名 | 主要性狀 | 觀賞<br>部位 | 觀賞<br>季節 |
|---|---|---|---|---|---|---|
| 常綠木本花 | 山茶<br>（茶花） | *Camellia japonica* | 山茶科 | 常綠灌木或小喬木。嫩枝無毛。葉表面有光澤，網脈不顯著。花色純白、大紅、粉紅等。 | 花 | 冬、春季 |
| | 杜鵑<br>（西鵑） | *Rhododendron hybridum* | 杜鵑花科 | 常綠灌木。葉片生枝頂，葉、花同發。花多重瓣，花色豐富。 | 花 | 春夏間 |
| | 金邊瑞香 | *Daphne adora* cv. Marginata | 瑞香科 | 常綠灌木。葉深綠，邊緣金黃色。花紅紫色，香味濃烈。 | 花葉 | 早春全年 |
| | 茉莉（香港茉莉） | *Jasminum sambac* | 木犀科 | 常綠灌木。花複瓣，白色，芳香，花蕾圓而短。 | 花 | 夏、秋季 |
| | 白蘭 | *Michelia alba* | 木蘭科 | 常綠喬木。單葉互生，葉柄上托葉痕不足葉柄長1/2。花白色，極芳香。 | 花 | 夏、秋季 |
| | 珠蘭<br>（金粟蘭） | *Chloranthus spicatus* | 金粟蘭科 | 常綠半灌木。莖節明顯。複穗狀花序，花小而極香，黃綠色，無花被。 | 花 | 春、夏季 |
| | 米蘭（小葉米蘭） | *Aglaia odorata* var. microphylla | 楝科 | 常綠小喬木或灌木。羽狀複葉互生而小葉對生，葉軸有窄翅。圓錐花序，花小，黃色，極香。 | 花 | 夏、秋季或及其他季節 |
| | 梔子<br>（白蟬） | *Gardenia jasminoides* cv. Fortueana | 茜草科 | 常綠灌木。葉對生或輪生，托葉鞘狀。花重瓣，白色，芳香。 | 花 | 夏季 |
| | 扶桑<br>（朱槿） | *Hibiscus rosasinensis* | 錦葵科 | 常綠灌木。葉片不分裂。花大，有紅、大紅、玫瑰紅等色，雄蕊柱較長。 | 花 | 夏、秋季 |
| | 桂花（銀桂、木犀） | *Osmanthus fragrans* | 木犀科 | 常綠灌木或小喬木。花小而簇生，具濃香，黃白色或金黃色（金鉎）、橙紅色（丹桂）。 | 花 | 秋季 |

續表

| 類別 | 中名（別名） | 學名 | 科名 | 主要性狀 | 觀賞部位 | 觀賞季節 |
|---|---|---|---|---|---|---|
| 常綠木本花 | 九里香 | *Murraya paniculata* | 芸香科 | 常綠灌木。羽狀複葉互生，小葉亦互生，葉軸不具翅。花白色，芳香。果紅色。 | 花果 | 秋季冬季 |
| | 南天竹 | *Nandina domestica* | 小檗科 | 常綠灌木。三回或二回羽狀複葉。圓錐花序，花小，白色。果鮮紅或黃白（玉果南天竹）、淡紫（紫果南天竹）。 | 果 | 秋、冬季 |
| | 冬珊瑚（珊瑚櫻） | *Solanum pseudocapsicum* | 茄科 | 常綠小灌木，可作一年生栽培。花白色。果橙紅或黃，久留枝上不落。 | 果 | 冬季 |
| | 一品紅（猩猩木） | *Euphorbia pulcherrima* | 大戟科 | 常綠灌木，含乳汁。花序小形，而花序下方葉片在開花時呈朱紅色，有的為白色（一品白）或粉紅色（一品粉）。 | 葉（俗稱之花） | 冬季 |
| | 橡皮樹（印度橡皮樹） | *Ficus elastica* | 桑科 | 常綠喬木，含乳汁。葉大而厚，具光澤，側脈多數，平行而直伸，托葉大，淡紅色，包被幼芽。 | 葉 | 全年 |
| | 發財樹（瓜栗） | *Pachira macrocarpa* | 木棉科 | 常綠小喬木。掌狀複葉，小葉近無柄。 | 葉 | 全年 |
| | 鵝掌柴（八葉五加） | *Schefflera octophylla* | 五加科 | 常綠小喬木或灌木，掌狀複葉，小葉柄不等長。 | 葉 | 全年 |
| | 八角金盤 | *Fatsia japonica* | 五加科 | 常綠權木。掌狀裂葉，7～9深裂。傘形花序再集成大頂生圓錐花序。 | 葉 | 全年 |
| | 常春藤（洋常春藤） | *Hedera helix* | 五加科 | 常綠木質藤本。具氣根。營養枝上的葉3～5裂，花果枝上的葉無裂而為卵狀菱形。 | 葉 | 全年 |
| | 文竹 | *Asparagus setaceus* | 百合科 | 常綠半灌木。莖攀緣，幼時直立。葉狀枝極細，絲狀，長3～5毫米。 | 葉狀枝 | 全年 |

| 類別 | 中名（別名） | 學名 | 科名 | 主要性狀 | 觀賞部位 | 觀賞季節 |
|---|---|---|---|---|---|---|
| 常綠木本花 | 棕竹（矮棕竹） | *Rhapis humilis* | 棕櫚科 | 常綠灌木。葉聚生莖頂，扇形，10～20深裂，裂片條形。 | 葉 | 全年 |
| | 筋頭竹（棕竹） | *Rhapis excelsa* | 棕櫚科 | 常綠灌木。與棕竹不同處在於：植株較高，葉片5～10深裂，裂片較寬短。 | 葉 | 全年 |
| | 香龍血樹（巴西鐵樹） | *Dracaena fragrans* | 百合科 | 常綠喬木。葉簇生莖頂，彎曲成弓形，邊緣呈波狀起伏，鮮綠色，有金邊、金心、銀邊品種。 | 葉 | 全年 |
| | 蘇鐵（鐵樹） | *Cycas revoluta* | 蘇鐵科 | 常綠喬木。莖圓柱形，密被宿存的葉基和葉痕。大型羽狀葉集生莖頂，羽狀裂片條形，邊緣明顯反捲。 | 葉 | 全年 |
| | 南洋杉 | *Araucaria cunninghamii* | 南洋杉樹 | 常綠喬木。主枝輪生，平展，側枝平展或稍下垂。葉卵形或三角狀鑽形。 | 葉枝 | 全年 |
| | 五針松（日本五針松） | *Pinus parviflora* | 松科 | 常綠喬木。小枝有密毛。針葉細短，五針1束。 | 葉 | 全年 |
| 盆栽果樹 | 葡萄 | *Vitis vinifera* | 葡萄科 | 落葉木質藤木，有捲鬚。密錐花序，花冠在花後成帽狀脫落。果近圓形，有綠、黃綠、粉紅、紅、紫紅、紫黑等色。 | 果 | 夏末至秋季 |
| | 大山楂（山里紅） | *Crataegus pinnatifida* var. major | 薔薇科 | 落葉喬木。葉片羽狀3～5淺裂，托葉大而有齒。傘房花序頂生，花白色。果深亮紅色。直徑2.5公分左右。 | 果 | 秋季 |
| | 金橘（羅浮、長金柑、金棗） | *Fortunella margarita* | 芸香科 | 常綠灌木或小喬木。單身複葉，葉背淡綠色，葉背脈不明顯，有多數小型深綠色腺點。花白色。果金黃色，長圓形或倒卵形，瓤囊4～5，皮甜肉酸。 | 果 | 秋、冬季 |

| 類別 | 中名（別名） | 學名 | 科名 | 主要性狀 | 觀賞部位 | 觀賞季節 |
|------|------|------|------|------|------|------|
| 盆栽果樹 | 金彈（金柑、金橘） | *Fortunella crassifolia* | 芸香科 | 常綠灌木或小喬木。與上述金鑲不同處在於：果倒卵圓形，瓤囊5～7，皮甜而肉亦具甜味。 | 果 | 秋、冬季 |
| | 柑橘（寬皮柑橘） | *Citrus reticulata* | 芸香科 | 常綠小喬木。單身復葉，背脈明顯。花白色。果橙黃或橙紅，扁球形，皮易剝，瓤囊9～15。 | 果 | 秋季 |

## （三）盆花裝飾中的養護管理

盆花與裝飾工藝品的主要區別之一，在於它是具有生命的活體。故擺花觀賞期間，不能放鬆必要的養護管理，尤以澆水工作，更為突出重要。

### 1. 按需澆水

盆花澆水的原則是：「間乾間濕，不乾不澆，見乾就澆，澆則澆透。」所謂乾，是指盆面表土已乾燥，下面的土壤仍可見濕氣。所謂澆透，是澆到水分剛能從盆底孔緩慢滲出。澆花用水，在城市中以用自來水為好。水溫宜與盆土的溫度和空氣的溫度相接近，上下不要超過5℃。

澆水方法一般用澆灌法和噴灑法。後者能沖洗葉片，使其清新，利於觀賞。澆水應根據盆花需要進行，要看盆、看土、看花、看天。

**看盆澆水包括：**

*看盆質地*：瓦盆易乾，陶盆次之，釉盆又次之，瓷盆最不易乾。

看盆大小：小盆土易乾。

看盆深淺：深盆土不易乾，澆水不可太勤。

敲盆聽聲：凡盆聲清脆的，表示土乾；盆聲濁悶的，表示土濕。

**看土澆水包括：**

看土壤質地：盆土偏沙性的易乾，可適當增加澆水次數，每次澆水量則無須增加。盆土偏黏性的易澇，可適當減少澆水次數，每次澆水量應酌情增加。腐殖質土既不易乾又不易澇，在相同的情況下，澆水次數和澆水量均可相應減少。

看土壤顏色：土色變淺，表示乾燥；土色變深，表示潮濕。

看土壤重量：盆土中水分少，重量變輕；盆土中水分多，重量增加。

看土壤硬度：手感堅硬，表明盆土乾燥；手感鬆軟，表明盆土潮濕。

看土壤裂縮情況：盆土開裂、收縮程度與盆土乾燥程度成正比。盆土乾燥離盆時，切不可急澆大水，免致「落青葉」。應將盆花移置陰處，分次澆透之。

**看花澆水包括：**

看花卉種類：草花需水多，木本花需水較少，仙人掌類及多肉植物需水最少。

看生長表現：葉子發軟或暫時萎蔫下垂，表明供水不足。旱澇均能使葉子變黃。旱黃的症狀是新梢頂心和新葉葉色正常，下部葉片逐漸向上乾黃。澇黃的症狀是新梢頂心萎縮，嫩葉淡黃，老葉也漸漸暗黃。出現旱黃或澇黃

時，應將盆花移置陰處，對澇黃要控制澆水，對旱黃要逐漸增加澆水量，使其緩緩復原。

**看植株大小**：大植株需水多。

**看葉子多少**：葉子多的蒸騰的水分多，需水也多。

**看天澆水包括：**

**看季節**：夏季每天澆水1～2次，時間在早晚，早上的澆水要淺足。冬季要控制澆水，澆水時間在中午。春、秋澆水時間都在上午，而澆水量在春季漸增，秋季漸減。

**看天氣**：晴天、旱天、熱天澆水要多，陰天、雨天、冷天澆水要少或不澆水。大雨天及梅雨後還應防盆中積水。

### 2. 適時輪換

盆花生長需要一定的陽光雨露，長期被禁錮在室內，無法健康生長，會導致病萎和死亡，喪失其觀賞價值。一般來說，在春、夏、秋三季，室內擺設盆花的天數不宜太久，寧可短暫些，不可久留成疾。通常以7天左右為限，即應將室內盆花搬至室外保養，並適時輪換。盆花在室內陳設期間，最好每晚將其移置室外或陽臺，以便接受露水，於花、於人都有利。至於在露天擺放觀賞的盆花，隔一定時間也應輪換。

### 3. 及時修剪

盆花裝飾所用的盆花，一般都是已成型或是開花的植株。因此，盆花的修剪僅側重於枯枝敗葉和殘花的及時剪除。對月季等有多次開花習性的木本盆花，應注意將開過花的枝條及時剪短，以利於再發新枝、再開花。如不及時修剪，則開花枝越來越往上長，枝條越長越弱，花也不盛，不利於觀賞。

### 4. 整理盆面

陳設盆花供人觀覺,盆面必須經常保持整潔。如有葉落其上,應即揀除。見有雜草生出,應予除去,並宜結合進行鬆土。澆水後,最好也能鬆土保墑,以利盆花生長。

## (四)家庭及公共場所盆花裝飾

### 1. 家庭盆花裝飾

**1)居室盆花裝飾** 居室盆花裝飾所用盆花品種不宜太雜,數量不宜多,否則會給人以雜亂、擁擠的感覺。俗話說:「室雅何須大,花香不在多。」居室盆花裝飾貴精而不在多。

(1)客廳(圖175~圖177):客廳是接待來客和家庭成員聚集的場所,其盆花裝飾應儘量展示主人的情趣、修養。透過盆花裝飾要使客廳具有優雅、熱情、大方、輕盈的氣氛。客廳內擺放的盆花不能阻塞出入走動路線。牆

圖175 客廳(1)

盆栽花卉栽培與裝飾

圖176　客廳(2)

圖177　客廳(3)

面、地板和傢具顏色淺的，宜配以深綠色觀葉植物（如棕竹、蘇鐵），形成反差，效果更佳；反之，則宜選用淺綠、乳黃等淺色明快的花卉（如馬蹄蓮、龜背竹），才能

顯得主次分明。再就是盆花的數量和體量要與客廳的空間大小相適應。空間較大的客廳，擺放鮮豔的花卉會給人熱情、溫暖、豐富多彩之感。而小客廳只要用1～2盆鮮豔的花卉，配以觀葉植物，便顯得醒目又不凌亂。客廳盆花常用彩葉草、文竹、君子蘭、花葉芋、四季秋海棠、瓜葉菊、水仙、荷包花、四季櫻草、仙客來、非洲紫羅蘭等。也可用廣東萬年青、傘莎草、小型蘇鐵等，以顯示南國風光。還常用吊竹梅、巴西水竹草、吊蘭、天冬草、垂盆草、常春藤、綠蘿等垂盆花卉置放高處或懸吊觀賞。角隅如牆角、櫃旁、沙發邊則可放置大型花木如蘇鐵、筋頭竹、龜背竹、龍血樹、橡皮樹、鵝掌柴，亦可利用高腳几架來擺放盆花。盆花的佈置要注意儘量豐富空間層次。大型盆花宜放在地面上。放在茶几、桌上的小型盆花，忌放在客人與主人中間，以免影響視線，給人以分隔不方便感。在迎客牆面壁掛栽植垂枝花卉，與掛鐘、字畫相襯托，可構成具有立體感的畫面，會使整個客廳氣氛融洽、環境宜人。

（2）臥室（圖178）：臥室是人們休息、睡眠的場所，其盆花裝飾要突出寧靜、溫馨、舒適的特點。擺放的盆花宜少而精，並要與牆面、地面、天花板、床上用品、傢具、窗簾等協調統一起來。一般應選擇中、小型盆花和吊盆植物，並主要選用顏色淡雅、株型矮小的觀葉植物如文竹、吊蘭、萬年青、冷水花、蕨類、竹芋類。觀花種類顏色不可過多，以花色柔和者為好，如非洲紫羅蘭、雛菊、四季鳳仙。注意選用具有清香的花卉如蘭花、水仙、晚香玉、茉莉、珠蘭、月季，以及夜晚能吸收二氧化碳的仙人掌類和多肉植物如山影拳、蟹爪蘭、燕子掌、蘆薈。

盆栽花卉栽培與裝飾

圖178　臥室

但花香濃而不清的木本夜來香，不宜擺放臥室內。臥室內可用於擺放盆花的位置有案頭、茶几、床頭櫃、高腳几架、衣櫃頂部、角隅、窗臺等處。擺花還應充分考慮主人的年齡和特點。

　　老人的臥室應突出清新淡雅的特點，室內盆花以常綠為好，如長壽花、長春花、虎尾蘭、千歲蘭、萬年青、君子蘭、蘭花、龜背竹、蘇鐵、羅漢松，長年鬱鬱蔥蔥，祝老年人長壽，平平安安。少年兒童的臥室應突出色彩鮮豔、趣味性強的特點，可選用彩葉草、三色堇、荷包花、變葉木、花燭、仙客來、鶴望蘭等，並可配以動物造型的裝飾品，以培養少年兒童熱愛大自然的情趣，啟發他們的思維。少兒臥室擺花特別要注意安全性，儘量少用或不用懸吊盆花，不用有刺的花卉（如月季、仙人掌類）和有毒的花卉（如花葉萬年青、虎刺梅、冬珊瑚）。一般也不宜採用有氣味的花卉（如五色梅、天竺葵）和大型、濃香花

卉。含羞草雖受兒童們喜愛，其實也不相宜，因其含有含羞草鹼，會引起頭髮脫落，眉毛稀疏。

新婚夫婦的臥室則應突出溫馨的特點，以擺放香花為主，如紅月季（象徵忠貞的愛情）、紅牡丹（象徵富貴、吉祥、幸福）、金銀花（象徵恩愛夫婦）、百合（象徵百事合心、夫妻白頭偕老）、水仙（象徵吉祥、幸福）、卡特蘭（「蘭中皇后」，而蘭花在西歐象徵美女）、晚香玉。更常採用一盆觀花植物配一盆觀葉植物。常用觀葉植物有萬年青（象徵常榮）、常春藤（象徵白頭偕老）等，如百合配以萬年青，有「和合萬年」之意。常只擺兩盆，高低錯落佈置，既和諧，又雅致。

（3）書房（圖179）：書房是讀書、寫作的地方，其盆花裝飾應以雅為主，在雅中求靜，著力突出清新明快的特點。宜選用體態輕盈文雅、花色偏冷的花卉，如文竹、

圖179　書房

蕨類，廣東萬年青、蘭花、水仙、梅花，應時擺放，數量即使不多亦富有情趣。在不妨礙文具使用的情況下，寫字臺上可放置一盆小型文竹或彩葉草、案頭菊、水仙、風信子、錢蒲。向陽的窗臺上可擺放 1～2 盆小型米蘭或月季、仙客來。窗口上可懸吊一盆吊蘭或吊金錢。書櫃頂端可放置一盆吊竹梅或巴西水竹草、花葉常春藤、綠蘿。沙發間的茶几前可擺放一盆棕竹或龜背竹、一葉蘭。擺花還可以結合主人專業的愛好，如是果樹園藝工作者，可以多擺放盆栽果樹和果樹盆景，並置於醒目的位置上，這不僅能使主人的愛好更鮮明地表現出來，還能增加研讀的興趣。遵循量不宜多、株不宜大的原則，做到盆花的形態、習性與其所在位置相適宜，書房一經這樣盆花裝飾，更加顯得清靜、幽雅、舒適，成為更適合讀書學習的地方。

（4）餐室（圖 180、圖 181）：餐室要求衛生、安

圖180　餐室(1)

圖181　餐室(2)

靜、舒適，室內環境及設備宜以淡雅的暖色為基調，牆壁宜張掛靜物畫或風景畫。擺花3～5盆即可。餐櫃頂上放置吊蘭或吊竹梅。餐桌上，隨季節變換放置一盆開紅色或黃色花朵的小型盆花，如仙客來、報春花、鬱金香、杜鵑、月季、菊花。角隅處高腳几架上，可擺放蕨類、彩葉草、棕竹、變葉木、紅背桂花、一品紅等觀葉植物，亦可隨季節擺放春蘭、秋菊等觀花盆花。佈置良好的餐室環境，有助於增進食慾，融洽家人、賓主的感情。

（5）廚房（圖182）：廚房是進行炊事活動的場所，物件多而雜亂，應做必要的條理歸整。在此基

圖182　廚房

礎上，給予適當的盆花裝飾即可將廚房美化。使之改變單調乏味的形象，使人心情愉快地進行家務勞動，減輕疲勞。

　　廚房盆花裝飾切忌零亂，切忌在妨礙勞動位置擺放盆花。大多數居民家庭的廚房面積目前仍較小，地面即不宜擺花，以免妨礙人們行走和操作。佈置的盆花也不能接近爐灶，以防止高溫和煤氣影響花卉生長。廚房擺花地點，可以利用窗臺、櫥櫃、工作臺，或採用壁掛、懸吊做法。常用盆花主要是吊蘭、蕨類、石菖蒲等耐陰而不容易沾汙的花卉種類。水養大蒜頭，長出碧綠的蒜苗，也是廚房常用的簡易盆花裝飾。且別有一番韻味。

　　（6）衛生間（圖183）：衛生間主要用作廁所和浴室，其環境特點是光線不足、空氣濕度大、有異味等。因此，需要開大窗戶或用排氣扇通風換氣，以保持空氣清

圖183　衛生間

新，減輕異味。如能用盆花適當加以裝飾，則可使衛生間呈現一種整潔、安靜、清新、輕鬆的氛圍。

衛生間擺花宜小而少，可擺放在臺面上、窗臺上、貯水箱上，亦可利用管道懸吊盆花或壁掛在牆面上。常用盆花有蕨類、吊蘭、一葉蘭、龜背竹、石菖蒲、玉簪、常春藤等。這些花卉較能適應衛生間的環境。

（7）陽臺（圖184）：陽臺不僅是家庭養花的主要地方，也是居室盆花裝飾的重要場所。陽臺各部位的環境條件不盡相同，故能蒔養生態習性不同的各類花卉。擺花應將觀賞期和養護期的盆花分開，將觀賞期的盆花擺在突出的顯眼位置，以便觀賞。擺花還須照顧晾曬衣物、行走及活動的方便。而陽臺面積有限，因此陽臺上不能擺養太多的盆花。從觀賞要求來說，最好春、夏、秋、冬四季均有花可看。為此，可以常綠與落葉搭配，木本與草本搭配，觀花觀果類與觀葉類搭配。觀花觀果類如蠟梅、梅花、迎春、月季、小石榴、茉莉、米蘭、扶桑、九里香、山茶、芍藥、金盞菊、三色堇、鳳仙花、洋馬齒莧、蔦蘿、矮牽牛、天竺葵、紅黃草、翠菊、菊花。觀葉類如五針松、銀杏、鵝掌柴、常春藤、彩葉草、吊蘭、天門冬。在緊靠陽臺的窗臺上，

圖184　陽臺

盆栽花卉栽培與裝飾

可擺放小型或微型盆景，既美觀又不影響居室的光線，在室內即可直接欣賞到花卉。

　　陽臺盆花裝飾宜綜合運用各種裝飾做法，或地面擺放，或列擺於欄杆扶手上，或空中懸吊，或垂直攀爬，或利用花架，或設種植槽，充分利用陽臺空間，形成高低有序、錯落有致、層次分明的格局。但無既定模式，要根據陽臺位置和個人愛好來確定。

　　2）庭院盆花裝飾（圖185）　庭院花卉宜儘量地栽，不僅便於管理，亦利於觀賞。故庭院地面不宜全部做成水泥地，宜留有土地以便栽花。但總有不適於或不便於地栽的盆花要擺放在庭院中，尤其在生長季節更是如此（這在水泥地面大的庭院更有必要）。庭院盆花宜用較大容器，選栽株形較大的花卉，擺放在屋前、階旁、角隅、路邊等處，其他中、小型盆花與之間擺、環擺或另行擺放於水泥臺面、地面、花架上。如將大型盆花做組合盆栽，配植矮牽牛、小麗花、一串紅等，觀賞效果更好，觀賞期也長。

圖185　庭院盆花裝飾

適合庭院擺放的大型盆花有月季、石榴、桂花、蠟梅、南天竹、夾竹桃、梔子花、山楂、紅楓、山麻杆、五針松、美人蕉、三色莧等。庭院盆花裝飾應力求疏密適宜，錯落有致，整潔大方，協調統一，觀賞期長，便於管理，且不能妨礙人們行走及其他活動。

### 2. 公共場所盆花裝飾

### 1）公共室內盆花裝飾

（1）辦公室（圖186）：辦公室盆花裝飾應突出清靜幽雅、美觀樸素的特點，使人們能在舒暢、輕快的環境中緊張而有序地工作。所用盆花宜選用管理簡單並且維持時間長的花卉，以觀葉植物為好。常用的有：香龍血樹、橡皮樹、變葉木、龜背竹、海芋、綠蘿、散尾葵、袖珍椰子、棕竹、筋頭竹、大佛肚竹、文竹、秋海棠、廣東萬年青、蕨類等。人造盆花也常用於辦公室盆花裝飾。大企業、大公司的總經理、董事長辦公室還經常擺放插花加以

圖186　辦公室

點綴。受空間所限，辦公室內使用的盆花數量不能過多，只要在比較顯眼的地方佈置兩三處即可。辦公室進行盆花裝飾要靈活自然，與室內環境、功能相協調，特別要注意將盆花擺放在不易為人行走時碰到的地方，而且要避免遮擋視線。在面積較小的辦公室，可合理利用窗臺、牆角以及辦公桌等擺放1～2盆顯眼的花卉，如花葉芋、金邊虎尾蘭、冷水花、四季秋海棠、非洲紫羅蘭。其他地方如文件櫃頂、牆壁空白處，亦可合理利用。面積較大的開敞式辦公室，除如上進行盆花裝飾外，還可用適當的盆花裝飾來劃分空間，既靈活可變，也顯得自然。

（2）會議室（圖187、圖188）：會議室盆花裝飾應突出嚴肅、隆重的氣氛。所用盆花形體要適宜，數量不能過多，而且品種不宜過雜。大型的專門會議室，常在與聽眾席相對排列的主會議桌上擺放3～5盆小型盆花如四季秋海棠、一品紅，主會議桌前擺放兩排盆花。前排靠擺矮小

圖187　會議室(1)

三、盆花裝飾

圖188　會議室(2)

的觀葉盆花如蕨類、吊蘭、天門冬，利用其下垂枝葉遮掩住花盆；後排較高（但不宜超過主會議桌），可根據季節選擺大麗花、月季、扶桑、君子蘭、朱蕉、一品紅等，對稱而有間隔地擺放。主會議桌的背面還可擺放松柏類、棕櫚類等大型觀葉植物作為背景。中型會議室常將會議桌按長方形或橢圓形排成一圈，中間留出空的地面，適宜佈置較大的觀花、觀葉植物，如杜鵑、月季、菊花、葉子花、一品紅、香龍血樹、龜背竹、橡皮樹，如此可以充實空間，縮短人與人之間的距離，活躍氣氛。在會議桌外圍的沙發或坐椅、茶几後面可佈置綠架，使參加會議者如置身於自然之中；也可適當佈置觀花、觀葉盆花。小型會議室宜在室內中央的會議桌上整齊排列2～3盆小型盆花（一般每兩張方桌的距離擺上一盆）或瓶插花。常用盆花有報春花、仙客來、水仙、四季秋海棠、非洲紫羅蘭、萬年青、花葉芋等。擺花品種在整個桌面上以1～2個為宜。在會議

室的角落，適合時可設幾架擺放龜背竹、君子蘭、橡皮樹、花葉常春藤等。會議室盆花裝飾，花盆宜用陶盆、釉盆；如是瓦盆，須用套盆。在入口處也應對擺盆花。

（3）禮堂（圖189）：禮堂應根據會議的性質等進行盆花裝飾。政治性、嚴肅性的會場，盆花裝飾應能顯示出莊嚴和穩定的氣氛。主席臺的盆花裝飾多做對稱性佈置，常以松、柏、棕櫚等大型觀葉植物作背景；講臺、主席臺桌上及主席臺的前沿，擺花可參照前述大型專門會議室的做法；主席臺兩側可用較大、葉色較深的觀葉盆花來裝飾。這樣，可以突出主席臺，提高主席臺的吸引力。節日慶典及迎送會場要裝飾得五彩繽紛，氣氛熱烈。常選用月季、菊花等色、香、形俱佳的花卉，配以其他觀花、觀果植物，或配以插花、花籃等，突出暖色基調，以規則或平衡對稱的佈局手法，形成開朗、明快的場面。悼念會場要

圖189　禮堂

烘托出莊嚴肅穆的氣氛，色調宜偏冷，但不宜過冷，常用松、柏、垂笑君子蘭、白菊花等，以常綠木本花為主體，以示逝者萬古長青，配以花圈、花籃、花束等，採用規則式佈局，要能使心情沉重的與會者不會感到過於壓抑，而是化悲痛為力量。

（4）接待室（圖190）：接待室是接待客人、洽談業務或公務的場所，其盆花裝飾不要繁雜，但求顯示出大方、端莊、安靜、活躍的氛圍。一般在入口處對稱擺放五針松、羅漢松以示歡迎。在牆角、沙發邊、窗邊擺放筋頭竹、龜背竹、蘇鐵、橡皮樹等大型盆花。在茶几上可擺放小型觀花盆花或插花。

（5）門廳（圖191～圖193）：賓館、醫院、辦公大樓、圖書館等公共建築的門廳是出入必經之地，起著空間過渡、人流集散的作用，還可兼有收發、傳達、接待會客、存衣等回旋之用。其盆花裝飾特別要注意滿足在交通

圖190　接待大廳

盆栽花卉栽培與裝飾

圖191　門廳(1)

圖192　門廳(2)

功能上的要求，不要影響人流的正常通行或阻擋行進的視線，並要注意將從臺階或門廊開始、經門斗到門廳這3個空間，透過盆花裝飾把它們串聯起來，形成一種從外到內的空間流動感。臺階及門斗盆花裝飾，可參照後面講到的

圖193　門廳(3)

門前擺花做法。門廳盆花裝飾，多採用色彩豔麗、明快的盆花或棕櫚、椰子、筋頭竹、蘇鐵、南洋杉等較大型的觀葉盆花。花卉的色彩要能與室內壁面顏色對比調和。佈置的形式要根據空間形態的大小來確定。常見僅在門廳正面或其周邊列擺盆花。空間大而寬敞的門廳，可佈置小型盆花花壇，花壇前面以文竹、天門冬鑲邊，中間擺放應時盆花如一串紅、菊花、一品紅、八仙花，後面以整齊、較高的南洋杉、棕櫚等常綠樹作為陪襯。在門廳正面如佈置大幅山水畫、鐵畫或鏡子，在畫前或鏡前擺放盆花，可藉以擴大門廳空間，調和氣氛。

（6）樓梯（圖194）：樓梯是現代建築中的交通要道。樓梯盆花裝飾，擺花地點有梯倉與平臺下的地面、梯口平臺、樓梯轉角平臺等處，對於樓梯轉角平臺小的地方，可以靠角擺放一盆體形苗條、優美的花卉如筋頭竹、

盆栽花卉栽培與裝飾

圖194　樓梯

棕竹、棕櫚、橡皮樹，加以遮擋，或不等高地懸吊1～2盆
吊蘭、常春藤等花卉。在現代建築中，樓梯的功能逐漸為
電梯取代。對於廂式電梯，其內可不放或少放一些盆花或
懸吊盆花。

（7）走廊（圖195～圖197）：走廊是室內交通和作
為分隔與聯絡各個建築空間的管道。其盆花裝飾特別要注

圖195　走廊(1)

圖196　走廊(2)

圖197　走廊(3)

意不能妨礙通行和保持通風順暢。在較寬的走廊，可分段擺放一盆觀花或觀葉植物，並可利用不同的花卉種類來突出每條走廊的特色。在走廊盡頭，宜擺放盆花作為對景。在一條走廊局部空間突然放大的地方，可以擺放橡皮樹、龜背竹、香龍血樹、筋頭竹等較大型的盆花。走廊本很單調，透過盆花裝飾可以改變樓道環境，對走廊空間起到點綴和補白的作用。

（8）餐廳（圖198～圖202）：現代化賓館、飯店、酒家等處的餐廳是賓客飲酒進餐的場所，盆花裝飾必不可少，而且應是高標準的。常選用較大型的觀葉植物，並配襯上豔麗多姿的花、葉共賞的觀花植物，以顯示富麗堂皇，並要使人感覺到高雅、潔淨、親切和熱情。一般在一進門顯眼的地方擺放一盆大型五針松或羅漢松椿景，作為「迎客松」以表達尊客之意。在牆的角落擺放體量較大的橡皮樹、筋頭竹、香龍血樹等觀葉植物，寓意友誼長存。

圖198　餐廳(1)

餐廳中間人流移動性大，不宜在地面擺放盆花，而應注重
用垂直綠化形式充分利用空間，使客人全方位地欣賞到綠
色植物以增添情趣。餐桌上須擺放一瓶插花。插花色彩與
餐廳的色調、宴會的內容、宴會的時間、餐桌臺布色調，
都要相協調、適合；插花造型與餐桌形狀要相和諧；所用
花卉，不可用濃香的花卉，以免干擾食品的原味。

圖199　餐廳(2)

圖200　餐廳(3)

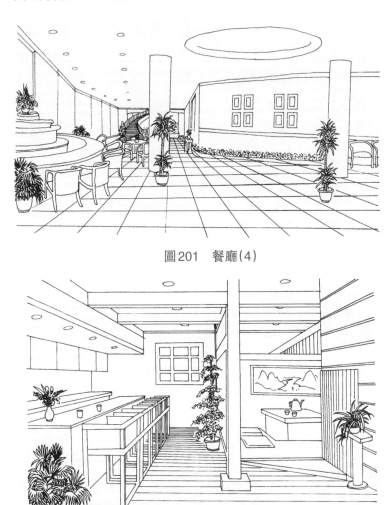

圖201　餐廳(4)

圖202　餐廳(5)

## 2）戶外盆花裝飾（圖203）

（1）大門前：大門前及臺階側前，擺花多用對擺和對稱列擺。盆花種類常用大型觀葉植物，亦可擺放應時盆花。大門前盆花裝飾要使盆花的形態、色彩與門、柱、牆壁的形態、色彩，能夠對比調和。還須注意，擺花不能影

圖203　戶外盆花裝飾

響正常通行，要使人們出入方便。

（2）場地：廣場及街旁空地等一些場地，常也需要進行盆花裝飾，如國慶節擺花即是這樣。在廣場，多佈置大型盆花花壇。其他較小場地多設花架擺花，並在花架前地面上佈置中、小型盆花花壇，輔以大型觀葉盆花及盆花花叢；亦有仿盆景造型做擴大佈置者，也別有情趣。

　　場地盆花裝飾常有著明顯的目的性和時間性，主要用應時盆花，如秋天用菊花、一串紅，突出暖色基調，以烘托出熱烈、歡快的節日氣氛。花展擺花要會利用各種場地，按照「便於參觀，便於欣賞，便於吸引觀眾，便於管理」的原則，設計擺放所要展出的盆花。

# 附錄一　盆花栽培月曆

## 1月

### 一、繁殖

1. **扦插**　香石竹。
2. **分株**　鳳尾竹。
3. **嫁接**　月季（枝接）。

### 二、管理

1. 對冬季生長發育花卉瓜葉菊、荷包花、仙客來、茶花等加強水肥管理。

2. 對冬季半休眠花卉仙人掌類及多肉植物、君子蘭、吊蘭、茉莉、白蘭等控制澆水。

3. 修剪落葉花木。

4. 加溫或套覆塑料袋防寒。盆花不能靠近火爐。室溫高過15°C以上，對盆花生長不利。

5. 噴灑石硫合劑，消滅越冬黑斑病菌及其他病蟲害。

## 2月

### 一、繁殖

1. **播種**　石榴、火棘、梔子、絡石、君子蘭。
2. **扦插**　迎春、梔子、非洲茉莉、香石竹。
3. **壓條**　木本花卉可扦插者，皆可壓條。
4. **分株**　南天竹、迎春、金絲桃、鳳尾竹、睡蓮。

5. **嫁接**　五針松（枝接）、梅花（枝接、靠接）、桃花（枝接）、紅楓（枝接）。

## 二、管理

1. 注意管理冬季生長發育花卉和半休眠花卉。

2. 施催芽肥。

3. 注意防寒。晴天中午開門窗適當通風換氣。

4. 完成冬季修剪。葡萄的冬剪在春節前後進行。

5. 繼續噴灑石硫合劑，在發芽前結束。

## 3 月

### 一、繁殖

1. **播種**　南天竹、梔子、枸骨冬青、絡石、金銀花、枸杞、紫薇、石榴、貼梗海棠、金絲桃、銀杏、文竹、君子蘭、旱金蓮、睡蓮。

2. **扦插**　一品紅、夜香樹、瑞香、梔子、茶花、扶桑、非洲茉莉、金銀花、迎春、火棘、貼梗海棠、石榴、紫薇、金絲桃、葡萄、香石竹。

3. **壓條**　貼梗海棠、梅花、夜香樹、絡石。

4. **分株**　蘭花、君子蘭、鳳尾竹、珠蘭、梔子、南天竹、貼梗海棠、金絲桃、石榴、蠟梅、迎春、睡蓮。

5. **嫁接**　五針松（芽接）、蠟梅（枝接）、梅花（枝接、靠接）、桃花（枝接）、金橘（枝接）、桂花（枝接）。

### 二、管理

1. 注意室內通風換氣，以防悶熱引發病蟲害。

2. 注意新發嫩葉免吹冷風而受寒害。

3. 修剪整理盆花，結合換盆進行分株繁殖。

4. 越冬管理向正常管理過渡，澆水量逐步增加。

5. 發現蚜蟲時噴樂果等除殺。

## 4 月

### 一、繁殖

**1. 播種** 一年生草花、睡蓮、冬珊瑚、枸杞、火棘、石榴、枸骨冬青、九里香。

**2. 扦插** 月季、迎春、一品紅、常春藤、扶桑、茉莉、珠蘭、天竺葵、菊花、仙人掌類及多肉植物。

**3. 壓條** 石榴、梔子、夜香樹、杜鵑（高壓）、桂花（高壓）。

**4. 分株** 君子蘭、玉簪、非洲菊、睡蓮、迎春、蘇鐵。

**5. 分球** 大麗花、唐菖蒲、美人蕉、晚香玉、朱頂紅、荷花。

**6. 嫁接** 梅花（靠接）、桂花（枝接）、金橘（枝接）。

### 二、管理

1. 修剪整理盆花，結合換盆進行分株繁殖。

2. 常開門窗使盆花接受鍛鍊，分期分批出房。

3. 保護初出房的盆花免受風雨侵害。

4. 水肥管理恢復正常。

5. 全面噴灑波爾多液以預防真菌性病害，每10～15天噴1次。

6. 防治蚜蟲。

## 5 月

### 一、繁殖

1. **播種**　石榴、八角金盤。

2. **扦插**　月季、迎春、枸杞、虎刺梅、茉莉、珠蘭、杜鵑、橡皮樹、龜背竹、天竺葵、菊花、仙人掌類及多肉植物。

3. **壓條**　常春藤、絡石、杜鵑（高壓）。

4. **分株**　腎蕨、吊蘭、君子蘭、玉簪、非洲菊。

5. **分球**　花葉芋。

6. **嫁接**　仙人掌類、蠟梅（靠接）、杜鵑（嫩芽接）。

### 二、管理

1. 採種——春花類草花。

2. 對生長旺盛及花後繼續生長發育的盆花加強水肥管理。但盆菊在立秋前都要控制水肥。

3. 花木生長期修剪，尤其是葡萄需經常不斷夏剪。

4. 全面噴灑波爾多液，10天1次。

5. 防治紅蜘蛛、蚜蟲、葉蟬等。

## 6 月

### 一、繁殖

1. **播種**　四季櫻草、朱頂紅。

2. **扦插**　桂花、茶花、杜鵑、茉莉、珠蘭、米蘭、九里香、代代、佛手、梔子、南天竹、八仙花、變葉木、鵝掌柴、扶桑、葉子花、枸骨冬青、絡石、金銀花、迎春、

枸杞、月季、火棘、石榴、紫薇、金絲桃。

3. **壓條** 金銀花、絡石、白蘭（高壓）、米蘭（高壓）、茶花（高壓）、杜鵑（高壓）、橡皮樹（高壓）。

4. **分株** 腎蕨。

5. **嫁接** 白蘭（靠接）、桂花（靠接）、茶花（靠接、芽苗砧接）、杜鵑（嫩芽接）、佛手（靠接、枝接）、月季（芽接）。

### 二、管理

1. 繼續採收草花種子。

2. 採收夏季休眠球根（鬱金香等），晾乾貯藏於陰涼、通風、乾燥處。

3. 防雨後盆澇。

4. 病蟲害防治同上月。

## 7 月

### 一、繁殖

1. **播種** 四季櫻草、蠟梅。

2. **扦插** 茉莉、珠蘭、米蘭、葉子花、變葉木、一品紅、代代、金銀花、絡石。

3. **壓條** 金銀花、絡石、變葉木（高壓）。

4. **嫁接** 白蘭（靠接）、茶花（芽苗砧接）、月季（芽接）、桃花（芽接）。

### 二、管理

1. 盆花普遍停肥，但盛花期的白蘭、茉莉、米蘭不能停肥。

2. 夏季半休眠花卉（馬蹄蓮、吊鐘海棠等）置陰涼通

風處，控制澆水。

3. 防大風、暴雨損傷盆花。

4. 早晚澆水增加水量，晴旱天氣中午噴水。

5. 採收牡丹種子。

6. 經常檢查紅蜘蛛、蚜蟲，是危害嚴重時期，及時消滅。

## 8 月

### 一、繁殖

1. **播種**　四季櫻草、四季秋海棠、荷包花、蠟梅。

2. **扦插**　瑞香、茉莉、米蘭、一品紅、變葉木。

3. **壓條**　金銀花。

4. **嫁接**　梅花（芽接）、桃花（芽接）、月季（芽接）。

### 二、管理

1. 採種——芍藥、長春花。

2. 除夏季半休眠花卉外，普施追肥。尤其是菊花，從立秋開始需重施肥水。

3. 澆水要求仍同7月。

4. 防治蚜蟲、紅蜘蛛、粉蝨等。

## 9 月

### 一、繁殖

1. **播種**　二年生草花、四季秋海棠、四季櫻草、仙客來、芍藥、牡丹。

2. **扦插**　月季、貼梗海棠、灑金桃葉珊瑚、常春藤、

盆栽花卉栽培與裝飾

瑞香、杜鵑、天竺葵。

 3. **壓條** 貼梗海棠、金銀花。

 4. **分株** 牡丹、貼梗海棠、蘭花、石菖蒲。

 5. **分球** 馬蹄蓮、小菖蘭、花毛茛。

 6. **嫁接** 月季（芽接）、紅楓（芽接）、牡丹（根接）、金橘（芽接）、杜鵑（嫩芽接）。

 **二、管理**

1. 採種——夏花類草花。

2. 普施追肥。

3. 春花類蘭花換盆，結合進行分株。

4. 煤汙病常發生，與蚜蟲、介殼蟲有關，用石硫合劑或多菌靈消滅之。

## 10 月

 **一、繁殖**

 1. **播種** 二年生草花、旱金蓮、火棘。

 2. **扦插** 月季、杜鵑、梔子、夜香樹、常春藤、灑金桃葉珊瑚。

 3. **壓條** 金銀花。

 4. **分株** 牡丹、芍藥、玉簪、石菖蒲、梔子、珠蘭、南天竹。

 5. **分球** 花毛茛。

 6. **嫁接** 月季（芽接）、牡丹（根接）。

 **二、管理**

1. 採種——夏花類草花及木本花。

2. 清理溫室衛生，進行消毒，備待盆花入房。

3. 整理盆花，剪除病蟲枝葉。霜降後注意聽天氣預報，根據溫度變化適時將盆花入房。

4. 採收冬季休眠球根（晚香玉、唐菖蒲），晾乾收藏。

5. 防治介殼蟲、黑斑病、白粉病。

## 11 月

### 一、繁殖

1. **播種**　南天竹、貼梗海棠、梅花。

2. **扦插**　菊花（扦插腳芽）、月季、梔子。

3. **分株**　芍藥、玉簪、南天竹、梔子。

4. **分球**　鬱金香、風信子。

5. **嫁接**　月季（枝接）。

### 二、管理

1. 剛入房的盆花注意溫室通風，以防病蟲發生。

2. 尚未入房的盆花繼續入房。

3. 採種——看辣椒、冬珊瑚等。

4. 採收冬季休眠球根（美人蕉、大麗花），晾乾收藏。

5. 冬季半休眠花卉控水停肥。

6. 正常管理冬季生長發育花卉。

7. 視溫度降低需要開始加溫或套塑料袋防寒。

8. 病蟲害防治同上月。

## 12 月

### 一、繁殖

1. **播種**　月季、南天竹、枸骨冬青。

2. **分株**　月季。

盆栽花卉栽培與裝飾

**3. 嫁接** 月季（枝接）。

## 二、管理

1. 修剪落葉花木。

2. 水養水仙。

3. 製作培養土。

4. 加溫防寒。

5. 溫室在晴天中午進行短時間通風換氣，以防介殼蟲和煤汙病的發生。

6. 下旬用石硫合劑進行全面噴灑，消滅越冬病菌和害蟲。

# 附錄二　二十四節氣

## 節氣表

（按公元月日計算）

|  |  |  |
|---|---|---|
| 春季 | 2月 | 立春（2月4日或5日） |
| | | 雨水（2月19日或20日） |
| | 3月 | 驚蟄（3月5日或6日） |
| | | 春分（3月20日或21日） |
| | 4月 | 清明（4月4日或5日） |
| | | 穀雨（4月20日或21日） |
| 夏季 | 5月 | 立夏（5月5日或6日） |
| | | 小滿（5月21日或22日） |
| | 6月 | 芒種（6月5日或6日） |
| | | 夏至（6月21日或22日） |
| | 7月 | 小暑（7月7日或8日） |
| | | 大暑（7月23日或24日） |
| 秋季 | 8月 | 立秋（8月7日或8日） |
| | | 處暑（8月23日或24日） |
| | 9月 | 白露（9月7日或8日） |
| | | 秋分（9月23日或24日） |
| | 10月 | 寒露（10月8日或9日） |
| | | 霜降（10月23日或24日） |
| 冬季 | 11月 | 立冬（11月7日或8日） |
| | | 小雪（11月22日或23日） |
| | 12月 | 大雪（12月7日或8日） |
| | | 冬至（12月21日或22日） |
| | 1月 | 小寒（1月5日或6日） |
| | | 大寒（1月20日或21日） |

盆栽花卉栽培與裝飾

## 二十四節氣歌

春雨驚春清穀天，夏滿芒夏二暑連，
秋處白秋寒霜降，冬雪雪冬寒又寒。
每月兩節日期定，最多相差一兩天，
上半年是六、廿一，下半年是八、廿三。

# 附錄三　波爾多液、石硫合劑 的配製方法

## 1. 波爾多液

由硫酸銅和生石灰配製而成。配製時取兩只容器，一只盛用水量80％化開的硫酸銅，一只盛用水量20％化開的生石灰，然後將稀的硫酸銅液倒入濃的石灰乳中（切不可相反），邊倒邊用棍棒攪拌，即成為天藍色的波爾多液。

該藥液為懸濁液，宜現配現用，否則即發生沉澱，影響藥效。常用配比是等量式（硫酸銅1份、生石灰1份、水100～200份）和石灰倍量式（硫酸銅1份、生石灰2份、水100～200份）。

波爾多液對金屬有腐蝕作用，每次用藥後，要將噴霧器具沖洗乾淨。配製時也不能用金屬容器。配好的藥液不能再加水稀釋，要按需要的濃度1次配好，用完。

## 2. 石硫合劑

由生石灰和硫黃粉加水煎製而成，三者的比例按質量為1：2：10。先將生石灰加少量水化開，調成石灰乳，再加足水，在鐵鍋中加熱煮沸，再將事先用少量水調成糊狀的優質硫黃粉慢慢倒入煮沸的石灰乳中，用旺火煎製40分鐘到1小時。煎製過程中，隨時補充開水以保持原有水量。待藥液變紅褐色即可停火，冷卻後即是石硫合劑原液。石硫合劑的濃度一般都用波美度（°Bé）表示，是用

盆栽花卉栽培與裝飾

波美相對密度計測得。當有了石硫合劑的原液而無波美相對密度計時，可以計算得出。

用一個乾淨的玻璃瓶，先稱其質量，裝滿清水，稱後將清水倒掉，甩乾。然後裝滿石硫合劑原液，稱質量。用清水的質量除石硫合劑的質量即得石硫合劑的普通相對密度。可查相對密度對照表或用下式計算波美度：

$$波美度 = 145 - \frac{145}{普通相對密度}$$

一般原液濃度為20～28波美度，經稀釋後使用。稀釋倍數有專門表格可查，亦可計算。

$$加水稀釋質量倍數 = \frac{原液濃度 - 需要使用濃度}{需要使用濃度}$$

在花卉休眠期和生長期，石硫合劑可作噴霧用。一般在發芽前噴4～5度液，生長季節噴0.2～0.3度液。在剛發芽未展葉時噴3度液，既有效又省藥。貯存石硫合劑不要用金屬器具，應當用陶器。最好能封口；不能封口時可在藥液表面灑一層廢機油或廢柴油，以避免藥液與空氣直接接觸。

與同為保護性殺菌劑的波爾多液相比，石硫合劑「治」的作用較大，且又有殺蟲、殺蟎作用。在病蟲（主要是病）發生前噴灑，有「防」的作用，病蟲發生後有「治」的作用。此外，石硫合劑塗於傷口，可作保護劑。

大展好書　好書大展
品嘗好書　冠群可期

大展好書　好書大展

品嘗好書・冠群可期